教育中国 · 畅销精品系列

教育部高等学校材料类专业教学指导委员会规划教材

MATERIALS AND CHEMICAL ENGINEERING ETHICS

材料与化工伦理

石淑先 乔 宁 马贵平 王 裔 编著

本书配有数字资源与在线增值服务

1. 扫描左边二维码并关注“易读书坊”公众号
2. 刮开正版授权码涂层，点击资源，扫码认证

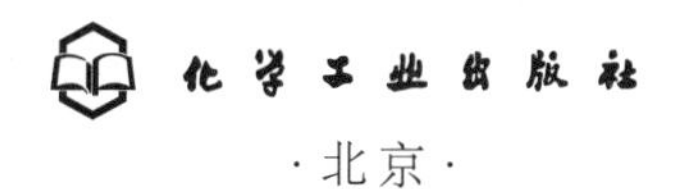
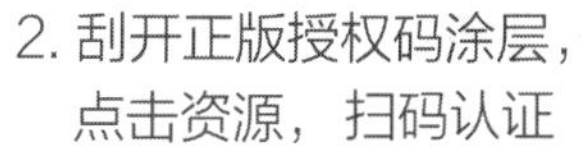

化学工业出版社
·北京·

内 容 简 介

材料与化工是社会发展的重要基础。加强工程伦理教育，有利于提升材料与化工工程师和工程从业者的伦理素养，推动绿色化工及可持续发展，实现人、社会与自然的和谐统一。

《材料与化工伦理》由校企联合编写，聚焦材料与化工工程领域，采用“理论+案例”的形式，通过深刻剖析工程实践过程中经常遇到的伦理困境和解决办法，探讨工程伦理的基本概念、基本理论和工程伦理规范在材料与化工中的具体体现，帮助读者应对材料与化工工程实践中可能遇到的各种伦理困境。

本教材采用“纸书+数字资源”的融合出版形式，配有在线课程（学堂在线平台），适合材料、化工、生物、环境等相关专业研究生和本科生学习，也可供相关领域教学、科研人员及广大工程技术人员和管理人员参考。

图书在版编目（CIP）数据

材料与化工伦理 / 石淑先等编著. -- 北京 : 化学工业出版社，2024. 5

教育部高等学校材料类专业教学指导委员会规划教材

ISBN 978-7-122-44791-3

Ⅰ. ①材… Ⅱ. ①石… Ⅲ. ①材料科学－技术伦理学－高等学校－教材②化学工业－技术伦理学－高等学校－教材 Ⅳ. ①B82-057

中国国家版本馆 CIP 数据核字（2024）第 095916 号

责任编辑：王 婧 杨 菁　　文字编辑：胡艺艺

责任校对：张茜越　　装帧设计：张 辉

出版发行：化学工业出版社（北京市东城区青年湖南街 13 号 邮政编码 100011）

印 装：河北延风印务有限公司

787mm×1092mm 1/16 印张 11½ 字数 280 千字 2025 年 1 月北京第 1 版第 1 次印刷

购书咨询：010-64518888　　售后服务：010-64518899

网 址：http: //www.cip.com.cn

凡购买本书，如有缺损质量问题，本社销售中心负责调换。

定 价：39.00 元

前言

材料是人类赖以生存和发展的物质基础，被列为新技术革命重要标志之一的新材料，正朝着高性能化、高功能化、高智能化、复合化、极限化、仿生化和环境友好化发展。用化学工程的理论和方法指导材料制备的工程化，实现材料、化工、环境、资源、信息等各个领域的交叉融合，对进一步推动社会发展具有重要作用。近年来“中国制造”“互联网+”等重大战略、“一带一路”倡议和“国内国际双循环”新发展格局的提出以及中国制造和工业化水平的提高，使工程的困难性、系统性和复杂性不断增加。特别是直接关系国民经济发展、人民生活水平提高的材料与化工行业，其工程实践活动更加复杂。各种材料，包括金属材料、无机非金属材料、有机高分子材料和复合材料，在制备和使用过程中经常存在安全、环保等影响民生的关键工程伦理问题。保证材料与化工生产安全并保护环境，实现材料与化工行业的可持续发展，是所有材料与化工从业者的责任。

随着科技发展及对安全和环境的重视，现在的材料与化工行业正在逐步向规模宏大、规划合理、管理规范、和谐生态、全自动化生产的方向发展。我国是世界化工大国，但尚未成为世界化工强国。从“化工大国”变成“化工强国”，迫切需要大量高素质材料与化工工程技术人员的努力。如何使工程技术人员在面对伦理困境时做出正确的选择，自觉做到把公众的安全、健康和福祉放在首位，是工程教育的关键，即不仅要培养具备专业理论知识和工程实践能力的工程师，更要引导他们树立“大工程观”，践行绿色化工，并将之转化为自己义不容辞的责任，但工程伦理素养并不是与生俱来的，需要进行专业的工程伦理教育。

虽然我国的工程伦理教育起步相对较晚，但随着社会和经济的发展，在工程教育的大环境下，工程伦理教育正日益受到各方重视。例如2014年，“工程呼唤伦理：学术界与企业界对话”的工程伦理教育论坛在清华大学召开，会上明确提出工程教育要强化伦理观念，要把价值塑造作为工程教育的核心目标之一。2018年国务院学位委员会下发通知，将“工程伦理”课程正式纳入工程硕士专业学位研究生公共必修课（学位课），为高校培养德才兼备的研究生提供了制度保障。2020年教育部在《高等学校课程思政建设指导纲要》《专业学位研究生教育发展方案（2020—2025）》中都明确提出要加强学生的职业伦理教育，这更为我国工程教育践行“立德树人”指明了前进的方向。2021年2月中国化工学会发布《中国化工学会工程伦理守则》，倡导广大化工行业从业者共同遵守工程伦理守则。2022年7月中国工程师联合体文化与伦理委员会正式启动《中国工程师伦理章程》的制订工作，进一步推动了工程伦理教育，也为材料与化工行业产业转型升级和创新发展提供了强有力的支撑。

教材是育人的载体。本教材聚焦材料与化工中的伦理问题，将工程伦理基本概念和材料与化工紧密结合，从材料与化工工程实践中的伦理难题入手，通过典型案例的剖析，探讨材料与化工伦理中涉及的基本概念、伦理规范、伦理困境及应对之策，帮助现在及未来的材料与化工工程师习得妥善处理不同情境下的伦理困境之法，进而逐步迈向道德自觉。本教材内容配有在线课程，方便学习者学习和参考。

本教材的编写逻辑是先通过阐述工程、伦理、工程伦理的基本概念；然后聚焦到材料与化工领域，重点介绍材料与化工中存在的多重伦理（责任伦理、利益伦理、环境伦理等）；接着引出材料与化工工程师的职业伦理，对学习者进行价值塑造；最后落地到材料与化工类工程学位研究生或本科生在化学实验室科研实践过程中面临的伦理，例如化学类实验室安全伦理、科研伦理。本教材内容理论与实际紧密结合，针对每章特定伦理方向，通过实际典型案例剖析，引出案例背后隐含的多种工程伦理问题，并结合相关工程伦理的理论知识，为学习者提供工程实践的理论依据。

本教材共分8章，由校企合作编写，并由石淑先统稿。教材第1章、第4章和第6章由北京化工大学石淑先编写；第2章、第5章和第7章由北京化工大学乔宁编写；第3章和第8章由北京化工大学马贵平编写；书中参考案例、材料与化工领域相关法律法规和标准等由山东省国有资产投资控股有限公司安全总监王喬收集和编写。企业专家有政府和企业双重从业经验，曾在原山东省安全生产监督管理局、山东省应急管理厅任职二十余年，有丰富的材料与化工安全生产监管工作经验，通过对案例的筛选、案例伦理问题的深层次剖析以及相关政策的解读，不仅提高了教材的深度和广度，也提高了教材的可读性。

本教材可作为材料、化工、生物、环境等相关专业研究生和本科生课程教材或参考书，也可供相关领域教学、科研人员及广大工程技术人员和管理人员参考。相关课程建议16~32教学学时，可运用线上线下混合式教学方法。课程教学建议采用小班教学方式，教学中建议注重案例引导、案例分析和讨论、角色扮演等实践。希望通过本教材的学习，引导现在或未来的材料与化工工程师或相关从业者系统学习工程伦理知识，培养其社会责任感，增强遵循伦理规范的自觉性，在提升其工程伦理素养的同时，提高应对工程伦理问题的决策力，主动应对新一轮科技革命和产业变革挑战。

本教材入选教育部高等学校材料类专业教学指导委员会规划教材2023年度建设项目，教材编写也得到了北京化工大学研究生课程及教材建设项目的资助。教材编写过程中还得到了教育部、化学工业出版社、北京化工大学研究生院及材料科学与工程学院各级领导和同仁的支持与帮助，也参考了很多国内外专家和学者的成果，一些学生也参与了部分案例的资料收集和整理工作。在此一并向他们表示诚挚谢意！

由于材料种类繁多，各种材料的制备、生产、加工、应用和回收过程复杂，所涉及的工程伦理交叉和融合多个学科，加上作者水平有限，在编写过程中难免存在不足之处，敬请专家和读者批评指正。

编　者

2024年4月于北京

目 录

第4章　材料与化工中的利益伦理 ······ 53

第5章　材料与化工中的环境伦理 ······ 75

第6章　材料与化工工程师的职业伦理 ······ 102

第1章

导论

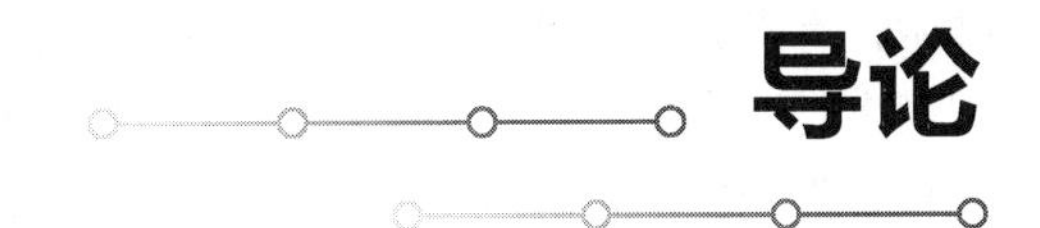

学习目标

通过本章的学习，了解材料与化工在国民经济中的地位以及对社会发展的重要性，了解我国材料与化工的历史、现状和未来发展方向；了解工程伦理教育的意义和现状；了解材料与化工伦理的教育目标和教学内容。

引导案例

印度博帕尔毒气泄漏事故

1.1 何为材料与化工?

1.1.1 材料

材料是人类赖以生存和发展的物质基础。由于材料与国民经济建设、国防建设和人民生活密切相关，20 世纪 70 年代人们把信息、材料和能源誉为当代文明的三大支柱。20 世纪 80 年代以高技术群为代表的新技术革命，又把新材料、信息技术和生物技术并列为新技术革命的重要标志。

材料可以有多种分类方式。材料从物理化学属性分，可分为金属材料、无机非金属材料、有机高分子材料和不同类型材料所组成的复合材料。材料从用途分，又分为电子材料、航空航天材料、核材料、建筑材料、能源材料、生物材料等。此外，还有各种分类方法，例如可以通过性能和功能、通过材料在空间的使用部位等分类。

材料工程是研究、开发、生产和应用金属材料、无机非金属材料、高分子材料和复合材料的工程领域。材料学科是研究材料的组织结构、性质、生产流程和使用效能以及它们之间的相互关系，集物理学、化学、冶金学等于一体的科学。材料科学是一门与工程技术密不可分的应用科学。

1.1.2 化工

化工是“化学工业”“化学工程”“化学工艺”等的简称。人类为了求得生存和发展，不断地与大自然作斗争，逐步地加深了对周围世界的认识。经过漫长的历史实践，人类越发善于利用自然条件，并且为自己创造了丰富的物质世界。人类早期的生活更多地依赖于对天然物质的直接利用，渐渐地这些物质的固有性能满足不了人类的需求，于是产生了各种加工技术，有意识、有目的地将天然物质转变为具有多种性能的新物质，并且逐步在工业生产的规模上付诸实现。广义地说，凡运用化学方法改变物质组成或结构、或合成新物质的，都属于化学生产技术，也就是化学工艺，所得的产品被称为化学品或化工产品。起初，生产这类产品的是手工作坊，后来演变为工厂，并逐渐形成了一个特定的生产部门，即化学工业。化学工业包括石油化工、农业化工、化工制药、高分子化工、生物化工等。它们出现于不同历史时期，各有不同含义，却又关系密切，相互渗透，具有连续性，并在其发展过程中被赋予新的内容。

当大规模石油炼制工业和石油化工蓬勃发展之后，以化学、物理学、数学为基础并结合其他工程技术，研究化工生产过程的共同规律，解决规模放大和大型化中出现的诸多工程技术问题的学科——化学工程进一步完善了。它把化学工业生产提高到一个新水平，从经验或半经验状态进入理论和预测的新阶段，使化学工业以其更大规模生产的创造能力为人类增添大量物质财富，加快了人类社会发展的进程。

目前，在人们头脑里，“化工”这个词，习惯上已成为一个总的知识门类和事业的代名词，它在国民经济和工程技术上具有重要意义。

1.1.3 材料与化工

材料与化工学科是“材料工程”与“化学工程”这两个学科的交叉学科（图 1-1）。中国工程院院士徐南平对“材料与化工”进行了详细的描述：材料与化工是材料工程与化学工程的有机结合，用化学工程的理论和方法指导材料制备的工程化，基于新材料发展新的化学工程技术与理论，以化学工程为核心，实现与环境、材料、资源、信息等各个领域的交叉融合，从而在重要产业领域发挥作用。

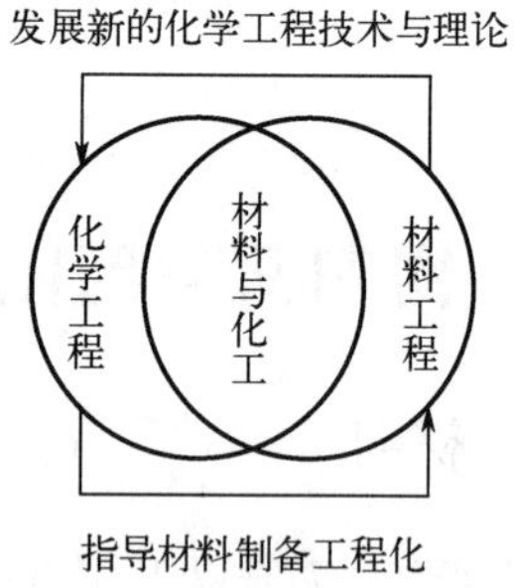

图 1-1 材料工程与化学工程的融合

1.2 材料与化工的发展

1.2.1 化工发展促进材料发展

材料是人类生活和生产的物质基础，是人类认识自然和改造自然的工具。材料的发展史与人类文明的发展密切相关，甚至有一种依据所用材料发展进行断代的方法，依次将人类文明定义为：石器时代、青铜时代、铁器时代、钢铁时代和新材料时代。由此可见，材料的发展对人类社会发展有重要作用。

材料从直接使用、简单加工到采用化学方法制备，不断发展进步。古代材料多为直接使用，直到铁器时代才有了化学方法制备的雏形，而古代化工更是发展缓慢，直到火药和造纸术出现。因此，在这阶段材料与化工相关性很少，发展缓慢，自身涵盖范围也比较小。

工业革命之后，材料与化工都得到了飞速发展，合金、高分子材料、复合材料相继出现。同时，化学工程理论与生产实践也得到了快速发展，单元操作（如精馏、过滤等）逐渐成熟。

这说明近代材料与近代化工两者已经交织在一起，特别是高分子材料的出现与发展，更是离不开石油化工的发展。

到了现代，新材料（如能源材料、高性能复合材料等）不断出现。当前新材料正朝着高性能化、高功能化、高智能化、复合化、极限化、仿生化和环境友好化的方向发展。同时，化工规模逐渐大型化，且主要以生产新型材料为主。可以说，新技术革命推动了现代材料与现代化工的发展，材料与化工两个学科范围不断发展扩大，学科联系更加紧密。材料与化工的交叉融合，推动了现代材料的进一步发展（图 1-2）。

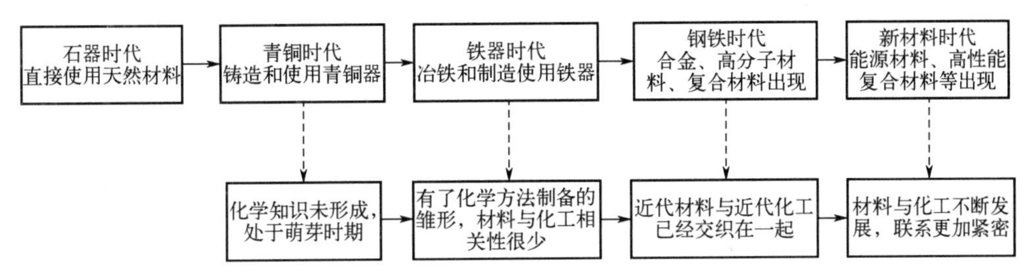

图 1-2 人类文明发展史和材料与化工发展史

由于材料的发展离不开化学工业的发展，特别是高分子材料的出现与发展，更离不开石油化工的发展。因此有必要重点了解化学工业的发展，特别是石油化工的发展。

1.2.2 化学工业的地位和作用

化学工业，又称为化学加工工业，主要指生产过程中化学方法占主要地位的过程工业，涉及化工、炼油、冶金、能源、轻工、石化、环境、医药、环保和军工等各领域。

化学工业是国民经济的支柱产业。人类与化工的关系十分密切，现代生活一刻都离不开化工产品。特别是石油化学工业，作为化学工业最重要的组成部分，从人们的衣、食、住、行等物质生活，到文化、艺术、娱乐等精神生活，都与石油化工产业密切相关。在 2010 年上海世界博览会石油馆的介绍中（图 1-3），将人类衣食住行所需产品都按原料石油进行计算，我们人的一生所消耗的石油量达 8469 千克。按照 1 桶原油大约 159 升计算，人的一生将近消耗 60 桶原油，这个数据还是非常惊人的。

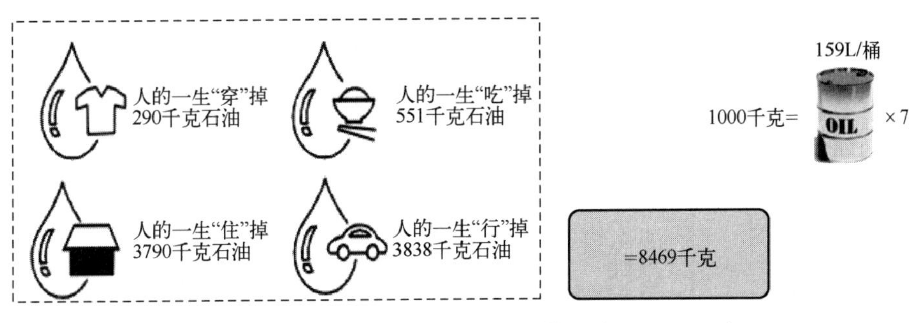

图 1-3 人的一生消耗的石油

（引自上海世界博览会）

化学工业也是国民经济发展中的基础产业，地位举足轻重。在 2022 年世界 500 强排行榜中，材料和化工及能源类的企业占据了大量席位，例如炼油企业有 30 家、金属产品 27 家、采矿和原油生产19家、制药15家、化学品13家、建材和玻璃5家、能源12家，而这些企业的主营业务大都和化工相关。

1.2.3 世界化学工业的发展

近现代化学工业，是随着英国工业革命兴起而逐渐发展起来的。全球化学工业发展过程如图1-4所示。19世纪初，生产纯碱、水泥、无机酸等无机材料的化工企业发展方兴未艾，这个阶段，硫酸的产量被用来标志化学工业的发展。到19世纪后半叶，基本有机化学工业开始出现并快速发展，合成染料——苯胺紫的发现并生产，被视为这个阶段的标志性事件。到了20世纪30~40年代，石油化工开始发展，特别是高分子化工，开始占据了化学工业最重要的地位，乙烯产量开始成为石化工业发展的标志。步入21世纪之后，化学工业由发展基础化工转向重点发展精细化学品工业，化工的发展进入了新的历史时期。精细化率，也就是精细化学品工业所占比重，开始作为衡量国家综合技术水平的重要标志。欧洲现有商业化学品目录及欧洲化工委员会化学统计数据显示，当前全球化工产品种类已超过10万种，年产值超过15000亿美元。

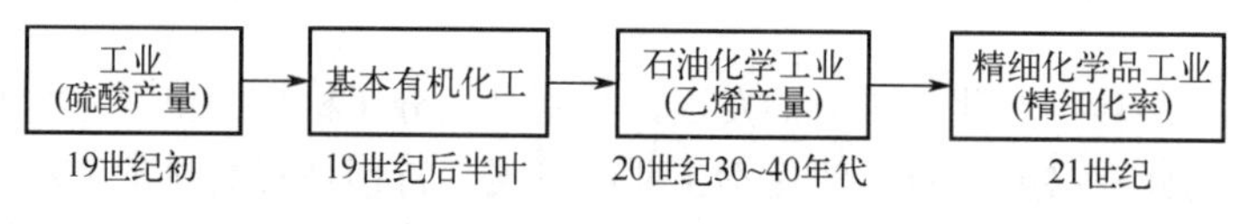

图1-4 全球化学工业发展

1.2.4 中国化学工业的发展

中国化学工业的发展非常迅速，目前中国已经成为世界上最大的化学品销售国家。图1-5是2002年、2015年和2018年全球化工行业占比图，从这个图中我们可以看出，2015年中国化工占比就已达世界化工的36%，跃居到了世界第一，甚至超过了北美和欧洲的总和。中国石油化工集团有限公司（中石化)、中国石油天然气集团有限公司（中石油）连年位居世界500强排行榜中的前10位。显而易见，化工企业对国内生产总值（gross domestic product，GDP）的贡献是非常大的，即使是在高新技术产业迅速发展的今天，化工依旧是国民经济的支柱产业。

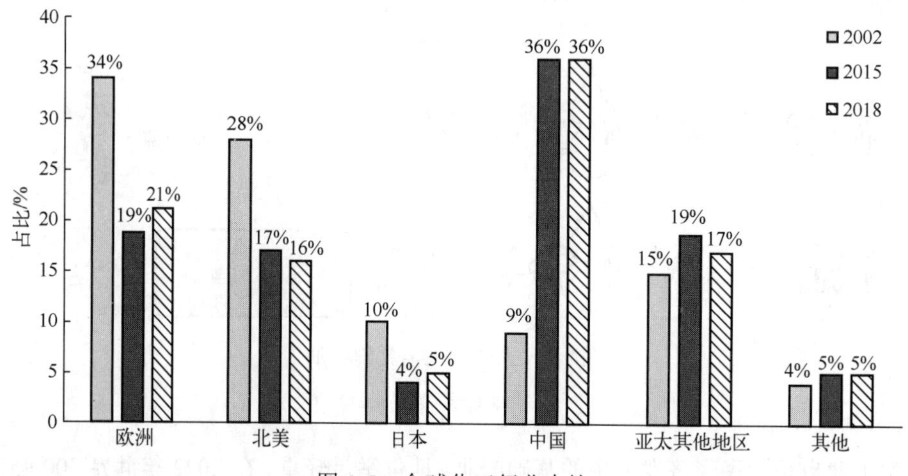

图1-5 全球化工行业占比

石油是材料与化工的重要原料来源，石油化工是化学工业最重要的组成部分，在国民经济的发展中具有重要作用。石油化工，一般指以石油、天然气等作为原料，生产石油产品、石油化学产品和其他精细化学品的加工工业。当前我国石油化工行业的类别和规模企业数量，均呈现了良好的发展，根据中国石油和化学工业联合会 2020 年的数据（表 1-1），我国化工市场主体数量已达到 120440 余家，其中专用化学品制造业 17741 家、基础化学原料制造业 10220 家，橡胶制品业 52042 家，化学矿开采业 579 家，整体发展还是比较均衡的。

表 1-1　我国化工行业的类别和规模企业数量（2020 年统计）

化学工业行业类别	市场主体数量	百分比/%
化学矿开采	579	0.5
基础化学原料制造	10220	8.5
肥料制造	12753	10.6
农药制造	1135	0.9
涂料、油墨、颜料及类似产品制造	17869	14.8
合成材料制造	8101	6.7
专用化学产品制造	17741	14.7
橡胶制品业	52042	43.2
化学工业合计	120440	100.0

数据来源：中国石油和化学工业联合会。

新中国成立以后，我国石油化工的发展实现了历史性的跨越。中国人民用勤劳和智慧，为我国石油化工行业发展奠定了坚实的基础。我国的石油化工行业，已经从“一穷二白”，发展到了世界前列。新中国成立初期，有机化工行业几乎空白；到 20 世纪 60 年代，开发了大庆油田，建成了乙烯装置，开创了高分子化工产品的生产先河；到 20 世纪 80 年代，成立了石油化工总公司，我国的炼油、石化、化纤和化肥工业都有了很大发展。到 2010 年，石油和化学工业总产值达到了 8.88 万亿元，占全国工业总产值的 12.7%，成为仅次于美国的第二石油和化工的大国。截至 2023 年底，石油和化工行业规模以上企业 30507 家，石油和化工行业实现营业收入 15.95 万亿元，利润总额 8733.6 亿元，进出口总额 9522.7 亿美元。中国仍然是世界经济增长最大的引擎，现代化产业体系建设取得重要进展，科技创新实现新的突破，改革开放向纵深推进，向全面建设社会主义现代化国家迈出坚实步伐。

1.2.5 化学工业发展带来的问题

随着科学与技术的发展，化工为我们创造了一个全新的世界。许多化工产品，作为工业、农业、交通运输和国防建设的急需产品，既属于能源工业，也属于材料工业，直接关系国民经济的发展和人民生活水平的提高。但是，曾经的化学工业，经历了野蛮生长的阶段，这时期一切以利益至上，废水废气直接排放，对生态环境造成了极大的破坏；而且生产过程中对安全不够重视，导致安全事故屡见不鲜。例如“2005 年的吉化双苯厂爆炸导致的松花江水污染事故”“2015 年的天津港爆炸事故”等。这使大家到了“谈化色变”的程度。我们不禁要问：为什么会发生这么多的工程事故？是什么原因导致的这些工程事故？今后如何避免发生这类工程事故？

这些问题的根源，在于在化学工业生产的诸多环节中，漠视甚至忽视工程伦理问题。正是由于我国工程伦理意识严重缺失，“豆腐渣”工程、湖泊藻类爆发、水土流失、雾霾、非可再生资源无节制使用等问题时有发生。纵观这些年发生的工程事故，究其原因，往往是工程人员道德失准、责任心不强，在工程设计、施工、管理、监理等各个环节，缺乏社会责任感，致使出现劣质工程，给国家和社会造成了巨大的损失，形成了极为恶劣的影响。

转型中的化学工业，也让我们看到了希望。随着科技的发展，以及对安全、环境的重视，现在的化学工业，正在逐步向全自动化生产、规划合理、规模宏大、管理规范、和谐生态的方向发展。中国要发展，中国要强大。那么，处在转型期的化学工业和企业如何由“大”转变为“强大”？最先进的技术，就是最恰当的吗？这都是摆在大家面前需要思考的问题。

1.3 工程伦理教育的现状

1.3.1 国际工程伦理教育

世界上不可能存在“与伦理无关”的工程。同样，现代工程教育中也不能缺少工程伦理教育。自 20 世纪 70 年代以来，随着工程与自然、工程与社会之间关系的日渐凸显，美国、德国、日本、澳大利亚等国家，根据本国的文化境域和工程发展水平，形成了特色鲜明的工程伦理教育体系。

美国是全世界范围内工程伦理起步较早、发展较为完善的国家，而且美国的工程伦理教育也很有特色。在 20 世纪以前，美国工程学与伦理学是两条平行的轨道，它们分属不同的领域，在工程教育中并无有关伦理的考量。随着工程范畴和规模的日益壮大，工程与社会的矛盾加深，伦理问题凸显，特别是多起重大工程事故的发生，造成了巨大的人员伤亡和财产损失，促使人们意识到：由工程活动所带来的社会意义不可小看，社会和国家需要兼具专业知识和伦理素养的工程师。因此从 20 世纪 70 年代开始，工程伦理开始进入美国大学课程。1974 年，美国职业发展工程理事会颁布了伦理章程，进一步推动了工程伦理教育的发展。从 20 世纪 80 年代开始，美国工程和技术认证委员会（ABET）的 52000 工程标准，开始将工程伦理列入了评价工程院校教育活动的标准之中。到 1996 年，工程伦理开始纳入美国注册工程师“工程基础”的考试当中。到 1997 年，工程伦理教育则以不同方式，被美国排名前 10 位的工程院校引入到了本科教育之中。

此后，法国、德国、英国、加拿大、澳大利亚等发达国家，也都相继开展了工程伦理教育的研究和实践。德国一向以理性严谨而著称，在工程领域更是如此，对于技术、质量以及工程中的各个环节都精益求精，这也成为德国一直居于世界工业强国之列的最重要的原因。德国工程师协会，作为德国工程师的代言人，制定了《工程伦理的基本原则》。在法国，因为独特的工程教育，成就了法国工程师的精英地位。2001 年，法国工程师和科学家委员会制定了《工程伦理宪章》，包括工程教育和工程师的伦理责任。

当代西方国家的工程伦理教育发展方兴未艾，其中一个重要原因，是得益于工程伦理制度化的牵引。这种制度化的力量，既有宏观层面的法律制度保障，也有微观层面的认证制度。

西方国家工程伦理的制度样态中，最直接相关又具针对性的问题，就是注册工程师立法。美国率先开启了对注册工程师立法的先河。早在20世纪初，美国的怀俄明州便通过了全美首部关于规定职业工程师的申请和注册的法案。之后美国的各个州都相继颁布了类似的法律，并由专门的机构负责管理法案的实施。2000年，日本也通过了职业工程师法案，这个法案标志着工程师职业化运动获得合法地位。2001年，法国工程伦理的标志性事件就是《工程伦理宪章》的问世。德国也是通过立法推动工程伦理走向建制化的一个典型国家，其在《高等教育总法》中明确规定：必须严格、规范地对工科专业予以审核、评估与鉴定。

宏观层面的工程师法案，是推动工程伦理教育的制度保障。在微观层面，则是通过具体的机制体制，如工程认证制度。美国工程和技术认证委员会，是工程领域的认证机构，在全世界都得到认可，并且极具权威性。美国高等学校的工程教育专业的鉴定政策、准则和程序，由该委员会制定并实施。工程师只有在它认证的学校中完成相关的课业，并获得该学校的相应学位，才可以获得注册工程师执照。德国高等工程教育认证机构（ASIIN）是专门针对高校工科大学生教育项目、研究生教育项目进行认证的最具权威的工科认证机构，只要通过认证，本科毕业生、研究生毕业生便可获得“欧洲工程师”名号，这个名号在欧洲各国都是通用认可的。此外，还有日本工程教育认证委员会（JABEE）、法国工程师职衔委员会（CTI）、加拿大工程师协会（CCPE）等，也都开展了类似的工作，共同促进了工程伦理教育的发展。

1.3.2 我国工程伦理教育

自改革开放以来，我国高等教育取得了很大成绩，但是在工程伦理教育方面，相对于西方发达国家，我国起步相对较晚。长期以来，我国工程教育多注重专业知识与技能的培养，工程伦理教育环节相对缺失，使得工程师在工程实践中往往只看到技术问题，对工程引发的环境问题和社会问题的关注不足，这可能也是造成环境污染的一个诱因。同时，在具体工程实践中，还时常出现重经济效益、轻社会责任的现象，造成部分豆腐渣工程、假冒伪劣工程的存在。

我国是工程教育的大国，工科教育是我国高等教育中规模最大的专业教育，规模也居世界第一。目前，我国开设工科专业的普通高校有两千余所，工程专业在校生数以千万计。此外，我国工程专业学位研究生教育有400余家培养单位，每年招生规模都超过15万人。理工科毕业生作为未来的工程师，作为未来工程活动的主体，他们对待伦理责任的态度，在某种程度上将直接决定未来社会工程伦理责任观的价值取向，以及工程技术活动对人类健康和生态环境的行为后果。

直到20世纪90年代，工程伦理教育才开始引起国内相关学者注意。20世纪90年代后期，部分高校（例如清华大学、大连理工大学、北京理工大学、西安交通大学等）开始开设相关课程。我国从2010年起，开始全面实行注册工程师制度，这也在一定程度上推进了工程伦理教育。2010年6月23日，教育部在天津大学召开“卓越工程师教育培养计划”启动会，联合有关部门和行业协会或学会，共同实施“卓越工程师教育培养计划”。这是教育部贯彻落实《国家中长期教育改革和发展规划纲要（2010—2020年）》和《国家中长期人才发展规划纲要（2010—2020年）》的重大改革项目，也是促进我国由工程教育大国迈向工程教育强国的重大举措。卓越工程师培养计划，主要是培养、造就一大批创新能力强、适应经济社会发展需要的高质量工程技术人才，为国家走新型工业化发展道路、建设创新型国家和人才强国战略服务。

2016年6月，中国正式成为了《华盛顿协议》的成员国。《华盛顿协议》成立于1989年，最初由6个英语国家的工程专业团体发起成立。《华盛顿协议》是工程教育本科专业学位互认协议，其宗旨是通过多边认可工程教育资格，促进工程学位互认和工程技术人员的国际流动。工程学位的互认，是通过工程教育认证体系和工程教育标准的互认实现的。我国的工程教育认证，由中国工程教育认证协会组织实施；对外，由中国科学技术协会代表中国，加入《华盛顿协议》。《华盛顿协议》经过20多年的发展，已经成为最有国际影响力的教育互认协议。

2017年，教育部启动新工科建设的新时代中国高等工程教育。这是面向工业界、面向世界、面向未来，主动应对新一轮科技革命和产业变革挑战，服务制造强国等国家战略，提升国家硬实力和国际竞争力的重要举措。

在此期间，在工程教育的大环境下，除了清华大学、浙江大学、北京理工大学、大连理工大学、西安交通大学等一批院校开设工程伦理的相关课程之外，越来越多的高校开始开设工程伦理课程。特别是随着社会和经济的发展，专业学位研究生教育逐渐成为研究生教育发展的重点之一，而工程伦理是工程专业学位研究生应具备的基本素养。正是在这样的背景下，2018年5月4日，国务院学位委员会下发通知，将“工程伦理”课程正式纳入工程硕士专业学位研究生公共必修课。虽然工程伦理教育的范围进一步扩大，但对于中国来说，工程伦理教育任重而道远。

1.4 材料与化工伦理教育

1.4.1 材料与化工伦理教育必要性

从石油化学工业产品链图（图1-6）可以看出，要想得到塑料、橡胶、纤维等材料，往往需要从石油或天然气出发，经过炼油、化工原料生产、材料制备以及材料的加工等多个过程。在这些过程中，涉及了很多很多的工程。曾经的化学工业，经历了野蛮生产的阶段，不仅对生态环境造成了极大的破坏，而且生产安全事故时有发生。如何化解化工“妖魔化”现象？如何让大家不再“谈化色变”？关键还在于工程中伦理的考量，工程呼唤伦理。

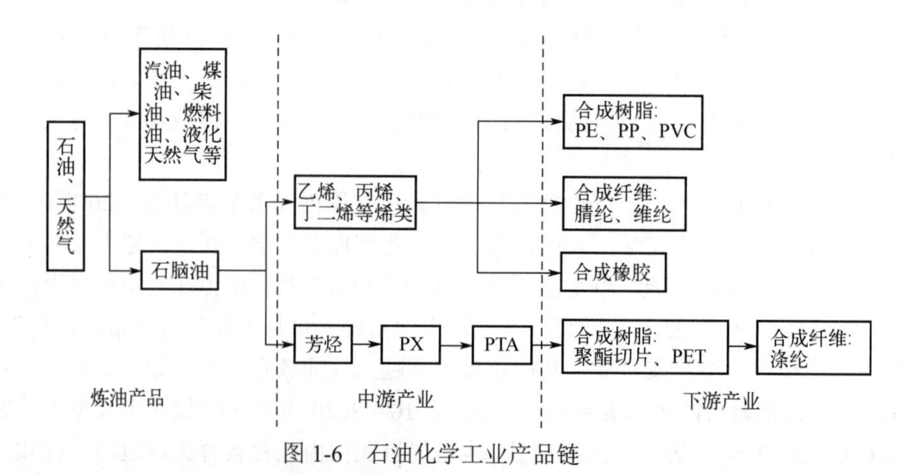

图1-6 石油化学工业产品链

PE—聚乙烯；PP—聚丙烯；PVC—聚氯乙烯；PX—对二甲苯；PTA—对苯二甲酸；PET—聚对苯二甲酸乙二醇酯

材料与化工的属性，要求工程技术人员具备工程伦理素养，但是工程伦理观并非与生俱来的，要提高工程技术人员的工程伦理意识和社会责任感，就必须开展工程伦理教育。工程教育强国的战略目标，也要求加强工程伦理教育。我国处在社会经济高速发展阶段，工程伦理教育起步较晚，工程伦理的教育环节也相对缺失，因此也呼唤开展工程伦理教育。

材料与化工伦理教育，一是有利于提升材料与化工工程师的伦理素养，加强广大化工从业者的社会责任；二是有利于推动可持续发展，实现人与自然的协同进化；三是有利于协调社会群体之间的利益关系，确保社会稳定和谐。

1.4.2 材料与化工伦理教育目标

美国工程伦理学家戴维斯认为工程伦理教育目标主要有四点：一是可以提高学生的道德敏感性；二是可以增加学生对执业行为标准的了解；三是可以改进学生的伦理判断力；四是可以增强学生的伦理意志力。由于戴维斯提出的工程伦理教育目标，在培养学生的工程决策能力上有一定的不足，因此清华大学提出了“意识-规范-能力”三位一体的教育目标，即培养学生工程伦理意识和责任感、培养学生掌握工程伦理的基本规范、提高学生工程伦理的决策能力。

具体到材料与化工伦理的教育目标，一是希望学生在肯定化学工业对国民经济贡献的前提下，能深刻剖析材料与化工行业安全生产事故、环境污染事故等背后的工程伦理因素；二是培养学生的伦理敏感性，掌握材料与化工领域相关的责任伦理、利益伦理、环境伦理、职业伦理、安全伦理、（学术）科研伦理等基本内容与思辨方法；三是希望学生能从多个伦理维度看待问题，做出正确选择；四是希望学生达到自觉地做到把公众的安全、健康、福祉放在首位，而不是仅仅满足于遵循标准和规范，甚至做出触犯法律底线的错误决定。

1.4.3 材料与化工伦理教学内容

《材料与化工伦理》内容共分 8 章，主要介绍材料与化工相关的工程伦理，例如材料与化工中的责任伦理、材料与化工中的利益伦理、材料与化工中的环境伦理、材料与化工工程师的职业伦理、化学类实验室的安全伦理、（学术）科研伦理等内容。

作为当代的大学生或研究生，作为未来的工程技术人才，也是未来工程活动的主体，除了要掌握专业的理论知识和技术之外，还需要具备工程伦理素养。工程伦理教育，对于工程师的培养和工程实践具有重要意义。特别是材料与化工相关专业的工程技术人员，能否在关键时刻坚持人民利益至上，能否将公众的安全、健康和福祉放在首位，将对中国的发展产生重要影响。希望大家通过学习材料与化工伦理，在了解并掌握材料与化工伦理基本规范的基础上，培育工程伦理意识和责任感，提高工程伦理的决策能力，自觉地做到把公众的安全、健康、福祉放在首位。我们在路上，我们一起努力！

本章小结

材料与化工是材料工程与化学工程的有机结合，用化学工程的理论和方法指导材料制备的工程化，基于新材料发展新的化学工程技术与理论，以化学工程为核心，实现与环境、材料、资源、信息等各个领域的交叉融合，从而在重要产业领域发挥作用。化工的发展与材料的发展是相互促进的。

材料的发展离不开化学工业的发展。化学工业是国民经济的支柱产业，特别是石油化学工业，是化学工业最重要的组成部分，直接关系国民经济的发展和人民生活水平的提高。曾经的化学工业经历了野蛮生产的阶段，对生态环境造成了极大的破坏，安全事故屡见不鲜，使得材料与化工的发展面临很多伦理困境，也带来很多伦理问题。因此工程呼唤伦理，材料与化工工程技术人员更需要工程伦理教育。希望通过学习《材料与化工伦理》，在肯定化学工业对国民经济贡献的前提下，正确判断材料与化工领域安全生产事故、环境污染事故等背后的工程伦理问题，提高伦理敏感性，掌握材料与化工领域相关的责任伦理、利益伦理、环境伦理、职业伦理、安全伦理、（学术）科研伦理等基本内容与思辨方法，能从多个伦理维度看待问题，做出正确选择，进而达到自觉地做到把公众的安全、健康、福祉放在首位。

思考讨论题

（1）为什么材料的发展与化工的发展息息相关？

（2）化学工业是知识和资金密集型的行业，也是国民经济的支柱产业，人类衣食住行都离不开化学工业，但是很多人还是会“谈化色变”，而且戏称“生、化、环、材”专业为“四大天坑”专业。请问：化工“妖魔化”的主要原因有哪些？你作为未来的材料与化工工程师，可从哪些方面去努力改变这种状况？你在未来的从业过程中应该怎么去做？

（3）最先进的技术，就是最恰当的吗？

（4）中国作为化工大国，如何变成化工强国？

（5）抢工期，“抢”是不是正当？

参考文献

[1] 闫亮亮. 石油工程伦理学[M]. 北京：中国石化出版社，2022.

[2] 杨帆，田晓娟，郭春梅，等. 化学工程与环境伦理[M]. 北京：科学出版社，2022.

[3] 王晓敏，王浩程. 工程伦理[M]. 北京：中国纺织出版社，2022.

[4] 赵莉，姚立根. 工程伦理学[M]. 2 版. 北京：高等教育出版社，2021.

[5] 徐海涛，王辉，何世权，等. 工程伦理：概念与案例[M]. 北京：电子工业出版社，2021.

[6] 衡孝庆. 工程、伦理与社会[M]. 杭州：浙江大学出版社，2021.

[7] 王玉岚. 工程伦理与案例分析[M]. 北京：知识产权出版社，2021.

[8] 张晓平，王建国. 工程伦理[M]. 成都：四川大学出版社，2020.

[9] 肖平，夏嵩，刘丽娜. 工程伦理：像工程师那样工作[M]. 成都：西南交通大学出版社，2020.

[10] 倪家明，罗秀，肖秀婵，等. 工程伦理[M]. 杭州：浙江大学出版社，2020.

[11] 徐海涛，王辉，张雪英，等. 工程伦理[M]. 北京：电子工业出版社，2020.

[12] 伯恩. 工程伦理：挑战与机遇[M]. 丛杭青，沈琪，周恩泽，等译. 杭州：浙江大学出版社，2020.

[13] 徐泉，李叶青. 工程伦理导论[M]. 北京：石油工业出版社，2019.

[14] 李正风，丛杭青，王前，等. 工程伦理[M]. 2 版. 北京：清华大学出版社，2019.

[15] 哈里斯，普里查德，雷宾斯，等. 工程伦理：概念与案例 [M]. 丛杭青，沈琪，魏丽娜，等译. 5 版. 杭州：浙江大学出版社，2018.

[16] 王志新. 工程伦理学教程[M]. 北京：经济科学出版社，2018.

[17] 闫坤如，龙翔. 工程伦理学[M]. 广州：华南理工大学出版社，2016.

[18] 张嵩，项英辉，武青艳，等. 工程伦理学[M]. 大连：大连理工大学出版社，2015.

[19] 顾剑，顾祥林. 工程伦理学[M]. 上海：同济大学出版社，2015.

[20] 刘莉. 工程伦理学[M]. 北京：高等教育出版社，2015.

[21] 王前，朱勤. 工程伦理的实践有效性研究[M]. 北京：科学出版社，2015.

[22] 肖平. 工程伦理导论[M]. 北京：北京大学出版社，2009.

[23] 财富网. 2022 年《财富》世界 500 强排行榜[R/OL]. (2022-08-03)[2023-01-31]. http://www.fortunechina.com/fortune500/c/2022-08/03/content_415683.htm.

第2章 材料与化工中的伦理

学习目标

通过本章的学习，了解伦理概念，明确伦理与道德两个概念的关系；理解不同的伦理立场，能够分析不同的伦理立场可能出现的伦理问题；掌握面对伦理困境如何进行伦理选择；了解材料化工领域中工程活动的特点，辨识其中存在的伦理问题；掌握处理伦理问题的原则、思路和策略。

引导案例

河北打响雾霾“攻坚战”

2.1 伦理

伦理，是指在处理人与人、人与社会相互关系时应遵循的道理和准则，是一系列指导行为的观念，是从概念角度上对道德现象的哲学思考。它不仅包含着对人与人、人与社会和人与自然之间关系处理中的行为规范，而且也深刻地蕴含着依照一定原则来规范行为的道理。

2.1.1 伦理与道德

“伦理”通常与“道德”这个概念关联使用，甚至这两个词经常被相互替换使用。但实际上，这两个概念既密切相关，又有一定的区别。

（1）词源含义

英语中的“伦理”概念（ethics）源于希腊语的 ethos，“道德”（morality）则源于拉丁文的 moralis，古罗马征服古希腊之后，古罗马思想家西塞罗使用拉丁文 moralis 作为希腊语 ethos 的对译。可见在西方道德和伦理的词源含义相同：都是指外在的风俗、习惯以及内在的品性、品德。即一方面是外在的行为规范，另一方面是指内在的行为规范——自我个人的品德。

在中国，道德与伦理的词源含义却有所不同：“道”本义为道路。《说文解字》曰：“道，所行道也。”引申为规律。所谓人道，指社会行为应该如何的规则。“德”本义为得。《管子·心术上》曰“故德者得也”。“德”是“外得于人，内得于己”。“道”和“德”联系在一起的意思是：“道者，物之所由也；德者，物之所得也。”（王弼《道德经注》）可见，中国“道德”

的词源含义与西方相同，一方面是外在的行为规范，另一方面指内在的行为规范。“伦”本义为“辈”。《说文》曰：“伦，辈也。”引申为“人与人之间的关系”。中国古代的“五伦”就是指五种人际关系：君臣、父子、夫妇、长幼、朋友。“理”本义为“治玉”。《说文解字》云：“理，治玉也。”引申为治理和物的纹理，进而引申为规律和规则。“伦”与“理”合起来联用形成“伦理”，指处理人伦关系的道理或规则。伦理的本义可以归纳为：第一，人伦，伦理只发生在人的世界及其秩序中，与人之外的世界无关；第二，关系，伦理一定是发生在主客关系之中，没有关系的地方没有伦理；第三，秩序，人伦关系一定是以某种秩序呈现；第四，规范，伦理一定是应该或不应该的规范性说明。可见，中国的“伦理”包括如下两个意思：一方面是外在的规范-行为，应该如何；另一方面是人际关系的规律-行为，事实如何。

从词源上分析，伦理与道德都是被用来描述人在行为活动中养成的习惯品质，其本义相通性基本有三：都是源于风俗、习惯；都是对人的行为的某种规范；都同时体现为人的品质或德性。在这三种相通性中，风俗习惯是基础，规范是核心，德性是表现。

（2）概念含义

“道德”指行为应该如何规范和规范在人们身上形成的心理自我，即品德；而“伦理”则强调行为事实如何的规律和行为应该如何规范。这两个概念的区别在于：“道德”更突出个人因为遵循规律而具有“德性”，“伦理”则突出依照规范来处理人与人、人与社会、人与自然直接的关系。

两者的共同之处在于：伦理与道德都强调值得倡导和遵循的行为方式，都以善为追求的目标。善的理想形态往往具体化为普遍的道德准则或伦理规范，以不同的方式规定了“应当如何”，包括“应当如何行动（应当做什么）”“应当成就什么（应当具有何种德性）”“应当如何生活”等，从而通过人的实践进一步转化为善的现实。这里“应当”表现为人和人之间相互关系的要求和道德责任，从而引申出“应当如何”的观念和伦理规范。伦理规范“反映着人们之间以及个人同个人所属的共同体之间的相互关系的要求，并通过在一定情况下确定行为的选择界限和责任来实现”，既是行为的指导，又是行为的禁例，规定着什么是“应当”做的，什么是“不应当”做的，因此也就规定了责任的内涵。

2.1.2 伦理与价值观

价值观是基于人的一定的思维感官之上而做出的认知、理解、判断或抉择，也就是人认定事物、辨别是非的一种思维或取向，从而体现出人、事、物一定的价值或作用。价值观对人们自身行为的定向和调节起着非常重要的作用。价值观决定人的自我认识，它直接影响和决定一个人的理想、信念、生活目标和追求方向的性质。价值观对动机有导向的作用，人们行为的动机受价值观的支配和制约。价值观对动机模式有重要影响，在同样的客观条件下，具有不同价值观的人，其动机模式不同，产生的行为也不相同。动机的目的方向受价值观的支配，只有那些经过价值判断被认为是可取的，才能转换为行为的动机，并以此为目标引导人们的行为。

伦理与价值观概念不可互换。伦理是道德的外在化，属于客观的行为关系，表现为现实的群体规范，它具有外在性、客观性、群体性的特征。价值观是指个人对客观事物（包括人、物、事）及对自己的行为结果的意义、作用、效果和重要性的总体评价。简而言之，伦理是一个有道德的人应该如何行为；而价值观是内心判断，决定一个人的实际行为。

价值观可以引申或转化为行为准则或原则，而这些准则或原则，则有可能成为伦理原则或伦理规范。

2.1.3 伦理规范

伦理规范是具有普适性的一些准则，也包括在特殊领域或实践活动中被认为应该遵循的行为规范，或者那些仅适用于特定组织内成员的特殊行为的标准。后者往往与特殊领域的性质和行为特点密切相关，是结合所从事工作的特点，把具有一定普遍性的伦理规范具体化，或者从特殊工作领域实践的要求出发，制定一些比较有针对性的行为规范。

根据伦理规范得到社会认可和被制度化的程度，可以把伦理规范分为如下两类：

① 制度性的伦理规范。这类伦理规范往往得到了比较充分的探究，形成了被严格界定和明确表达的行为规范，对相关行动者的责任与权利有相对清晰的规定，对这些行动者有严格的约束并得到这些行动者的承诺。如医生、教师或工程师等职业发布的各种形式的职业准则都属于这类。

② 描述性的伦理规范。这类伦理规范往往没有明确规定行为者的责任和权利，只是描述和解释应该如何行为，但没有使之制度化。因此可能在一些伦理问题上存在不同程度的争议。描述性的伦理规范也比较复杂，其中既有对以往行之有效的约定、习惯，也可能包括一些新的有意义的行为方式的提倡。因此，同制度性伦理规范相比，描述性的伦理规范并不总是落后或保守的，对其中在实践中形成的有价值的、合适的行为方式，在一定条件下经过进一步研究，有可能成为新的制度性的伦理规范。

2.1.4 伦理立场

什么是好的、正当的行为方式？伦理规范如何在人类社会生活中进行应用？这些问题一直是伦理学中思考和争议的热点，并就此形成了不同的伦理学思想和伦理立场。主要包括功利论、义务论、契约论和德性论四大不同伦理立场。

（1）功利论

功利论（utilitarianism）亦称“功利主义”，是以实际功效或利益作为道德标准的伦理学说。功利论以古希腊的伊壁鸠鲁的快乐主义感觉论（正当的行为视为是追求幸福和快乐的行为）为基础，由 18 世纪末 19 世纪初的两位英国伦理学家边沁和穆勒创立。

功利主义的基本原则是：一种行为如有助于增进幸福，则为正确的；若导致产生和幸福相反的东西，则为错误的。幸福不仅涉及行为的当事人，也涉及受该行为影响的每一个人。最好的结果就是达到“最大的善”，只有当一个行为能够最大化“善”，才是道德上正确的。可以说，功利论聚焦于行为的后果，以行为的后果来判断行为是否是善的。功利论本质的特点，是它对后果主义的承诺和它对效用原则的采用。

在工程中，“将公众的安全、健康和福祉放在首位”是大多数工程伦理规范的核心原则，而功利论是解释这个原则最直接的方式。一方面，它以成本-效益分析方法帮助工程师对可供选择的行动及其可能产生的结果进行比较和权衡，然后把这些结果与替代行为的结果在相同条件上进行比较，以便最大限度地产生好的效应。同时，通过对以往人类关于各种类型的行为效果最大化的经验进行总结，进而提供基于过去经验的粗略指导。如要求工程师“在职业事务上，做每位雇主或客户的忠实代理人或受托人，避免利益冲突，且绝不泄露秘密”。另一方面，当在特定场合不这么做将产生最大善的时候，这些规则可以修改甚至违背，如“不做有损雇主和客户利益的事，除非有更高的伦理关注受到破坏”。当一套最优的道德准则产生的公共善大于别的准则（或至少与别的准则一样多）时，个人行为就可以在道德上得到辩护。

（2）义务论

在西方现代伦理学中，义务论指人的行为必须遵照某种道德原则或按照某种正当性去行动的道德理论，与“目的论”“功利主义”相对。功利论关注的重点是行为的后果而非动机，义务论则与此不同，更关注人们行为的动机，强调道德义务和责任的神圣性、履行义务和责任的重要性，以及人们的道德动机和义务心在道德评价中的地位和作用，认为判断人们行为的道德与否，不必看行为的结果，只要看行为是否符合道德规则、动机是否善良、是否出于义务心等等。

康德是义务论的主要代表，“最重要的是，不在于达到一个实体性的目标，而是根据我们意志中展示的特定的性质而行动，不计较是否得到好处。最高的善，是由我们行为自身的内在结构决定的”。其理想主义义务论认为人是具有实践理性和道德感的，理性追求的是理想至善，道德法则的使命就是“自己为自己立法”，人的自由意志就是要实践道德法则。为遵循“心中的道德法则”，强调对道德律令的理性自觉和自我约束，即道德自律。

康德有关义务、人是目的、对人的尊重和不受个人感情影响的合作的论述，已经在工程伦理学中产生很大影响，尤其是其责任观念对工程伦理规范的制定发挥了重要作用。如“工程师在履行职业责任时不得受利益冲突的影响”“工程师应为自己的职业行为承担个人责任”“接受使工程决策符合公众的安全、健康和福祉的责任”。

康德之后，罗斯（W. D. Ross）提出了基于客观主义的直觉主义义务论思想，克服康德的绝对主义弊端。他认为直觉不仅能发现正确的道德原则，还能正确地应用它们。道德原则具备三个主要特征：道德原则是自明的（self-evident）；道德原则构成一个多元的集合（a plural set），当中并没有一个最高的总原则将其他原则统辖在一起；道德原则并不是绝对的，每一个原则在某一特定的情况中，都可以被其他原则压倒。直接主义义务论提出的自明的道德原则，包括：遵守诺言、忠诚、感恩、仁慈、正义、自我改进、不行恶。

总体而言，义务论反对把“人”作为获得功利目的的工具或手段，强调“人”本身应该是目的。维护人的权利和尊严，应该是判断行为正当与否的重要原则。因此，义务论强调正当的行为应该遵循道义、义务与责任，而这些道义、义务与责任都基于把人的权利和尊严置于极其重要的位置。

（3）契约论

契约论是用契约关系解释社会和国家起源的政治哲学理论，又称社会契约论。其通过一个规则性的框架体系，把个人行为的动机和规范伦理看作是一种社会协议。

契约论思想早在古希腊智者派时期就已萌芽，但直到古希腊哲学家伊壁鸠鲁才对其加以比较明确的论述：视国家和法律为人们相互约定的产物。在 17~18 世纪，荷兰哲学家 J.阿尔色修斯和 H.格劳秀斯及 B.B.de 斯宾诺莎、英国哲学家 T.霍布斯和 J.洛克、德国哲学家普芬多夫、法国思想家卢梭等进一步发展和完善了契约论思想。这一时期的契约论以自然法学说为基础，认为人类最初生活在没有国家和法律的自然状态中，受自然法支配，享有自然权利。但由于有种种不便，人们就联合起来，订立契约，成立国家，以便更好地实现自然权利。19 世纪以后，契约论受到各种批判，逐渐趋于衰落。

20 世纪出现了一种新契约论，主要代表人物为美国哲学家罗尔斯。他主张“契约”或叫“原始协议”不是为了参加一种特殊的社会或为了创立一种特殊的统治形式而订立的，订约的目的只是确立一种指导社会基本结构设计的根本道德原则，即正义原则。罗尔斯基于正义这一核心范畴，提出了社会公平正义的两个基本原则：一是个人自由和人人平等的“自由原则”，就是每个人都是站到完全平等的起跑线上，能平等且自由地做出选择，不受任何先天条件的限制和约束；二是机会均等和惠顾最少数不利者的“差异原则”，即社会的公平平等原则和差别原则（保护弱势群体）相结合。

事实上，传统风俗和行为习惯正是经过不同形式的社会契约，才得以发展为伦理规范的。工程伦理最初是作为工程师职业道德行为守则出现的，通过建立于经验之上的理想化初始状态达成理性共识的工程职业行为准则，并将其制度化为具体行业的行为规范，这个制度框架既允许理性的多元性共存，又能够从多元理性中获得共识的价值支持。这样，当具有理性能力的工程师从事具体的职业活动时，个人自由权利就能在现实工程实践中得到有效保障，而且这些规范为他们提供了相应评估行为优先次序的指导。如西方几乎所有的工程师协会的伦理准则，既把公众的安全、健康和福祉放在首位，同时也认同工程师有“生活和自由追求自己正当利益的基本权利”“履行其职责的回报接受工资的权利和从事自己选择的非工作的政治活动，不受雇主的报复或胁迫的权利”“职业角色及其相关义务产生的特殊权利”。

（4）德性论

德性论也被称为美德伦理学或德性伦理学。功利论或义务论以“行为”为中心，关注的是“我应该如何行动？”德性论则以“行为者”为中心，关注的是“我应该成为什么样的人？”是把关于人的品格的判断作为最基本的道德判断的理论。德性伦理学聚焦于道德主体，即行为的推动者，道德主体的品格为伦理行为的推动力。

德性论的主要代表有古希腊哲学家亚里士多德、中国儒家传统伦理思想以及当代伦理学家麦金太尔等。亚里士多德把道德的本质特征定义为“实践智慧”和“卓越”，认为人的德性就是一种使人成为善良并获得优秀成果的品质，主张德性是在适当的时间、就适当的事情、对适当的人物、为适当的目的和以适当的方式产生情感或发出行动。亚里士多德具体讨论了理智、勇敢、节制、慷慨、自重、诚实、公正等个人美德，同时把公正作为一种社会美德，并明确提出了公正乃美德之首。

当代伦理学家麦金太尔继承并发展了亚里士多德的德性论思想。麦金太尔提出了美德是一种个人品格，这种品格是在社群中通过个人的实践活动历史地形成的，依靠这种品格人们便能在实践中获得个人的内在利益。在《德性之后》一书中，麦金太尔多次重申，其美德论经历三个阶段：第一，把德性视为获得实践的内在利益的必需品质；第二，把德性视为有益于整体生活的善的品质；第三，把德性与对人而言的善的追求相联系，这个善的概念只有在一种继续存在的社会传统范围内才可以得到诠释和拥有。这三个阶段也就是其美德概念的三个基本要素，即与美德相关的实践活动、叙事的历史传统以及组成美德的各种德行。因此，拥有德性并在实践中践行德性的行为才是正当的、好的行为。

德性论者认为，伦理学的核心不是“我应当做什么”的问题，而是“我必须具有何种品德”的问题。由此可见，德性论关心的主要是人内心品德的养成，而不是人外在行为的规则。“以人为本”是德性论的基础，反对以伦理学名义制定各种规则和制度，强调“培养善良的人”，其行动是由人的高尚品格自发推动的。

2.1.5 伦理困境

伦理困境也被称为道德悖论，是指陷于道德命令之间的明显冲突，如果遵守其中一项，就将违反另一项的情形。此情形下无论如何作为，都可能与自身价值观及道德观发生冲突，并出现在具体情景之下的道德判断与抉择的两难困境。

以“电车悖论”作为案例来看不同伦理立场得到的不同结果。“电车悖论”是伦理学领域最为知名的思想实验之一，如图 2-1 所示：一个人把五个无辜的人绑在电车轨道上。一辆失控的电车朝他们驶来，并且片刻后就要碾压到他们。幸运的是，你可以拉一个拉杆，让电车开到另一条轨道上。但是还有一个问题，那个人在那另一条轨道上也绑了一个人。考虑以上状况，你应该拉拉杆吗？

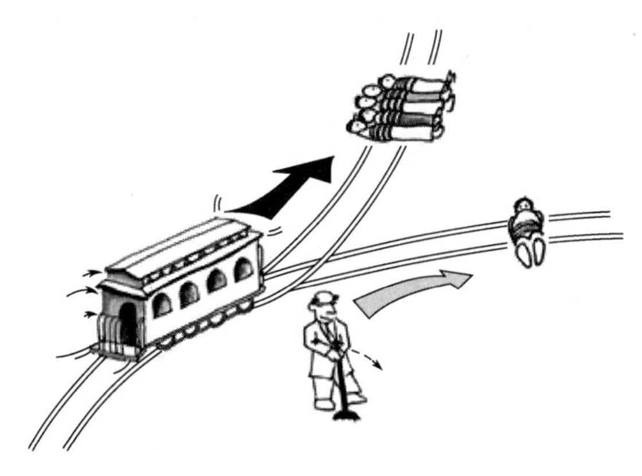

图 2-1　“电车悖论”

不同的伦理立场就会出现不同的伦理选择。对于功利主义者，根据“为多数人提供最大利益的原则”，认为应该拉动拉杆，拯救五个人，因为“后果重要”。对于义务论者，根据“人是目的”的原则，5 个人和 1 个人是同等重要的，认为不应该拉动拉杆，因为这样就把 1 个人作为拯救 5 个人的手段了，所以此时只有不作为才是正确的。对于契约论者，根据“遵守规则”的原则，认为不应该拉动拉杆，因为电车原本的行进方向就是 5 个人的方向。对于德性论者，是否拉动拉杆，要遵循个人的道德准则。这也意味着德性论无法为人们的实践提供具体指导，更不能将其用于应对情况复杂的道德困境。

可以看出，无论你作为与否，“电车悖论”是个没有完美答案的问题。一方面，如果你有所作为，拉动拉杆，则意味着一个人的死亡你负有责任；另一方面，如果你不作为，不拉动拉杆，这种选择不会有任何风险，但是却不可避免地会遭到道德伦理的谴责。当你身处这种状况下就要求你要有所作为，不作为将会是同等的不道德。只要你置身事中，就无法有完全道德的行为。

“电车悖论”反映出人类社会生活和道德生活中一个不可忽略的事实，那就是：在多元价值诉求之下，伦理规范应对人类复杂的社会与道德生活的力不从心，显现出越来越多的局限性。价值标准的多元化以及现实的人类生活本身的复杂性，常常导致在具体情境之下的道德判断与抉择的两难困境，即“伦理困境”。同样的，现代工程领域是复杂的，工程实践不仅涉及与工程活动相关的工程师、其他技术人员、工人、管理者、投资方等多种利益相关者，还涉及工程与人、自然、社会的共生共存，因而面临着多重复杂交叠的利益关系。伦理规范也面临着与时俱进的挑战和压力。

工程活动的主体既包括个体主体，也包括团体主体，由于主体形式的复杂性，不同的主体又有着不同的道德依据和利益诉求，因此也就导致三种不同类型的伦理困境：个体困境、群体困境和责任困境。

（1）个体困境

个体困境又可以分为两种：个体利益与内心道德律之间的冲突；双重身份所导致的伦理困境。

① 个体利益与内心道德律之间的冲突。个体利益包括经济利益、权力、名誉等。以工程师为例，无论是为企业工作的工程师还是为政府工作的工程师，抑或是独立从业的工程师，

在其职业生涯中，总会遇到一些伦理难题。这些难题的一方是由于经济原因、权力压力或者对名誉的追求而要做出违背伦理原则的行为，另一方是内心的道德律要求做出遵守伦理原则的行为。这类伦理困境是工程师最常遇到的，也是最难得到正确解决的。比如，管理者利用权力施加压力让工程师提供不符合事实的专业意见（工程师面临对雇主忠诚还是对公众负责的两难境地，如果选择后者将面临失去工作，无法对家庭负责的情况）；那些由于政治原因甚至是人道主义的原因，参与核武器、化学武器研究的工程人员也同样面临这类伦理困境。在这样的情况下，工程师往往要面对内心道德律令的审判，但如果完全按照道德律令去做，自己的切身利益就无法保证甚至是遭到损害；如果违背内心的道德律令，虽然自己的利益得到了保证，但往往会导致对他人利益的损害。无论在精神上还是在事实上，都是两难的选择。

② 双重身份所导致的伦理困境（角色困境）。在现代工程活动的项目组织中，工程师相比共同体其他成员有着特殊的身份情况，一些工程师会兼任管理者，在提供专业知识的同时还需要做出管理决策。由于专业判断和管理决策并不总能保持一致，尤其是管理决策需要在违背专业判断的条件下做出的时候，工程师的双重身份就会使其陷入“义务冲突”。工程技术人员要保质保量，以尊重客观规律为原则，而管理人员需要考虑组织或企业的经济效益、行业声誉，这两方面通常是不冲突的，但是在特殊情况下就会发生矛盾，特别是两种角色集合在一个人身上时。以“挑战者”号航天事故为例。1986 年 1 月 28 日，美国“挑战者”号航天飞机在升空 73 秒后爆炸，7 名宇航员全部遇难。造成事故的原因是橡胶带上的 O 形圈失效。然而遗憾的是，事故本来是可以避免的。就在发射的前一天，负责 O 形圈的总工程师就提出延迟发射的建议，因为 O 形圈存在着低温条件下断裂的风险。然而此时，航天公司的管理者们正急需一次成功的发射来争取更多的业务。作为该项目监理工程师的工程部副主任罗伯特 • 伦德（Robert Lund）在面对他的工程师同事所提出的推迟发射建议时，先是出于专业判断拒绝签署发射令，而后被他的上司要求“摘掉你工程师的帽子，戴上管理者的帽子”，然后他便做出了支持按时发射的决定，于是悲剧就发生了。

（2）群体困境

群体困境，是指工程活动中的各个利益群体在利益取舍过程中所面对的伦理困境。任何一个工程项目都是为了获得一定的利益，同时也会损害一定的利益，而问题就出在利益获得方与利益受损方往往并不是同一群体。因此，工程项目的利益相关者也就大致可以分为两部分——利益获得方（如投资者）和利益受损方（如因工程项目而搬迁的居民），二者之间也会有重叠的部分，这是因为利益受损方一部分人的利益损失可能是暂时的，经过补偿就会变成利益获得方（比如因搬迁而致富的居民）。但仍旧有一部分人受损的利益是难以补偿的，比如新规划的铁路线、飞机场附近的居民，本来宁静的生活将被打破，也就是说工程项目的利益在利益获得方与利益受损方之间的分配是不对称的。如此一来，受损的利益如何补偿就成为问题的核心。如果仅仅把利益受损方限定在人的范围内，那么受损的利益包括有形的损失和无形的损失。有形的损失容易补偿，比如搬迁中按照一定的协商标准对征地进行补偿。而无形的损失该不该补偿、该如何补偿？如兴建化工厂对空气、水源以及土壤的污染；新建高层建筑遮蔽原住户的阳光等；也包括工程移民对世代生活环境的情感依赖，对新环境的适应困难，谋求新的生存方式的困难；还包括对历史遗迹的破坏、对文化风俗的改变等。进一步，如果把利益受损方扩大到其他生物以及生态的层面，那么问题将更加复杂。工程项目对其他生物生存环境的破坏、对生态环境的破坏，该如何衡量？如何补偿？集体的利益和个人的利益哪个更重要？有形的利益和无形的利益哪个更重要？人的利益和其他物种的利益哪个更重要？当代的利益和后世的利益哪个更重要？

正是由于各个利益群体之间的利益纠葛，以及利益群体内部的不稳定性，使得利益权衡问题成为工程活动中造成伦理困境的一个主要根源。

（3）责任困境

责任主体缺失所导致的伦理困境，也可以称为责任困境。在现代工程系统中，大规模的合作与分工使得个人行为被集体行为所淹没，个人的贡献被限制在系统的节点层面，整个系统的结构和功能是由众多的人和物的因素所共同决定的，因此责任主体也由个人扩展到集体。技术与个人的个体对应关系被整体对整体的关系所取代。然而这一转变往往意味着责任主体的缺失，也就是格鲁恩瓦尔德所说的技术发展的匿名性和无主体性。造成责任主体缺失的原因有两个方面：一方面，工程系统中因果关系复杂，使得从因果的角度归咎责任变得不可能；另一方面，个人负责任的能力有限，难以对大工程系统负责，例如让一个工程师对一栋倒塌的大楼负责是不现实的。

仍旧以“挑战者”号事故为例。由于在发射决策做出的过程中，涉及了众多的管理者和工程师，不管过程是什么样的，但最终结果是集体做出了这个决定，也就是整个集体应该对事故负责，但也就是到此为止，集体中每一个成员都逃脱了责任。所以我们看到，当责任的主体由个体变成集体，直觉告诉我们集体责任应该通过制度规章的转换，最终由集体中的个体成员来承担，然而结果却是责任被分解消失了，集体中的个体成员无须负责，集体责任无法还原。因此，集体责任该如何分配的问题一直以来都没有得到有效的解决。

2.1.6　伦理选择

工程既具有社会性，又具有探索性，且与伦理问题紧密相关。工程实践中应该坚持何种伦理立场？功利论以道德“效用”或“最大幸福原则”为基础，认为行动的道德正确性标准在于通过行动来产生的某个非道德的价值，比如幸福；义务论则认为行动本身就具有内在价值，理想主义义务论更是认为道德要求体现在所谓的“绝对命令”中；契约论并不偏重行为的结果，而是更注重行为的程序合理性，达成共识契约之后按照契约行动；德性论则为人的行动提供了一种内在的倾向性标准，比如诚信、正直、友爱等。价值标准的多元化导致了人们在具体的工程实践情境中选择的两难，工程本身的复杂性又加剧了行为者在反映不同价值诉求的伦理规范之间的权衡。此外，工程系统的不确定性削弱了工程伦理规范带给行为者的安全感和稳定感。工程实践中的伦理困境深刻地显现出伦理规范的脆弱性带给人类道德生活的脆弱性。

面对工程伦理问题或伦理困境，如何进行伦理选择和伦理决策呢？以工程师为例，如果他所受聘的企业为了追求利益，要求其做出“偷工减料”的设计，而工程师面临着要么接受企业的要求，获得足以养家糊口的薪水，但是却要经受良心的自我谴责，要么坚持自己的道德原则拒绝设计，但很可能会失去赖以生存的工作。无论是功利论、义务论、契约论、还是德性论，都不关注现实中特殊的个人关系，然而，真的可以简单地把个人的工作、生活、责任与义务截然分开吗？显然是不可以的，否则会产生不可接受的结果。麦金太尔曾指出，我们具有什么样的道德与个体所处的特殊共同体及其文化传统和道德谱系有着历史的实质性文化关联，不可能有普遍有效的道德原则。当工程实践出现“超越于道德的”情形时，我们只能承认存在一个有限的道德选择和伦理行为的范围，在这个范围内，通过道德慎思为自己的伦理行为划分优先顺序，审慎地思考和处理如下几对重要的伦理关系，以更好地在工程实践中履行伦理责任。

第一，自主与责任的关系。在尊重个人的自由、自主性的同时，要明确个人对他人、对集体和对社会的责任。

第二，效率和公正的关系。在追求效率，以尽可能小的投入获得尽可能大的收益的同时，要恰当处理利益相关者的关系，促进社会公正。

第三，个人与集体的关系。在追求工程的整体利益和社会收益的同时，充分尊重和保障个体利益相关者的合法权益。反过来，工程实践也不能一味追求个人利益，而忽视了工程对集体、对社会可能产生的广泛影响。

第四，环境与社会的关系。工程实践的一个重要特点是对自然环境和生态平衡带来直接的影响，在实现工程社会价值的过程中，如何遵循环境伦理的基本要求，促进环境保护，维护环境正义，将是工程实践不得不面对的重要挑战。

工程伦理问题相比一般伦理问题，它的主体是复杂的，它的客体是复杂的，它的根源是复杂的。因此，在面对工程伦理问题的时候，要充分认识其复杂性，不要希望通过单一的伦理工具来解决所有问题。要针对不同的对象，充分发挥各种理论的优势。

① 对企业而言要强调义务论，也就是社会责任伦理观。

② 对个体而言要制定适当的行为规范（包括工程师和其他职业者），同时加强美德教育（长期的）。人类的工程活动本身就是一种伦理实践，伦理规范指导个体行为者在当下具体的工程活动中“应当如何做”和“应当做什么”，而美德贯穿个体行为者的整个工程生活，是个体行为者获得“好的生活”的能力。

③ 在满足前两点的基础上，适当运用功利主义伦理观。

当面对工程实践中的伦理困境时，不能仅依靠他律的伦理规范，也要求工程行为者通过自我反思而达到对伦理规范的更新认识，并以现实的行动实践这种认识。也就是说，一方面通过身体力行将伦理规范中的原则、准则运用到具体的工程实践场景中，另一方面通过反思而达到的更新认识化作现实的自觉行为。

2.2 材料与化工中的伦理问题

根据“第1章 导论”中对材料与化工的定义，材料与化工领域包含了化学反应，涉及高温、高压生产条件，涵盖化工产品研发、生产、运输与储存、使用、回收及废弃物处置等全生命周期过程，既是应用科学技术改造世界的自然实践，也是改进社会生活和调整利益关系的社会实践。可见其实践过程是非常复杂的，这也就意味着材料与化工的实践过程中往往面临着多重风险：化工技术应用于自然界带来的环境风险；材料与化工生产过程中的质量和安全风险；化工产品储存、运输过程中的安全风险；化工产品回收利用和废弃物处置带来的环境风险；化工行业产生污染所导致的部分群体利益冲突和受损风险。作为材料与化工行业主要设计者和生产者，工程师不仅需要具备专业的知识和技能，更要具备“正当地行事”的伦理意识，以及规避风险和协调利益冲突的能力。

2.2.1 材料与化工活动特点

“材料与化工”是“材料工程”与“化学工程”的交叉学科，主要包含材料、化学和与之相关的工程活动。确切地说，重点在于用化学工程和过程工艺的方法，实现新材料的合成制备与加工过程，是材料工程和化学工程的有机结合体。材料与化工领域当前主要集中在新材料的制备与应用上。如新型的二维石墨烯、金属有机骨架（MOF）、二维过渡金属碳化物（MXenes）材料，先进的能源材料、膜材料、结构材料、生物医用材料等，从实验室走向大规模生产再到应用过程，就属于“材料与化工”领域的研究内容。

不论是古代还是近现代，材料与化工的实践都表现为动态的过程。因此，有必要从过程出发认识材料与化工活动，进而把握其本质。材料与化工活动的特点可以描述为：

① 发明而非发现。化学工业的目的是得到物质性产品，即材料，因此其主旨为发明性，而非发现性。

② 应用技术为先。材料的生产过程充分体现了科学技术的应用，而非科学理论。

③ 具有不确定性和探索性。新材料的制备过程必然包含部分不确定性，化工工艺过程必然有探索性。

④ 为需求服务。为实现人类需求进行创新和创造。

⑤ 规模效应。现代化工已经向规模化、集团化发展，产生广泛的社会效应，同时对自然环境产生较大程度影响。

从工业化革命以来，材料与化工实践活动已经发展为非常复杂的社会现象，从单一视角出发去了解具有局限性，且无法真正理解其行为内涵。材料与化工不是单纯的科技在自然界中的运用，而是包括工程师、科学家、管理者、使用者等群体，围绕材料与化工这一内核所展开的集成性与建构性的活动。材料与化工集成了技术要素、经济要素、管理要素、社会要素、生态要素和伦理要素等。必须从多个维度出发，才能真正意义上理解和认识材料与化工的实践活动。

（1）技术维度

材料与化工实践过程中，愈来愈依赖于技术的进步。化学工业由最初只生产纯碱、硫酸等少数几种无机产品和主要从植物中提取茜素制成染料的有机产品，逐步发展为一个多行业、多品种的生产部门，出现了一大批综合利用资源和规模大型化的化工企业。这一发展历程就是得益于应用了先进的科学技术。此外，材料与化工并不是简单地应用技术，而是创造性地将各种先进技术集成起来，在这个过程中，也可能发明新的技术，或者实现技术上的重大突破。如基于计算机技术、网络技术的物联网已经在材料与化工领域内应用，有效推动了化学工业的智能化发展。

（2）经济维度

“经济”是理解材料与化工活动最常见的视角，事实上，具有重要的经济价值往往是发展化学工业、展现材料与化工重要意义的指标。从近二十年以来的《财富》杂志的世界五百强企业排行榜数据可知，化学工业在其中占据了重要的地位，排名前十的企业中，石油化工企业占比都在三分之一以上，由此可见其所带来的经济效益。尽管化学与材料相关企业的建设还需要充分考虑社会、生态等多方面因素，但经济利益无疑是激发人们发展化学工业的动力。除此之外，材料与化工领域还要考虑生产成本、产品价值和生产方法的经济性。

（3）管理维度

材料与化工是理论、方法和实践的高度协同，如何根据需要最有效地把众多的行动者、利益相关者、可利用的资金和自然资源等组织起来，就成为材料与化工实践中重要的管理问题。

（4）社会维度

社会维度是指工程实践具有广泛的社会性。材料与化工作为工程领域之一，同样具有社会性。一方面，包括众多行动者，如投资者、管理者、工程师、技术工人、受到影响的社会公众等，形成了为实现特定目标而紧密关联的工程共同体。另一方面，从事材料与化工实践活动的工程师构成了特殊的社会群体——工程师共同体，并以不同类型的专业协会的形式存在。如何处理这些社会关系与利益关系，是社会维度必须考虑的重要问题。

（5）生态维度

生态维度是近年来受到高度重视的视角，原因在于化学工业会对自然环境和生态平衡带来不可还原、不可逆转的重要影响。工业化迅速推进过程中，随着人类改造自然步伐越来越大，气候变化、环境和生态破坏已经成为全球性的社会问题，进行环境保护、避免对生态的影响已经成为可持续发展的必要途径。

（6）伦理维度

伦理维度探讨的是人们如何“正当地行事”，上述各个维度最后都不可避免地与伦理思考形成交集。这不仅是理论问题也是实践问题，且与具体的实践情境密切相关。在后续章节中，将探讨材料与化工实践中具有一定普遍性的伦理问题，如责任伦理、利益伦理、工程师的职业伦理、安全伦理等，并以具体实例展开进行分析。

2.2.2 材料与化工实践中的伦理问题

材料与化工实践隶属于工程范畴，因此下面从工程伦理定义出发，解读材料与化工伦理。工程伦理，是从价值理论与方法的角度研究人和工程之间的关系，以及研究由人和工程之间关系的改变所影响的人与人之间的关系。那么，则可以将“材料与化工伦理”定义为：属于工程伦理范畴，主要研究的是材料与化工和人之间的关系以及由两者之间关系的改变所影响的人与人之间的关系。

将伦理思考运用到材料与化工的其他要素中，就形成了材料与化工伦理所关注的四个方面的问题：安全伦理问题、环境伦理问题、责任伦理问题和利益伦理问题。

（1）安全伦理问题

材料与化工实践是具有风险的社会活动，化工生产过程中易燃易爆或有毒的原材料、中间产物和产品，苛刻的反应条件，储运中跑冒滴漏隐患的存在，这些都是发生安全事故的风险来源。生产过程中一旦出现安全事故，涉及范围广，危害极大。

【案例：江苏盐城响水陈家港镇天嘉宜化工有限公司“3·21”特别重大爆炸事故】

【案例：天津港“8·12”瑞海公司危险品仓库特别重大火灾爆炸事故】

由上述两个案例可知，安全事故不仅给相关危险化学品（危化品）企业本身造成了重大损失，而且也对公众的生命安全和健康造成极大威胁。在我国化工行业内，普遍执行的准则就是遵照国家标准，达到标准就意味着安全。然而，很多企业的管理者和工程师在安全评价过程中，没有认真研究建设项目可能产生的公共安全风险，违背了“将公众的安全、健康和福祉放在首位”的工程伦理原则。天津港爆炸事件后，全国各地上报需要搬迁的化工企业近1000家，主要原因就是企业与周边社区距离过近，安全风险较大。那么为什么当初的安全评价没有发现这些问题？谁应该为此买单？另外一个难以估计的损失是，这些安全事故激化了公众对整个化工行业的“邻避”情绪，从而让材料与化工的发展陷于被动局面。

化工生产企业作为从事有风险的社会活动主体，必须重视安全生产的管理和监督，主动掌握和控制潜在风险，进行风险管理，规避可能存在的风险而不致演化成事故。工程师应在化工生产过程中将公众的安全、健康和福祉放在首位，做好相关安全评估，减少风险引发的不确定性因素，避免人为失误或过失，并做好事故预防工作和应急处理措施。

（2）环境伦理问题

环境污染问题的严重性与近现代化学工业的迅速发展、工业化程度不断提高、人类不断攫取自然资源直接相关。化工行业尽管为人类带来了巨大的经济利益，但其“三废”（废渣、废液、废气）的排放也对环境和生态造成了较大的破坏。如何协调保护环境与促进经济发展之间的关系、形成节能环保的产业结构、实现可持续发展，是亟待解决的基本问题。因此，环境伦理受到了普遍的关注。

环境伦理研究分析当面临各利益相关者（人类、动物、植物、自然等）分歧巨大的困境时，如何才能做出符合伦理的抉择，使得对所有利益相关者获得最大的利益和产生最小的伤害。即在工业实践活动的各个环节都要力争减少对环境的负面影响，实现社会、经济和环境的可持续发展。

【案例：2004年沱江特大水污染案】

【案例：2009年湖南省浏阳镉污染事件】

环境伦理问题的解决途径就是走可持续发展之路，化工行业应以“责任关怀”或HSE（健康、安全、环境）模式建立管理体系，承担企业社会责任，致力节能减排工作的开展，实现安全管理和环境保护。

（3）责任伦理问题

“责任”一词起源于古罗马，包含两层意思：一是当个体的行为违反了法律而必须要承担相应的处罚；二是指个人必须明白自身的行为以及会带来的后果，并且清楚为此要担负的道德义务。责任伦理就是基于第二层道德含义发展起来的伦理学说。

责任伦理强调行为人要以高度的责任意识来规范实践行为，对自己的行为后果负有责任，不能把自己行为可预见的后果转嫁到他人身上，在行为后果发生前就应积极进行预测。责任伦理是指向未来的伦理，更多地将目光投注到未来社会和人类身上，而不只局限于当下的行为。当代人可能制造出让未来人承担的风险，为此需要对风险进行前瞻与预测。此外，责任伦理的对象不仅包括此时此地的人和动物、植物，而且包括自然，认为整个自然生态圈都有生存的权利。可见，责任伦理也是一种自觉的、前瞻性责任，既注重后果，也强调过程。

对于材料与化工领域而言，责任伦理强调的是一种责任意识，要求责任主体真正地、发自内心具有责任感，能审时度势，具备事前主动负责的态度。这里的责任主体，不仅包括工程师，还应包括投资人、决策者、企业法人、管理者以及公众，都需要考虑责任伦理问题。责任也不仅只包括事后责任和追究性责任，还应包括事前责任和决策责任。

不仅责任伦理的主体发生着变化，责任伦理的内容也随着时代的变迁而改变。最初，责任伦理主体主要是工程师，因此强调工程师对上级的服从、忠诚和职业良知，即"忠诚责任"。随着工业化和自动化程度不断增加，环境、资源、污染等问题日益凸显，工程师在经济、政治甚至文化领域发挥着积极作用，责任伦理开始强调工程师不仅需要忠于雇主，同时对社会负有普遍责任，人类福祉成为工程师伦理责任新的关注点。工程师责任从之前的"忠诚责任"逐步转变为"社会责任"，之后，随着工业化进程加快，生态危机相继爆发，工程师的伦理责任也开始从"社会责任"进一步延伸为"自然责任"。

（4）利益伦理问题

本质上说，材料与化工既是技术活动，也是经济活动，通过科学技术的集成，能够实现特定的经济价值和社会价值。因此在材料和化工领域的利益伦理，涉及了利益协调和再分配问题。如何能够尽量公平地协调不同利益群体的相关诉求，同时争取实现利益最大化，是利益伦理的重要议题，也是材料与化工实践活动所要解决的基本问题之一。

概括来说，利益关系可以分为内部利益和外部利益两类。内部利益关系主要发生在涉及材料与化工实践活动的各主体之间，包括工程师与管理者、工人之间、工程师与客户的利益关系等。外部利益关系主要是指与外部社会环境、自然环境之间的利益关系。化工企业建设在给一部分地区、一部分人带来特定利益的同时，也会对另一部分人或另一部分地区产生不良影响，包括经济利益、文化利益和环境利益等。如PX（对二甲苯）项目在厦门、大连、宁波、茂名、上海等地屡屡受挫，无法落地，就是因为出现了利益伦理中典型的邻避效应。

由此可见，利益伦理的核心问题就是要尽量公平地协调不同利益群体的相关诉求，同时争取实现利益最大化，兼顾效益与公平两个方面，才能真正实现为人类生存和发展创造福祉的责任。

2.2.3 材料与化工伦理问题的特点

材料与化工伦理问题的特点，可以概括为历史性、社会性和复杂性三个方面。

（1）历史性：与发展阶段相关

材料与化工伦理作为工程伦理所隶属的一部分，与工程伦理一样，随着科技不断进步，工业化程度不断加深，其价值取向、研究对象和关注的焦点问题都随之而发生转变。

价值取向。工程师的价值取向经历了"忠诚责任→社会责任→自然责任"的转变。

研究对象。从工程师共同体逐步扩展到包括政府官员、企业家、工人、公众等在内的多个群体。

焦点问题。从工程师面临的道德困境和职业规范转为同时关注其他群体的道德困境和选择。

随着技术发展和应用范围的扩大，工程与技术、社会、环境的结合和相互影响更为紧密，工程伦理学的关注领域也不断扩大。同样的，材料与化工伦理所涉及的伦理问题也愈发复杂多变。如网络技术和计算机普遍应用造成技术的全球化所产生的网络、大数据等关系到人类未来生产和发展的伦理问题，这也促使了新的伦理学说的诞生与发展。

（2）社会性：多利益主体相关

社会性是工程伦理问题的第二个特点，特别是材料与化工伦理社会性非常显著。现代化工企业具有产业化、集成化和规模化的特性，与科技、经济、社会以及环境之间都建立了紧密的联系，且牵涉到了多种利益群体，甚至存在没有直接参与的利益群体，如前述沱江污染案例中的四川省成都等五个城区群众，并没有参与到川化公司的生产过程，却是直接受害者。因此，材料与化工伦理着力解决的主要问题有：如何平衡各利益群体直接的利益，实现公平与效率的统一；如何公正处理各种利益关系，确保公众的安全、健康和福祉。

（3）复杂性：多种影响因素交织

材料与化工伦理的复杂性，体现在了行动者的多元化以及多因素交织两个方面。材料与化工项目涉及的行动者日趋多元化，这是因为我国的化工，特别是石油化工承担着国民经济支柱的重担。以PX项目的决策环节为例，由于我国PX制造力不足，长期依赖进口，其筹建和投产都属于国家级别项目。因此，投资者不仅有企业主体，还包括国家和地方政府。但PX项目存在危险性和环境污染风险，选址周边的居民也是利益相关者，随着公众参与决策的政策推进，公众也能成为决策主体。比如大连、厦门等地的PX项目就是因为公众抗议而被迫叫停。可见仅决策者这一角色的多元化就带来了项目的巨大不确定性，而现阶段随着国际合作不断增多，工程师、企业、管理者和组织者呈现出了多主体、跨地区、跨文化合作的趋势，不仅在价值取向上千差万别，在群体文化、生产习惯等方面也存在差异，这为材料与化工的实践活动带来了极大的复杂性。

科学技术的快速发展和高度集成使其对社会、自然的影响产生了不确定性。特别是材料与化工领域，新材料和新技术不断涌现，其构成要素和结构越来越复杂，人们很难准确预测其未来可能对社会或自然产生的后果，技术延展与社会产生冲突与磨合问题在所难免。这种不确定性的挑战，就是著名的“科林格里奇困境”，即在技术发展的早期阶段，对其未来的预测是极为困难的，虽然在这时候我们对技术发展的控制能力是相对较高的。可是当我们知道了技术产生的后果之时，我们对技术的控制能力就又会变得极为有限，因为这时的技术已经获得了足够的动力，并且有了自己的发展路径。比如塑料袋的发明，1902年奥地利科学家马克斯·舒施尼发明了塑料袋。这种包装物既轻便又结实，一度被称为“人类最伟大的发明之一”，然而因其难以降解，无节制地使用造成了严重的“白色污染”，由此带来的环境影响难以预计。也因此在2005年，塑料袋被英国《卫报》评为20世纪最糟糕的发明。由此可见，材料与化工的实践活动是技术在现实环境中的应用，这一过程本身就具有很高的不确定性，有学者指出“甚至看起来用心良好的项目也可能伴随着严重的风险”。这充分表达了材料与化工领域的复杂性导致结果不可控的风险。

2.3 材料与化工中伦理问题的解决途径

在充分认识和了解当前材料与化工领域中存在的各种伦理问题基础上，尝试寻求解决伦理问题的途径。一般意义上，处理好材料与化工实践活动中诸多伦理问题，行为者首先是辨识所存在的伦理问题，然后确定所应遵循的伦理规范或伦理准则。这里要注意，不是简单地遵循伦理规范就可以完美解决伦理问题，必须要根据当下具体情境，结合伦理规范内容，通过对伦理规范的再认识，将伦理规范所蕴含的“应当如何”现实地转化为自愿、积极的“正确行动”。

2.3.1 材料与化工伦理问题的辨识

在具体的实践活动中，伦理问题常常与法律问题、社会问题等交织在一起，必须具备能够区分伦理问题的能力。

（1）何者面临伦理问题

工程伦理学从伦理道德角度，对工程实践中存在的问题与风险、已发生的事故、可能的严重结果等进行价值关切，寻求解决方法。因此，以规范工程活动各主体行为为目标的工程伦理具有应用伦理学特征。相应的，隶属于工程伦理的材料与化工伦理同样适用应用伦理学进行分析研究。卢风在《应用伦理学概论》中指出，伦理问题按照来源一般可分为：来自各个专业；来自公共政策领域；来自个人决定。按照以上三种来源，应用伦理学的研究对象包括两类：一是在公共领域引起道德争论的特定个人或群体的行为；二是特定时期的制度和公共政策的理论维度。

在材料与化工实践过程中面临伦理问题的对象范围很广泛，不仅包括工程师，还包括科学家、设计者，以及投资人、决策人、管理者乃至产品用户等实践主体。另外，材料与化工的社会实践性使其与时代和社会制度等具体情境存在密切关联，不同时期的同一类实践活动也会呈现出不同的特点和道德价值取向。如化石能源行业曾经在很长时期内获得国家和公众的大力扶持，但随着化石能源产生的大量碳排放，造成污染和全球性气候问题，目前大多数国家已经制定了燃油汽车停产时间。因此，伦理规范和伦理准则具有时代性和局限性，这种不完备的规范和准则同样会出现伦理问题，需要不断修正和完善。

（2）出现何种伦理问题

化工生产过程中包含化学反应，涉及高温、高压生产条件和复杂的生产装置，原料与中间产物还可能具有毒性，因此材料与化工实践过程是具有风险的社会活动，其行为者面临的“伦理困境”往往比其他行业更复杂。

以工程师作为伦理问题研究对象，可将材料与化工伦理问题大体分为以下几种情况：

第一，工程师受聘于甲方，而甲方可能从经济利益出发，或者受限于专业知识，主观要求工程师做出成本过低甚至“偷工减料”的设计，可能造成安全隐患或对环境产生不良影响。这里主要涉及了责任伦理、职业伦理，也可能包括安全伦理和环境伦理问题。

第二，工程师也可能因为知识和技术储备不足，客观上导致生产过程出现风险或事故。这主要是安全伦理问题，也涉及职业伦理和责任伦理问题。

第三，工程师也可能因种种请托关系，为明知不合规范的原材料、设备等放行。这涉及了利益伦理、职业伦理和安全伦理等问题。

第四，工程师还可能因为企业要求排放废水或废气到自然环境中，客观上造成环境污染和生态破坏。这主要是环境伦理与职业伦理问题。

由此可见，材料与化工伦理的对象和问题表现形式具有多样性和复杂性，而伦理问题往往导致利益冲突和伦理困境。

如果出现了这些伦理问题，身处其中的我们如何应对，能否借助一些基本伦理原则呢？

2.3.2 处理伦理问题的原则

伦理原则，指的是处理人与人、人与社会、社会与社会利益关系的伦理准则。不同伦理立场下人们对什么是合乎道德的行为有不同的认识，对什么是应该遵循的伦理原则也有不同的态度。但总体而言，在工程实践中，工程伦理要 “将公众的安全、健康和福祉放在首位”。在这一首要原则基础上，从人、社会和自然三个层面出发，处理伦理问题的三个基本原则包括人道主义、社会公正和人与自然和谐发展。这些原则在材料与化工伦理中同样适用。

（1）人道主义——处理与人关系的基本原则

人道主义提倡关怀和尊重，主张人格平等，以人为本。包括两条主要基本原则：自主原则与不伤害原则。

① 自主原则。自主原则是所有人享有平等的价值和普遍尊严，人应该有权决定自己的最佳利益。实现自主原则的必要条件是保护隐私和知情同意。

② 不伤害原则。不伤害原则指的是人人具有生存权，应该尊重生命，避免对他人的伤害。这也是道德标准的底线原则，无论何种实践活动都必须“安全第一”，必须保证人的健康与人身安全。

（2）社会公正——处理与社会关系的基本原则

社会公正原则建立在社会正义的基础上，是一种群体的人道主义。用以协调处理各个群体之间的关系，要求尽可能公正与平等，尊重和保障每一个人的生存权、发展权、财产权和隐私权等。这里平等包括财富的平等、权利和机会的平等。

具体到材料与化工实践活动中，社会公正体现在实践过程中兼顾强势群体与弱势群体、主流文化与边缘文化、受益者与利益受损者等各方利益。不仅要注重不同群体间资源与经济利益分配上的公平公正，还要兼顾实践过程中对不同群体的健康、发展和隐私等方面产生的影响。

（3）人与自然和谐发展——处理与自然关系的基本原则

自然是人类赖以生存的物质基础，人与自然的和谐发展是处理环境伦理问题的重要原则。这不仅仅意味着在实践中要注重环保，减少对环境的破坏，还意味着给予自然作为主体的权利，使其具有自身发展规律和利益诉求，不再是被支配的客体和对象。

人类的工程实践必须遵从两大规律：一是自然规律，这类规律具有因果性，例如化工厂废水处理不当直接排放就会污染环境；二是生态规律，相比于自然规律，生态规律具有长期性和复杂性，例如农药 DDT（双对氯苯基三氯乙烷）在第二次世界大战时期被广泛应用，直到 20 世纪 60 年代才发现其对生态系统的不良影响，70 年代后才被大多数国家禁用，其对生态系统造成的影响是巨大的。因此，材料与化工领域中的决策者、管理者、实施者及使用者都必须了解和尊重自然的内在发展规律，不仅注重自然规律，更要注重生态规律。

以上三条基本原则是工程实践活动中处理伦理问题的基本原则。为规范人们在具体实践活动中的行为，结合了不同种类的工程实践活动，如化工、能源、水利、信息等领域各自形成了相对独立的行为伦理准则，但都是建立在这三条基本原则的基础之上。

2.3.3　应对伦理问题的解决思路

材料与化工领域作为国民经济支柱产业，随着我国经济的高速增长，也进入了快速增长期，我国石油化工产业规模已经连续数年保持世界第一位，满足了人民群众日益增长的物质生活需要，改善和增进了公众的福祉。然而，作为具有风险性的产业，随着生产力的极大发展，整个行业面临着一系列如安全伦理、环境伦理等伦理冲突，对行业的可持续发展形成了严峻的挑战。

为了从根本上减少材料与化工行业的伦理冲突，特别是安全伦理和环境伦理冲突，首要的就是减少发生安全和环境问题的概率，而当前最有效的途径就是实施化工产品的全生命周期管理。

（1）化工产品全生命周期管理

化工产品全生命周期，包含了原材料选取、产品生产工艺与流程、产品使用过程和产品废弃处置四阶段的完整生命周期。可以将其人为地分成产品上游和产品下游，如图 2-2 所示。产品上游包括了原材料选取、生产工艺和流程两个阶段的管理；产品下游则包括了使用过程和废弃处置两个阶段的管理。再有就是要包括从产品上游经过储存、运输过程到达产品下游的管理。

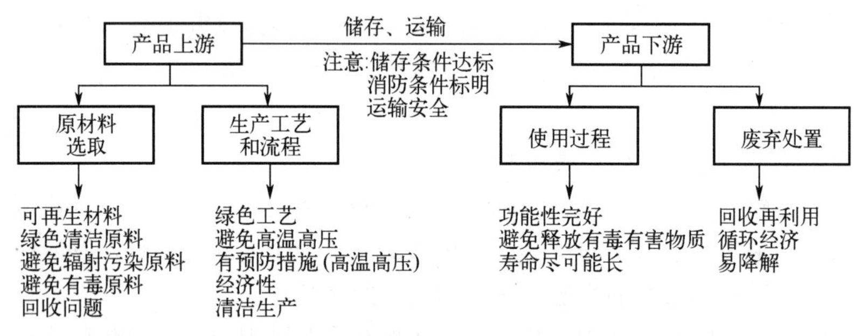

图 2-2 化工产品的全生命周期

在产品上游，原材料选取阶段尽可能使用可再生材料、绿色清洁原料，避免辐射污染原料、有毒原料，还要考虑未反应原料的回收利用。生产工艺和流程阶段推行绿色工艺、避免高温高压条件，若进行高温高压必须考虑必要预防措施、考虑经济性和进行清洁生产。

储存、运输阶段要求关注储存条件是否达标、标明消防条件、确保运输安全。

在产品下游，产品的使用过程要保证功能性完好、避免释放有毒有害物质、寿命尽可能长。废弃处置阶段要充分进行回收再利用、推行循环经济，无法回收的物质尽量实现易降解。

通过化工产品全生命周期管理，尽力保证材料与化工产业的安全与环保，从根源上减少伦理冲突的发生。

（2）应对伦理问题的基本思路

化工产品全生命周期管理，并不能完全避免伦理问题的出现。如前所述，当出现安全伦理、环境伦理、责任伦理等冲突并导致材料与化工领域的伦理困境时，行为者采取何种伦理原则或规范应对伦理问题是本书关注的焦点。

不同领域、不同地区的工程行为者都在不断探索应对伦理问题的方法。如台湾地区的《工程伦理手册》明确规定了工程师在面对伦理困境时如何应对：第一，检视事件本身是否已触犯法令法条；第二，检视相关专业规范、守则、组织章程及工作规则等，确定事件是否违反群体规则及共识；第三，依据自己专业及价值观判断事件合理性，并以诚实、正直之态度检视事件正当性；第四，进行阳光测试，即假设事件公之于世，你的决定可以心安理得接受社会公论吗？

在总结了各领域、各地区应对伦理问题的基础上，提出应对工程伦理问题的程序性步骤，如图 2-3 所示。

① 培养实践主体的伦理意识。伦理意识是解决伦理问题的第一步，很多伦理问题是由于实践主体缺乏必要的伦理意识造成的，特别是决策者和管理者缺乏伦理意识，可能会给工程师等其他群体造成伦理困境，因此，所有实践主体都需要培养伦理意识。

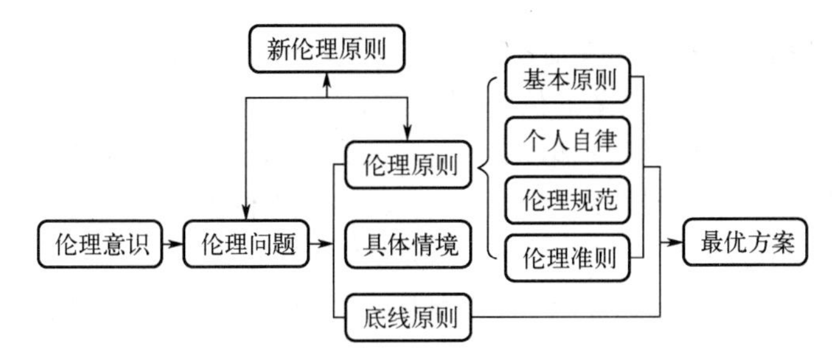

图 2-3 处理伦理问题的基本思路

② 利用伦理原则、底线原则，结合具体情境化解伦理问题，形成最优解决方案。

伦理原则包括人道主义、社会公正及人与自然和谐发展三条基本原则，个人道德自律，行业内伦理规范及伦理准则等。

底线原则是伦理原则中处于基础性、需要放在首位遵守的原则，如材料与化工领域中底线原则是安全，安全是第一位的。当发生伦理冲突时，底线原则是必须遵守的原则。

具体情境是指实践活动的相关背景和条件，包括涉及的特殊自然和社会环境、关联的具体利益群体、不同类型的群体特有的伦理准则和规范等。

③ 遇到难以抉择的伦理问题时，要多方听取意见，可进行相关领域专家座谈、利益群体调查、实践主体内部协商等方式，综合决策。

④ 根据实践活动中遇到的伦理问题及时修正相关伦理准则和规范，形成新的伦理原则，以便更好地指导实践活动。

⑤ 逐步建立遵守伦理准则的相关保障制度。当工程师等实践主体在面临雇主要求和伦理准则发生矛盾时，缺乏相应的保障制度对工程师的自身权益进行保护。只有建立有效的保障制度，才能促进伦理问题处理的制度化建设。

工程实践活动具有多样性、风险性和复杂性，不同的伦理思想会产生不同的伦理价值诉求，不存在统一的、普遍适用的伦理准则。对于材料与化工领域，因其相关实践主体复杂，风险较高，所面临的伦理抉择也更加复杂多样，常常会面临诸如“发展经济还是保护生态环境”“抢工期还是保质量”的伦理困境。因此，在解决具体伦理问题时，需要实践主体结合材料与化工产业的特点与要求，选择恰当的伦理原则并进行权宜、变通，相对合理地化解伦理问题。

本章小结

伦理是处理人与人、人与社会、人与自然相互关系应遵循的行为规范。伦理与道德都强调值得倡导和遵循的行为方式，都以善为追求的目标。道德是个体性和主观性的，侧重个体的德性、行为与准则。价值观是指个人对客观事物（包括人、物、事）及对自己的行为结果的意义、作用、效果和重要性的总体评价。伦理则属于客观的行为关系，表现为现实的群体规范，它具有外在性、客观性、群体性的特征。伦理学中“什么是好的、正当的行为方式？”一直是思考和争议的热点，并就此形成了不同的伦理学思想和伦理立场：功利论、义务论、契约论和德性论。

价值标准的多元化以及现实人类生活本身的复杂性，常常导致在具体情境之下的道德判断与抉择的两难困境，即“伦理困境”。面对伦理问题或伦理困境，审慎思考和处理自主与责任的关系、效率与公正的关系、个人与集体的关系、环境与社会的关系，并融入个人对规则的反思、认识和实践，才能做出正确的伦理抉择。

材料与化工的实践活动表现为动态的过程，必须从过程出发认识材料与化工活动，进而把握其本质。材料与化工领域不是单纯的科技在自然界中的运用，而是包括工程师、科学家、管理者、使用者等群体围绕材料与化工这一内核所展开的集成性与建构性的活动，集成了技术要素、经济要素、管理要素、社会要素、生态要素和伦理要素等。在实践中主要存在安全伦理、环境伦理、责任伦理和利益伦理等方面的问题，其伦理问题的产生具有历史性、社会性和复杂性。

材料与化工伦理问题需要从化工产品全生命周期管理出发，从原材料选取、生产工艺和流程、产品储运、产品使用过程以及产品废弃处置等阶段注重安全与环保，尽可能减少伦理问题的发生。在出现伦理问题时，要坚持人道主义、社会公正、人与自然和谐发展三个基本原则，并时刻将公众的安全、健康和福祉置于首位。依据应对伦理问题的基本思路，提高伦理意识，准确发现和辨识伦理问题，利用伦理原则、底线原则和具体情境，形成最优解方案。通过对伦理问题的反思及伦理规范的再认识，将"应当如何做"转化为自愿、积极的"正确行动"。

思考讨论题

（1）结合材料与化工实践活动的特点，思考为什么会出现伦理问题。

（2）"电车悖论"伦理困境，用功利论、义务论、契约论和德性论四种伦理立场去解决问题会产生什么不同的结果？为什么？如果让你选择，你会选择哪种伦理立场？

（3）结合本章河北打响雾霾"攻坚战"的引导案例，思考材料与化工实践中可能出现哪些伦理问题。

（4）为什么工程师的价值取向从最初的"忠诚责任"逐步发展为"社会责任"，再延伸到"自然责任"？为什么工程师承担的责任越来越大？

（5）发展中国家如何协调保护环境与促进经济发展之间的关系？

（6）思考与讨论如何妥善处理材料与化工领域中的安全伦理冲突和环境伦理冲突。

参考文献

[1] 李正风，丛杭青，王前，等. 工程伦理[M]. 北京：清华大学出版社，2016.

[2] 卢风. 应用伦理学概论[M]. 北京：中国人民大学出版社，2015.

[3] 马丁，辛津格. 工程伦理学[M]. 李世新，译. 北京：首都师范大学出版社，2010.

[4] 哈里斯，普里查德，雷宾斯，等. 工程伦理：概念与案例[M]. 丛杭青，沈琪，魏丽娜，等译. 5版. 杭州：浙江大学出版社，2018.

[5] 戴维斯. 像工程师那样思考[M]. 丛杭青，沈琪，等译. 杭州：浙江大学出版社，2012.

[6] 王健. 现代技术伦理规约[M]. 沈阳：东北大学出版社，2007.

[7] 格鲁恩瓦尔德. 现代技术伦理学的理论可能性与实践意义[J]. 国外社会科学，1997（6）：9-13.

[8] 麦金太尔. 追寻美德[M]. 宋继杰，译. 南京：译林出版社，2003.

[9] 董小雪，姜小慧. 工程实践中的伦理困境及其解决途径[J]. 沈阳工程学院学报（社会科学版），2018，14（4）：461-467，480.

[10] 徐海波，程新宇. 论工程师的伦理困惑及其选择[J]. 自然辩证法研究，2008，24（8）：52-56.

[11] 贾向桐，胡杨. 从技术控制的工具论到存在论视域的转变：析科林格里奇困境及其解答路径问题[J]. 科学与社会，2021，11（3）：26-39.

第3章

材料与化工中的责任伦理

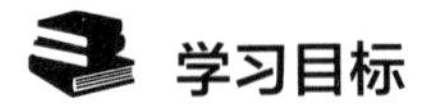

学习目标

了解材料与化工领域工程风险来源及风险防范措施，掌握材料与化工类企业风险控制与安全评价方法，理解材料与化工类工程风险的伦理责任；能够对生产企业进行危险源识别、风险识别及过程安全管理，能运用风险分级管控、隐患排查治理双重预防性等工作机制，并对材料与化工类工程事故进行伦理责任分析。

引导案例

张家口“11 · 28”爆燃事故

3.1 工程风险的来源及防范

工程总是伴随风险，这是由工程本身的性质决定的。特别是材料与化工领域的工程，一般运转周期长、技术要求高、在建设或运营过程中不确定因素较多。工程风险就是在工程建设或运转过程中可能发生，并影响工程项目目标、进度、运转、维护的事件。工程系统是由相互作用和依赖部分结合而成的整体，也是具有特定功能的有机整体，且这个有机整体又是它从属的更大工程系统的组成部分。因此，工程系统不同于自然系统，它是根据人类需求创造出来的自然界原本并不存在的人工物，它包含自然、科学、技术、社会、政治、经济等很多要素，是一个远离平衡态的复杂有序系统。如果对工程不进行定期的维护、检查和保养，或者受到内部因素的干扰，它就会从有序走向无序，无序即风险。风险是可能发生的事故，事故则是已经发生的事件。

工程风险一般主要由以下三个不确定因素造成：工程中技术因素的不确定性、工程外部环境因素的不确定性、工程中人为因素的不确定性。材料与化工领域的工程，特别是石油化工，除了具有工程风险的不确定因素外，还具有化学品特别是危险化学品的燃爆、健康和环境危害特性。危险化学品的燃爆危害，指的是危险化学品中易燃易爆的化学品在燃烧和爆炸后能达到的危险程度。研究显示，我国每年因为危险化学品火灾爆炸事故伤亡的人数占所有事故伤亡人数的 50%左右。危险化学品发生火灾爆炸事故造成的后果是非常严重且无法挽回的，不仅现场工作设备、装置等会留下很多零散的受损部件，而且大部分危险化学品在燃烧过程中会产生大量的有毒气体，影响现场工作人员的身体健康以及附近环境的安全。危险化学品的健康危险，指的是当人体接触危险化学品后将会受到的伤害程度。由于危险化学品的特殊性质，导致工作人员在错误接触后会出现中毒、窒息、过敏、晕倒等多种现象，会对人身安全造成很大的伤害。危险化学品的环境危害，指的是危险化学品会对自然环境和人文环境产生的危害程度。危险化学品在使用完毕之后产生的化学废物，也会有部分有毒物质，如果不加以控制管理，随意排放，会对环境产生非常恶劣的破坏，不仅会污染到大气、土壤，也会污染到水资源，导致人类的身体健康受到影响。

【案例：山东省潍坊市滨海香荃化工有限公司“4·9”中毒窒息事故】

3.1.1 工程风险来源

工程风险一般来源于各种不确定因素，例如：工程中技术因素的不确定性、工程外部环境因素的不确定性、工程中人为因素的不确定性。

3.1.1.1 技术因素

工程中技术因素的不确定性，可导致工程风险。工程中技术因素可分为：零部件老化、控制系统失灵和非线性作用等因素。

（1）零部件老化、损坏、破坏等引发工程事故

随着技术改进和工艺更新，化工生产过程的自动化程度越来越高，往往将诸多大型反应装置按特定工艺组装形成一整套生产设备进行连续化生产。因此工程作为一个复杂整体系统，其中任何一个环节出现问题都可能引起整个系统功能的失调，从而引发风险事故。由于工程在设计之初都有使用年限的考虑，工程的整体寿命往往取决于工程内部寿命最短的关键零部件，取决于工程系统中容易损坏的零部件。只有工程系统的所有单元或组成部分都处于正常状态，才能充分保证系统的正常运行。当某些零部件的寿命到了一定年限或有组成部分出现损坏，其功能就变得不稳定，从而使整个系统处于不安全的隐患之中。

（2）控制系统失灵引发工程事故

现代工程通常是由多个系统构成的复杂化、集成化和专业化的整体系统，这对控制系统提出了更高的要求。仅靠个人有限的力量和精力往往不能把控全局，必须依靠信息技术、网络技术和计算机技术才能掌握全局。目前复杂工程系统基本都有自己的“神经系统”和“指挥系统”，这对调节、监控、引导工程系统按照预定的目标运行是必不可少的。随着人工智能技术水平的日益提高，控制系统的自动化水平也与日俱增。完全依靠智能的控制系统，有时候也会带来安全隐患，特别是面对突发情况，当智能控制系统无法应对时，必须依靠操作者灵活处理，否则就会导致事故的发生。

例如，石油炼化生产过程采用了监控系统，当生产过程处于常规或正常状态时，现场操作人员依靠监控系统使生产处于平稳和安全状态。然而，除了正常状态以外，生产过程还包括过渡状态、异常状态、事故状态等。一旦出现非正常状态，常规的监控系统往往无能为力，需要现场人员根据对过程的了解和生产经验做出及时判断，采取合理的措施使生产过程重回正常状态。但对于复杂的过程，面对海量的数据，加之故障链式效应的逐级扩大，操作人员根本无法做出判断，这可能产生误导，做出错误的决策。

（3）非线性作用引发工程事故

非线性作用不同于线性作用的地方在于，线性系统发生变化时，往往是逐渐进行的；而非线性系统发生变化时，往往有性质上的转化和跳跃。受到外界影响时，非线性系统则非常复杂，有时对外界很强的干扰无任何反应，有时对外界轻微的干扰则可能产生剧烈的反应。

例如，作为一种非线性动态系统，石油炼化装置安全事故大多由系统的“变化”所引起，液位偏高、流量过大、机泵故障等。这种“变化”可能是自发的，也可能是外部作用的结果。如果由于这些“变化”使系统的运行工况超出所设计预期的安全范围，则可能出现操作问题或系统故障。单一设备或工艺过程出现故障或偏差，产生连锁效应，由一种故障引发出一系列的故障甚至事故、灾害或灾难，同时从一个地域空间扩散到另一个更广阔的地域空间，这种故障链所造成的危害和影响，远比单一故障事件大而深远。

3.1.1.2　环境因素

工程外部的环境因素，可分为意外气候条件、自然灾害、不可抗拒的自然力、复杂的工程地质条件和不明的水文气象条件等因素。

（1）气候条件

气候条件是工程运行的外部条件，良好的气候条件是保障工程安全的重要因素。任何工程在设计之初都有一个抵御气候突变的极限值。在极限值范围内，工程能够抵御气候条件的变化，而一旦超过设定的极限值，工程安全就会受到威胁。

【案例：美国“挑战者”号航天飞机灾难】

“挑战者”号点火后，每个部分由于受到巨大压力，都会像气球一样被“吹”起来，因此需要在各部分的接合处采用松紧带来防止热气跑出火箭。这份工作由两条名为“O 形圈”的橡胶带完成，它们可以随着钢圈一起扩张，并能弥合缝隙。如果这两条橡胶带与钢圈脱离哪怕 0.2 秒，助推器的燃料就会发生泄漏。“挑战者”号发射那天，气温降低后，这些“O 形圈”就变得非常坚硬，伸缩就更加困难。坚硬的“O 形圈”伸缩的速度变慢，密封的效果大打折扣，从而造成这次事故。对该案例的具体分析详见第 6 章的引导案例。

（2）自然灾害

自然灾害对工程的影响也是巨大的。自然灾害的形成是由多方面的要素引发的，通常可划分为孕灾环境、致灾因子、承灾体等要素。自然灾害系统可分为两个：“人-地关系系统”和“社会-自然系统”。其中“人”和“社会”着重强调在特定孕灾环境下具备的某种防灾减灾能力的承灾体，“地”和“自然”则着重表征的是特定孕灾环境下的致灾因子。上述两个方面是对自然灾害系统要素的凝练和认识的升华，二者的互相作用则是自然灾害系统演化的本质，是灾害风险的由来。

例如，在雷雨天气之中，因为云层之中带有负离子和正离子，而水滴则带有正电荷与负电荷，这些电荷不断累积，到一定程度后产生雷电，会对化工企业的油罐造成直接的打击。在外浮顶油罐之中存在着一些密封不良的金属物，油罐之中存在电位差的部位由于密封性不够良好会产生放电现象，如果存在一些残留的油气，甚至可能会造成火灾。

3.1.1.3　人为因素

工程中人为因素可分为工程设计理念的缺陷、施工质量缺陷和操作人员渎职等。

（1）工程设计理念的缺陷

由工程设计引发的工程风险，可先参考以下两个案例。

【案例：设计人员因画错1处管道图，获刑3年】

【案例：云南曲靖众一合成化工“7·7”氯苯回收塔爆燃事故】

通过以上案例可以看出，工程设计理念是事关整个工程成败的关键。一个好的工程设计，必然经过前期周密调研，充分考虑相关要素，经过相关专家和利益相关者反复讨论和论证而后做出；相反，一个坏的工程设计是片面地考虑问题，只见树木，不见森林，缺乏全面、统筹、系统的思考。为了避免类似的因工程设计理念局限性造成的风险，关键是要处理好“谁参与决策”和“如何进行决策”的问题。针对“谁参与决策”的问题，可以考虑吸收各个方面的代表参与决策。在决策过程中各方面代表应该充分发表意见，交流信息，进行广泛讨论，在此基础上寻求一个经济上、技术上和伦理上都可以被接受的最佳方案。

（2）施工质量缺陷

施工质量的好坏，也是影响工程风险的重要因素。施工质量是工程的基本要求，是工程的生命线和底线，所有的工程施工规范都要求把安全置于优先考虑的地位，自觉接受质量监督机构及各社会相关职能部门的监督、检查和协调。

例如，沿海企业在海边建立储油罐，设计单位因无经验和考虑不周在设计中未对罐底外壁采取防腐措施。由于地处海边，化学腐蚀现象严重，假设不对罐底外壁采取防腐措施，储油罐建成后罐底将特别快被腐蚀穿透，不仅油罐将报废，若油品大量漏失，还会引发严峻的火灾、爆炸或环境污染等。

（3）操作人员渎职

操作人员渎职也同样会造成工程风险。必须坚决反对和制止任何形式的工程渎职行为。现场操作人员是预防工程风险的核心环节，也是防止工程风险发生的最后一道屏障。所以，必须要加强对操作人员安全意识的教育，时刻以“安全第一”为行动准则。对于没有尽到相应责任的人员，应该依据相关的法律、法规和政策进行惩罚。

【案例：山东日照市山东石大科技石化有限公司“7·16”爆炸事故】

3.1.2 工程风险的可接受性

由于工程系统内部和外部各种不确定因素的存在，无论工程规范制定得多么完善和严格，仍然不能把风险的概率降为零。也就是说，总会存在一些所谓的“正常事故”，但这些“正常事故”在意外因素影响下会向严重事故转化。因此，在对待工程风险问题上，人们不能奢求绝对的安全，只能把风险控制在人们的可接受范围之内。这就需要对风险的可接受性进行分析、界定安全的等级，并针对一些不可控的意外风险事先制定相应的预警机制和应急预案。

（1）工程风险的相对可接受性

要评估风险，首先要确认风险，这就需要对风险概念有必要的了解。美国工程伦理学家哈里斯把风险定义为对人的自由或幸福的一种侵害或限制。工程风险来自具体的风险源或风险事件。

风险源，是指风险产生和存在的各种各样的原因。风险事件，是指由一种或多种风险源互相作用而可能发生的影响工程项目目标实现的事件。风险事件的发生是不确定的，对工程项目目标实现的影响也是不确定的。在大中型工程项目建设过程中，对工程项目目标实现的影响也是不确定的。工程风险会涉及人的身体状况和经济利益，使人们遭受人身伤害，还会使人们遭受经济利益的损失。

吉林化肥厂发生的这起火灾事故就是由设计缺陷引起的，没能充分考虑风险的存在和可能性。该化肥厂的空分车间是第一个五年计划期间委托苏联设计的，原设计中氧气装瓶站压缩机岗位没有室外放空管线，而是利用室内压缩机一段入口的空气吹洗的出口阀作放空阀，只能将氧气排在室内。由于该设计的缺陷引发的火灾导致经济上的损失和人员伤亡。

【案例：吉林化学工业公司化肥厂火灾事故】

在现实中，风险发生概率为零的工程是不存在的。既然没有绝对的安全，那么在工程设计的时候，就要考虑“到底把一个系统做到什么程度才算安全的？”这一现实问题。这里就涉及工程风险“可接受性”概念。工程风险可接受性，是指预期的工程风险事故的最大损失程度在单位或个人经济能力、心理承受能力和生理容忍程度的最大限度之内。工程风险的可接受性也是人们对安全和危险的相对体验。无论是追求避免社会风险，还是追求绝对安全，都是不符合现实的虚幻想法，而真正的审慎态度则是对风险进行深度理解，去辨析多元文化价值观对风险接受度的影响，只有这样才能将社会风险过滤为可接受的。

（2）工程风险的可接受性准则

工程风险的可接受性准则，除了考虑人员伤亡、财产损失外，环境污染和对人健康潜在危险的影响也是一个重要因素，并且制定的准则必须是科学、实用的，即在技术上是可行的，在应用中有较强的可操作性。标准的制定要反映公众的价值观、灾害承受能力。不同地域、人群，由于受价值取向、文化素质、心理状态、道德观念、宗教习俗等诸多因素影响，承灾力差异很大。其次，标准必须考虑社会的经济能力。标准过严，社会经济能力无法承担，就会阻碍经济发展。

对于材料与化工领域的工程，风险评估的目的是降低风险而不是消除风险。因为对于任何工艺、流程和存储，要实现绝对的安全性，即所谓零风险，只是一个理想目标，成本高且技术难以实现，故风险可接受准则连接风险评估与风险决策不可避免的化学工程风险。

确定材料与化工领域风险接受准则时，一般应遵循的基本原则是：

① 不接受不必要的风险，只接受合理的风险；

② 如果事故可能产生更严重的后果，应努力降低事件发生的可能性，即降低社会风险；

③ 比较原则，指的是新系统与已接受的现有系统风险相比，新系统的风险等级至少大致等于现有系统的风险等级；

④ 最小死亡率原则，意味着新活动的风险不应远高于人们日常生活中接触的其他活动的风险。

有研究人员认为，新活动的风险不应增加 1%以上。在风险评价过程中，由于可以采用定性、相对和概率等不同的评价方法，所以可接受风险的内容表现形式也不相同。如定性评价方法的可接受风险，直接表现为法规或经验要求。在相对评价方法中，常采用加权系数的办法，并通过一定的数理关系将它们整合在一起，最终算出总的风险评分。可接受风险分值的确定，是通过对一个行业内的若干企业进行试评，然后对不同企业的风险评分进行分析总结，就可以得出在一定时期内适用于该行业的可接受风险分值。概率评价方法使用周期死亡概率作为可接受风险量化值。

（3）工程风险的可接受性分析

风险可接受性水平的确定，经历了三个不同的阶段。

第一阶段，认为风险的可接受性是受技术手段决定的。

第二阶段，认为风险的可接受性是一个多维的变量，它的水平的确定应由专家与公众共同参与。

第三阶段，把可接受性风险看成是一个社会-政治事件，健康风险和环境风险仅仅是包括在内的因子。

① 技术决定的可接受性风险。风险的研究，最初源于自然灾害的预报以及工程的技术安全分析。通过例行的风险分析技术得出的结论，指导着政府的决策。1969 年 Start 最早用“显示偏好法”得出了不同风险的社会可接受性度量，他认为足够充分的历史资料可以揭示人们在一定时期相对稳定的生活方式与观念。一般认为，可接受性的水平与自身利益的驱动呈相关关系，并且人们倾向于接受由于自愿行为带来的风险，而不乐意接受因非自愿行为带来的风险，但 Start 的方法不能成功地预测风险的社会接受。风险比较分析，是一种最直接的方法，应用最广。1979 年 Cohen 等通过比较估算各种危害的年度死亡，可得到各种危害的死亡风险。Wilson 等则通过估算一百万人中每年死亡概率的增加进行风险判断。1987 年英国皇家环境污染委员会通过对一定年份致死率的比较分析，得出了风险的可接受水平与不可接受水平的列表，致死率小于 1/10 的被认为是可接受的，大于 1/10 的被认为是不可接受的，介于二者之间的风险需要发出警告或采取其他相应措施。但只采用致死性数据给风险排序，同样存在以下问题：计算的精度可疑；建立个人或社会优先权时，并非所有死亡的相关性都相等；死亡可能性只是风险可接受性包含的其中一个因素；缩小了“公认的风险”和“可接受风险”间的区别；受个人期望的风险接受的累积性影响。1987 年 Allen 在比较时用了 4 个不同的风险概念：癌症发生率、非癌症健康风险、生态影响和财富影响。

② 公众参与确定风险水平。随着在决策时处理信息方法的发展，人们开始从多维定性角度，研究风险可接受性的确定。研究焦点是专家和外行公众对不确定后果作综合决定的认识过程，引入了个人的心理测验研究。风险的可接受性带有很大的主观因素，专家通过经验判定或者模型模拟（如启发性模型）等数学方法得出的风险水平的排序，虽然比较客观，但由于专家与公众对风险的理解方式不同，而使排序结果有所不同。一般情况下，专家倾向于对年死亡率的考虑，而公众则更加倾向于日常生活的各个方面，且只有在关系到个人切身利益时，公众才关心风险的发生及其造成的各种可能后果。

③ 可接受性风险的政治因素。随着 20 世纪 80 年代可接受性风险的研究不断深入，原有技术风险的概念逐渐扩大，风险概念的重心开始向政治的或社会的问题倾斜。进行风险管理时，人们也开始把社会的、政治的以及经济的因素，统统考虑到风险分析技术中去。在第二阶段的基础上，加上信任、公道、公平去定义可接受性风险，还要通过考虑到实际的社会背景的多样性理解风险的可接受性。此外，不同群体中个人对风险的认识是基于特殊的文化背景的。

除了对风险进行技术评估以外，还要对其进行社会科学领域的研究。这一观念的改变，丰富了风险理论与风险技术，同时也为政府职能部门进行科学的风险管理提出了一种新的思路。但在大多数情况下政府决策者面临这样一个难题：受影响公众并不总能分享国家或地方的利益，以及在政策选择时如何平衡国家利益和当地所付出的代价。冲突本身至少包括了三方面利益，即受影响的公众、控制或负责任的团体、当地政府，因此需要充分考虑。

（4）工程安全等级的划分

在描述工程的安全程度时，人们通常会使用“很安全”“非常安全”“绝对安全”等词汇。为了客观地表明工程风险发生的概率大小，有效的办法就是对安全等级进行划分。安全等级的划分具有非常重要的经济意义。如果把安全等级制定得过高，就会造成不必要的浪费；反之，则会增大工程风险的概率。给出一个符合实际的安全等级是非常有必要的事情。

根据工程安全事故造成的人员伤亡或者直接经济损失，工程安全事故分为以下等级：

① 特别重大事故，是指造成 30 人以上死亡，或者 100 人以上重伤（包括急性工业中毒，下同），或者 1 亿元以上直接经济损失的事故；

② 重大事故，是指造成 10 人以上 30 人以下死亡，或者 50 人以上 100 人以下重伤，或者 5000 万元以上 1 亿元以下直接经济损失的事故；

③ 较大事故，是指造成 3 人以上 10 人以下死亡，或者 10 人以上 50 人以下重伤，或者 1000 万元以上 5000 万元以下直接经济损失的事故；

④ 一般事故，是指造成 3 人以下死亡，或者 10 人以下重伤，或者 1000 万元以下直接经济损失的事故。

3.1.3　工程风险的防范和安全

工程风险的防范，可以通过工程质量监理、意外风险控制、事故应急处理等方面开展，以保证工程安全。

（1）工程的质量监理和安全

工程质量是决定工程成败的关键。没有质量作为前提，就没有投资效益、工程进度和社会信誉。工程质量监理是专门针对工程质量而设置的一项制度，它是保障工程安全，防范工程风险的一道有力防线。工程质量监理的任务是对施工全过程进行检查、监督和管理，消除影响工程质量的各种不利因素，使工程项目符合合同、图纸、技术规范和质量标准等方面的要求。具体体现为：工程质量的保障责任、费用、材料、工艺等都要符合技术规范的工程技术要求。当工程施工和运营中出现各种形式的质量事故时，必须停止施工、组织人员进行勘查修正或进行事故责任判定等。

（2）意外风险控制和安全

工程风险是可以预防的。事故预防包括两个方面：一是对重复性事故的预防，即对已发生事故的分析，寻求事故发生的原因及其相关因素，提出预防类似事故发生的措施，避免此类事故再次发生；二是对可能出现事故的预防，主要针对可能要发生的事故进行预测，即要查出存在哪些危险因素组合，并对可能导致什么事故进行研究，模拟事故发生过程，提出消除危险因素的办法，避免事故发生。

建立工程预警系统是预防事故发生的有效措施之一。所谓“预警”就是在危险发生之前，根据观测的信息或经验，向有关单位发出警告信号并报告危险情况。通过工程预警系统的建设，可以在一定程度上提前预判工程风险的发生概率，从而提前做好应对风险的准备。应对意外风险采取的措施，通常包括风险回避、风险转移、风险遏制、风险化解等。

（3）事故应急处理和安全

有效应对工程事故，不是等到事故发生之后再临时组织相关力量进行救援，而是事先就应该准备一套完善的事故应急预案。这为保证迅速、有序地开展应急和救援行动，降低人员伤亡和经济损失提供了坚实的保障。制定事故应急预案，应遵循以下基本原则：

① 预防为主，防治结合，加强日常的安全检查、安全教育和应急演练；

② 快速反应，积极面对，在事故发生的第一时间做出响应，最大程度减少二次伤害；

③ 以人为本，生命第一，发生事故后，应把人的生命健康放在救援的第一要务；

④ 统一指挥，协同联动，救援职能部门统一指挥和领导，其他部门积极配合。

3.2 化工材料类企业风险控制与安全

2015 年 12 月，习近平总书记在中共中央政治局常委会上发表重要讲话，强调对易发重特大事故的行业领域采取风险分级管控、隐患排查治理双重预防性工作机制，推动安全生产关口前移。安全关口前移，是指在事故之前把事故消除掉。安全评价是以系统安全分析作为依据，综合运用系统安全工程原理和方法，对系统中薄弱环节、潜在危险、发生事故的概率进行预测和度量的工具；并通过对系统中潜在或固有的危险源进行定性或定量分析，确认系统发生危险的可能性及其严重程度，以便提出相应的防护措施和管理依据。安全评价是现代安全管理的一项重要内容，也是职业安全健康管理体系的核心。

3.2.1 风险分级管控体系

（1）风险控制

安全风险，是某一特定危害事件发生的可能性与其后果严重性的组合。安全风险点，是指存在安全风险的设施、部位、场所和区域，以及在设施、部位、场所和区域实施的伴随风险的作业活动，或以上两者的组合。对安全风险所采取的管控措施存在缺陷或缺失时就形成事故隐患，包括物的不安全状态、人的不安全行为和管理上的缺陷等方面。对一个化工企业而言，安全风险无处不在。一起伤亡事故的发生，往往是两类危险源共同作用的结果：第一类危险源，是伤亡事故发生的能量主体，决定事故后果的严重程度；第二类危险源，是第一类危险源造成事故的必要条件，决定事故发生的可能性。风险控制流程如图 3-1 所示。

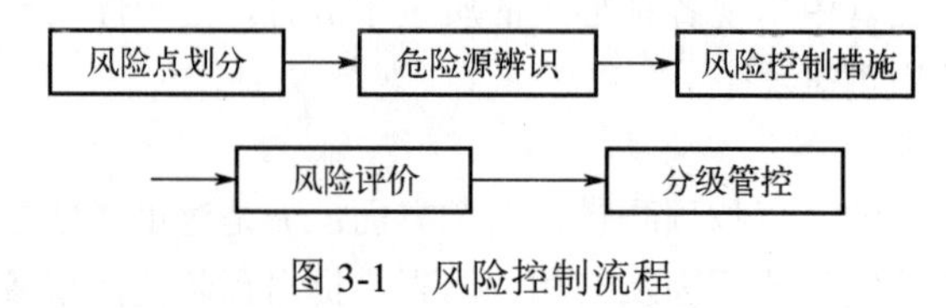

图 3-1 风险控制流程

（2）风险及其类别

风险（risk），是生产安全事故或健康损害事件发生的可能性和严重性的组合。风险主要有固有风险、现实风险和潜在风险等。

固有风险，例如设备、设施、场所等本身固有（赋存、带有）的能量（电能、势能、机械能、热能等）或危险物质（比如：甲苯、二硫化碳、苯胺、液碱、硫化氢）燃烧、爆炸、腐蚀等产生能量或有害物质。

现实风险，包括人的不安全行为、物的不安全状态、环境的不安全因素及安全管理缺陷。

潜在风险，包括管理体系不完善、不健全可能导致现实风险发生的各类因素；违背法规及标准规程，如各类人员的安全资格培训、特种作业人员培训、特种设备检测检验、职业健康安全与消防投入及验收等。

可能性（likelihood），是指事故或事件发生的概率。严重性（severity），是指事故或事件一旦发生后，将造成的人员伤害和经济损失的严重程度。一般可以把风险表示为：

$$风险（R）= 可能性（L）\times 严重性（S）$$

对于风险的管控，一般通过不同颜色四级管控：红（公司）、橙（车间）、黄（班组）、蓝（岗位），并进行1~4级风险点分级。风险点识别方法，包括：

① 工作危害分析法（JHA）。主要目的是防止从事某项作业活动的人员、设备和其他系统受到影响或损害。该方法包括作业活动划分、危害因素识别、风险评估、判定风险等级、制定控制措施等内容。

② 安全检查表分析法（SCL）。针对拟分析的对象列出一些项目，识别出工艺设备和操作有关的已知类型的危险、有害因素、设计缺陷以及事故隐患，查出各层次的不安全因素，确定检查项目。

③ 风险等级划分——风险矩阵法。通过JHA/ SCL识别出每个作业活动设备设施可能存在的危害，并判定这种危害可能产生的后果及产生这种后果的可能性，二者相乘，得出所确定危害的风险。然后进行风险分级，根据不同级别的风险，采取相应的风险控制措施。

（3）危险源

危险源，是可能导致人身伤害或健康损害或财产损失或它们的组合的根源、状态或行为。例如具有能量或产生释放能量的物理实体，如起重设备、电气设备、压力容器等；物的状态和作业环境的状态；决策人员、管理人员以及从业人员的决策行为、管理行为和作业行为。

① 危险源类别。在双重预防体系建设中，化工和材料企业的危险源，可称为危险有害因素，主要有以下几个类别。

化学品类：毒害性、易燃易爆性、腐蚀性等危险物品。

辐射类：放射源、射线装置及电磁辐射装置等。

生物类：动物、植物、微生物（传染病病原体类等）等危害个体或群体生存的生物因子。

特种设备类：电梯、起重机械、锅炉、压力容器（含气瓶）、压力管道。

电气类：高电压或高电流、高速运动、高温作业、高空作业等非常态、静态、稳态装置或作业。

② 危险源辨识。危险源辨识的方法很多，基本方法有询问交谈、现场观察、查阅有关记录、获取外部信息、安全检查表、工作任务分析法、危险与可操作性研究、事件树分析、故障树分析等等。工作任务分析法比较有逻辑性，能够较系统地辨识危险源，理论联系实际，可以较快地做好危险源辨识工作。工作任务分析法包括岗位分析和流程分析。

岗位分析：首先确定岗位类别，然后列出岗位所有作业内容，界定各作业的执行步骤，最后分析每一步骤的可能危害。

流程分析：首先将生产流程分成许多单元，然后针对每一流程单元，分析可能的偏差及危害。

可能产生偏差的五个方面：人，比如培训不够、防护不当、个人身体原因、精神原因；

机，比如正常、异常、紧急三种状态下的噪声、失控等；料，比如化学物质的毒性、易燃性、腐蚀性、放射性、感染性；法，比如方法不当、操作不当、使用不当；环境，比如过分拥挤、通风不好、光线太暗或过强、温度太高或太低等。

③ 危险源的控制。危险源的控制可从三方面进行，即技术控制、人的行为控制和管理控制。

技术控制，即采用技术措施对固有危险源进行控制，主要技术有消除、控制、防护、隔离、监控、保留和转移等。

人的行为控制，即控制人为失误，减少人不正确行为对危险源的触发作用。比如：操作失误，指挥错误，不正确的判断或缺乏判断；粗心大意，厌烦，懒散，疲劳，紧张，疾病或缺陷；错误使用防护用品和防护装置等。人行为的控制首先是加强教育培训，做到人的安全化；其次应做到操作规范化和安全化。

管理控制，可采取以下管理措施，对危险源实行控制：建立健全危险源管理的规章制度；明确责任、定期检查；加强危险源的日常管理；抓好信息反馈，及时整改隐患；搞好危险源控制管理的基础建设工作；搞好危险源控制管理的考核评价和奖惩。

（4）风险分级管控

风险分级管控，是指按照风险不同级别、所需管控资源、管控能力、管控措施复杂及难易程度等因素而确定不同管控层级的风险管控方式。风险分级管控的基本原则是：风险越大，管控级别越高；上级负责管控的风险，下级必须负责管控，并逐级落实具体措施。

风险分为蓝色风险、黄色风险、橙色风险和红色风险四个等级，其中红色是最高风险。

① 蓝色风险。蓝色风险属于轻度危险，可以接受或可容许。对于该级别的风险，公司的车间、科室应引起关注并负责控制管理，所属工段、班组具体落实；不需要另外的控制措施，应考虑投资效果更佳的解决方案或不增加额外成本的改进措施，需要监视来确保控制措施得以维持现状，保留记录。

② 黄色风险。黄色风险属于中度（显著）危险，需要控制整改。对于该级别的风险，公司、部室（车间上级单位）应引起关注并负责控制管理，所属车间、科室具体落实；应制定管理制度、规定进行控制，努力降低风险，应仔细测定并限定预防成本，在规定期限内实施降低风险措施。在严重伤害后果相关的场合，必须进一步进行评价，确定伤害的可能性和是否需要改进的控制措施。

③ 橙色风险。橙色风险属于高度危险、重大风险，必须制定措施进行控制管理。对于该级别及以上的风险，公司应重点控制管理，由安全主管部门和各职能部门根据职责分工具体落实。当风险涉及正在进行中的工作时，应采取应急措施，并根据需求为降低风险制定目标、指标、管理方案或配给资源，限期治理，直至风险降低后才能开始工作。

④ 红色风险。红色风险是不可容许的巨大风险，极其危险，必须立即整改，不能继续作业。对于该级别风险，只有当风险已降低时，才能开始或继续工作。如果无限的资源投入也不能降低风险，就必须禁止工作，立即采取隐患治理措施。

3.2.2 隐患排查治理体系建设

（1）事故隐患

事故隐患，是指违反安全生产法律、法规、规章、标准、规程和安全生产管理制度的规定，或者因其他因素在生产经营活动中存在可能导致事故发生或导致事故后果扩大的危险状态、人的不安全行为和管理上的缺陷。主要有：作业场所、设备设施、人的行为及安全管理等方面存在的不符合国家安全生产法律法规、标准规范和相关规章制度规定的情况；法律法规、标准规范及相关制度未作明确规定，企业危害识别过程中识别出作业场所、设备设施、人的行为及安全管理等方面存在的缺陷等。

事故隐患可划分为两大类：基础管理类隐患（企业资质、生产经营和安全管理等）和生产现场类隐患（生产环境、现场作业和人员行为等）。

第一类“人的因素”，包括心理、生理危险和有害因素与行为性危险和有害因素。例如：①侥幸心理，工作蛮干，在“不可能意识”的行为中，发生了安全事故。②不正确佩戴或使用个人安全防护用品。③机器在运转时进行检修、调整、清扫等作业。④在有可能发生坠落物、吊装物的地方下冒险通过、停留。⑤操作和作业违反安全规章制度和安全操作规程、未制定相应的安全防护措施，如动用明火进入有限空间等。⑥违规使用非专用工具、设备或用手代替工具作业。⑦精神疲惫、酒后上班、睡岗、擅自离岗、干与本职工作无关的事，以及工作时注意力不集中、思想麻痹。⑧管理者思想上安全意识淡薄，安全法律责任观念不强；在行动上不学习、不贯彻落实公司各种安全规章制度，尤其是安全检查、安全教育制度，这是最大的不安全行为。

第二类“物的因素”，包括物理性危险和有害因素、化学性危险和有害因素、生物性危险和有害因素。例如：①机械、电气设备带“病”作业。②机械、电气等设备在设计上不科学，形成安全隐患。③防护、保险、警示等装置缺乏或有缺陷。④物体的固有性质和建造设计使其存在不安全状态。

第三类“环境因素”，包括室内作业场所环境不良、室外作业场所环境不良、地下（含水下）作业场所环境不良。例如：①过强的噪声、过量的振动、过强或过弱的光线、污浊的空气及不适宜的工作环境温度。②人暴露在有毒有害的原料、生产过程中产生的有毒有害物质的环境中。

第四类“管理因素”，包括：职业安全卫生的组织机构、责任制、管理规章制度、投入、职业健康管理等方面。

（2）隐患排查

组织安全生产管理人员、工程技术人员和其他相关人员，依据国家法律法规、标准和企业安全生产管理制度，制定计划并采取一定的方式和方法，对照风险分级管控措施的有效落实情况，对事故隐患进行排查的工作过程。隐患排查，也称安全排查。根据隐患整改、治理和排除的难度及其可能导致事故后果和影响范围为标准，进行级别划分。一般分为一般事故隐患和重大事故隐患。

一般事故隐患，是指危害和整改难度较小，发现后能够立即整改排除的隐患。重大事故隐患，指危害和整改难度较大，无法立即整改排除，需要全部或者局部停产停业，并经过一定时间整改治理方能排除的隐患，或者因外部因素影响致使生产经营单位自身难以排除的隐患。

重大事故隐患，应包括以下情形：①违反法律、法规有关规定的；②涉及重大危险源的；③具有中毒、爆炸、火灾等危险的场所，长期滞留人员在10人以上的；④危害和整改难度较大，一定时间内得不到整改的；⑤因外部因素影响致使生产经营单位自身难以排除的；⑥市级以上负有安全监管职责的部门认定的事故隐患。

（3）隐患治理

重大事故隐患的判定，要把握“危害较大”和“整改难度较大”两个要点。化工材料类企业的现场，有下列情形之一的，可按重大事故隐患进行治理：

① 使用国家明令淘汰、禁止使用的严重危及生产安全的工艺、设备的；

② 具有甲、乙类火灾危险性物质以及二级以上（或高毒）毒性物质的车间、仓库与员工宿舍在同一座建筑物内，或具有甲、乙类火灾危险性物质的车间、仓库与员工宿舍的安全距离不符合有关法规、标准的规定要求的；

③ 甲、乙类化学品的生产、仓储设施与周边居住区、人员密集区、交通要道的安全距离不符合有关法规、标准的规定要求的，未按规定和生产工艺要求设置必要的自动报警和安全联锁装置的；

④ 两套及以上甲、乙类化学品生产装置服务的中心控制室与甲、乙类生产、存储设施的安全距离不足，或未采取必要的抗爆措施的；

⑤ 易燃易爆和有毒作业场所，未按国家强制性标准及其强制性条款的要求设置可燃、有毒气体检测报警设施以及通风设施，或设置数量、能力低于标准要求的 1/2 的；

⑥ 爆炸和火灾危险区域内的电气设备（电机、灯具、开关等）不防爆，或防爆等级（类别、级别、组别）及线路铺设不符合有关标准、规定要求，且未采取通风、隔离等临时防范措施的；

⑦ 重点监管的危险化工工艺装置安全控制措施不完善，发生爆炸危险的可能性较大，且未采取有效防爆、泄爆措施的；

⑧ 重点监管危险化学品的生产、储存装置安全措施不完善，容易导致爆炸、中毒等恶性事故发生的；

⑨ 构成一、二级重大危险源的生产、储存装置安全措施不完善，容易导致爆炸、中毒恶性事故发生的；

⑩ 其他危害和整改难度较大，应当全部或者局部停产停业，并经过一定时间整改治理方能排除的隐患，或者因外部因素影响致使生产经营单位自身难以排除的隐患。

3.3 工程风险的伦理评估

3.3.1 工程风险的伦理风险来源

工程风险的伦理风险，是指在工程项目的建设、经营、管理活动中有关利益主体在追求利益和价值的同时，未受伦理的约束而使工程项目发生损失的可能性或对周围环境和社会产生的影响。一般而论，利益的驱动性和逐利性、所有权的不完整、委托代理关系及信息不对称、市场的不完善、项目组织结构与组织文化建设以及法律法规的漏洞等都可能产生工程项目伦理风险，而且诸多因素的相互作用和影响，使这一问题变得更为复杂。

在工程风险的评估问题上，有人认为这是一个纯粹的工程问题，仅仅思考“多大程度的安全是足够安全的”就可以了。实际上，工程风险的评估还牵扯社会伦理问题。工程风险评估的核心问题是“工程风险在多大程度上是可接受的”，这本身就是一个伦理问题，其核心是工程风险可接受性在社会范围的公正问题。因此，有必要从伦理学的角度对工程风险进行评估和研究。

3.3.2 工程风险的伦理评估原则

工程风险的伦理评估一般可以遵循以人为本的原则、预防为主的原则、整体主义的原则、制度约束的原则。

（1）以人为本的原则

“以人为本”的风险评估原则，意味着在风险评估中要体现“人不是手段而是目的”的伦理思想，充分保障人的安全、健康和全面发展，避免狭隘的功利主义。在具体的操作中，尤其要做到加强对弱势群体的关注，重视公众对风险信息的及时了解，尊重当事人的“知情同意”权。

由于种种原因，社会上某些人可能被边缘化而成为弱势群体，他们本身缺乏获取或利用社会资源的条件和能力，极易遭受风险的打击。如果在工程风险的伦理评估中不对他们进行关注，他们更容易成为工程风险的牺牲者。所以在风险评估中要体现“以人为本”的原则，必须重视对弱势群体的关注。

“以人为本”原则还体现在重视公众对风险的及时了解，尊重当事人的“知情同意”权。否则，即使一项工程在技术层面上十分合理，经济效益非常显著，最终也会由于出现严重的社会问题而难以顺利实施。例如我国多地“一闹就停”的对二甲苯（PX）化工项目，之所以会被叫停，就是因为在工程风险评估中只注意了工程在技术和经济层面的可接受性，而没有对民众参与给予足够的重视。作为决策者，企业和政府主管部门的管理者可能侧重考虑对二甲苯项目给当地带来的经济效益，而公众更多关注对当地的环境、安全和社会效益的影响。在工程风险评估中，如果只是政府部门拍板，企业管理者和工程师执行，没有充分考虑到公众的利益诉求，往往工程决策已经形成或出现重大事故之后才向社会发布，那么公众出于对决策后果的不满，就可能出现群体事件，从而有可能给社会造成巨大的经济损失和负面影响。

（2）预防为主的原则

在工程风险的伦理评估中，我们要实现从“事后处理”到“事先预防”的转变，坚持“预防为主”的风险评估原则。坚持预防为主的风险评估原则，要做到充分预见工程可能产生的负面影响。工程在设计之初都设定了一些预期的功能，但是在运营使用中往往会产生一些负面效应。

【案例：诺贝尔奖的噩梦——只用了25年时间，DDT从诺奖走到全球禁用】

由此，美国技术哲学家米切姆提出了“考虑周全的义务”，他认为工程师在工作中要做到下面几点：特定的设计过程中所使用的理想化模型是否可能忽略一些因素？反思性分析是否包含了明确的伦理问题？是否努力考虑到工程研究和设计的广阔社会背景及其最终含义，包括对环境的影响？研究和设计过程中是否在和个人道德原则以及更大的非技术群体的对话中展开？

坚持“预防为主”的风险评估原则，还需要加强安全知识教育，提升人们的安全意识。要有“千里之堤，毁于蚁穴”的风险意识，更要有“勿以恶小而为之，勿以善小而不为”的思维防范。工程风险都是许多消极因素长期积累的集中爆发，因此在日常工作中应该防微杜渐，防患于未然。

例如：化工设备和零部件，要经常检修、维护和保养。在化工设备中，大部分运动部件都需要液体润滑，比如搅拌釜上的减速箱，里面就有润滑机油。但是机油在使用中，伴随着高温和机械摩擦，会逐渐被氧化。同时齿轮之间的摩擦会有金属碎屑掉落。时间长了机油就变稠变黏，机械运动阻力加大，更严重的就起不到润滑降温的作用，如果继续使用，减速箱则可能被烧掉。另外，化工设备中大量存在连接件和紧固件，需要大量使用密封垫进行密封，以保证不漏液、不漏气的效果。密封垫材质各异，长期使用浸泡腐蚀，造成产品老化，丧失弹性，最终失去密封性。若不及时更换，生产装置产生跑冒滴漏的现象，从而造成环境污染和安全事故。此外化工生产中会大量用到各种探测器（温度计、压力计、真空表、流速表等），以便通过探测器数值监控反应进行程度，但这些测量仪表也会存在发生故障或产品老化的问题，若不定时检测校准，也会使数据失真，以此错误数据作为生产指导，产品质量不能保证，生产事故也必将会发生。

（3）整体主义的原则

任何工程活动都是在一定的社会环境和生态环境中进行的。工程活动的进行，一方面要受到社会环境和生态的制约，另一方面也会对社会环境和生态环境造成影响。所以，在工程风险的伦理评估中需要有大局观念，要从社会整体和生态整体的视角来思考某一具体的工程实践活动所带来的影响。

在人和社会的关系上，每个人都是社会整体的组成部分，整体价值大于个体价值，个体只有在社会整体之中才能充分获得自身的价值。相应地，在工程风险的伦理评估中，不应该只关心某个企业、某个团体或某个人的局部得失，而是要把它放在整个社会背景之中来考察其利弊得失，否则就会陷入“一叶障目，不见泰山”的困境。在工程生态效果的评估中，也要把工程和周围的环境看成一个整体，考察它对环境所造成的短期及长期影响。

例如，一个化工园区的规划，要坚持统筹区域生态环境保护，规范园区设立；坚持循环经济和能源高效（梯级）利用理念，提升园区产业发展质量和效益；提升本质安全和环境保护水平，推动园区绿色发展；完善基础设施和公用工程配套，提升园区信息化水平和公共服务能力；力争原料互供、资源共享、土地集约和“三废”集中治理。

再如，筹建一个化学实验室，首先要明确实验室到底需要什么，并且要掌握实验室的实验用途和实验过程中所用到的仪器设备，包括实验步骤；还要考虑实验用品的采购以及办公区、仓储区、档案区及休息区的合理规划；最后还要考虑个人防护、危险化学品的存储及应急方案等。对于有可能对环境造成伤害的工程，要建立相应的废物处理机制，消除不安全的环境隐患。

（4）制度约束的原则

可以从是否建立健全安全管理的法规体系、建立并落实安全生产问责机制、建立媒体监督制度等方面，对工程风险进行伦理评估。

① 建立健全安全管理的法规体系。安全管理制度，主要包括：安全设备管理、检修施工管理、危险源管理、特种设备和作业管理、危险化学品存储使用管理、能源动力使用管理、隐患排查治理、个人防护用品管理、安全生产教育和培训、隐患排查、设备实施和作业安全管理、有限空间作业管理、事故应急救援、安全分析预警和事故报告、生产安全事故责任追究、安全生产绩效考核和奖励等。

② 建立并落实安全生产问责机制。实施问责制，对不履行或者不能正确履行职责的企业负责人，无论是故意还是过失，只要是因为不履行或不能正确履行职责、造成不良影响和后果的企业负责人，都应接受问责。企业应建立主要负责人、分管安全生产负责人和其他负责人在各自职责内的安全生产工作责任体系。责任体系要实现责任具体、分工清晰、主体明确、权责统一。通过逐级严格检查和严肃考核，提高安全生产能力，把安全生产的责任落实到每个环节和单元、每个流程和每个岗位和个人。

③ 建立媒体监督制度。媒体监督具有事实公开、传播快速、影响广泛等特点。一个工程安全事件一旦被媒体报道，就可以迅速吸引大众的注意力，引起全社会的广泛关注，从而促使相关部门加快解决矛盾和问题。媒体监督可以使得安全生产的法规得以传达，提高全社会的安全生产文化素质，另外通过发挥舆论监督的作用，对违反安全生产法律的行为、重大隐患没有治理的行为进行曝光和揭露，从而引起全社会的重视，进而使得安全问题得以解决。

3.3.3 工程风险的伦理评估途径

工程风险的伦理评估，可以通过专家评估、社会评估、公众参与评估等途径达成。

（1）工程风险的专家评估

专家评估，相对于其他评估而言，是比较专业和客观的评估途径。专家往往根据幸福最大化的原则来对工程风险进行评估。在评估风险时，他们通常会把成本-收益分析法作为一种有用的工具应用到风险领域之中。根据该方法，专家对接受的风险的评判标准定为：在可以选择的情况下，伤害的风险至少等于产生收益的可能性。不过这种方法也存在一定的局限性，例如它不可能把与各种选择相关的成本和收益都考虑在内，也不能完全准确地对相关的成本和收益进行估值，因此，有时得不出确定的结论。

在具体的操作中，专家评估可采取专家会议法和特尔斐法结合进行。

专家会议法，是根据规定选定一定数量的专家，按照一定的方式组织专家会议，发挥专家集体智慧，对评估对象做出判断的方法。专家会议有助于专家们交换意见，通过互相启发，可以弥补个人意见的不足，形成共识，产生“思维共振”的结果。但该法存在参会人数有限制、代表性不够充分、意见不能充分完整表达等缺点。

特尔斐法，以函询征求所选定专家的意见，进行整理、归纳、统计，再匿名反馈给各专家，再次征求意见，再集中，再反馈，直至得到一致的意见。认识和结论越统一，结论的可靠性也得到提高和保证。该方法具有匿名性、多次反馈、小组的统计回答等特点。

（2）工程风险的社会评估

与专家重视“成本-收益”的风险评估方式不同，工程风险的社会评估所关注的不是风险和收益的关系，而是与广大民众切身利益相关的方面，它可以与工程风险的专家评估形成互补的关系，使风险评估更加全面和科学。如果不重视工程风险的社会评估，将有可能带来严重的社会隐患。例如 PX 项目屡屡受阻，其中一个原因就是在工程立项环节中缺乏社会评估环节，缺少“公众参与”程序。中国工程院院士曹湘洪认为：“PX 困局已非技术范畴内的问题：一方面是专业人士对其安全性不存在争论，另一方面是地方政府、企业的行为惯性以及社会心态等复杂因素形成的信任危机，最终形成了‘PX 困局’以及‘化工恐惧症’。”因此，工程风险的伦理评估中，要建立有利于对话的机制和平台，使所有的利益相关者都能够参与到工程风险评估中。

（3）工程风险评估的公众参与

工程风险的直接承受者是公众，所以在风险评估中必须要有公众的参与。只有公众参与了，企业和政府管理部门才能知道他们的真实需求，否则工程风险的评估有可能沦为形式，起不到真正的效果。公众参与可以采取现场调查、网上调查、辩论会、座谈会、听证会等形式进行。

公众参与工程风险伦理评估的前提是相关机关、机构要进行信息的公开。如果不公开工程的信息，公众将会对工程情况一无所知，不知道该工程有无风险或风险多大，从而不得不盲目地听从专家的意见；而有时专家从个人或单位的利益出发提出的意见，是不利于普通公众的，在此种情形下，公众就会成为弱势群体。

公众参与是工程项目特别是环境和安全演习评价的重要组成部分，也是完善决策的一种有效方法。公众参与让公众了解工程项目的基本情况、建设意义、可能产生的环境和安全问题、拟采取的污染防治措施及将达到的环境和安全效果等情况。通过信息反馈，了解公众对工程项目的接受程度及所关心的环境问题，充分考虑公众的看法和意见，确认环保措施的可行性，提高环境和安全评价的有效性，并通过公众参与活动提高广大公众的环境和安全保护意识。

3.3.4 工程风险的伦理评估方法

对工程风险进行伦理评估，首先需要了解工程风险伦理评估的主体，继而了解工程风险伦理评估的程序和工程风险伦理评估的效力。

（1）工程风险伦理评估的主体

评估主体，在工程风险的伦理评估体系中处于核心地位，发挥主导作用，决定着伦理评估结果的客观有效性和社会公信力。工程风险的伦理评估主体可分为内部评估主体和外部评估主体。

工程风险的内部评估主体，包括工程师、工人、投资人、管理者和其他利益相关者。他们在工程活动中都是不可或缺的有机组成部分，发挥着不可替代的作用和功能。内部评估主体之间，既存在着各种不同形式的合作关系，又存在各种形式的工程风险威胁，其人身安全需要得到重视和保障，因此在工程风险评估中应该对工人给予足够的重视。工程师由于身兼职业责任和社会责任双重角色，致使他们在工程风险评估上容易发生角色转化。这就要求工程师在工程风险的评估上应该更多地承担起社会责任的角色，对工程风险进行客观的评估。

工程风险的外部评估主体，包括专家学者、民间组织、媒体传媒和社会公众。专家学者由于具有相关领域的专业知识，能够比一般人士更准确地了解工程风险的真实程度，他们往往在工程风险中充当揭发者的角色。民间组织由于他们志同道合，有强烈的社会使命和责任感，具有奉献和担当精神，在工程风险评估中具有个人所不具有的力量。媒体传媒在工程风险评估中具有重要的地位，很多重大风险隐患都是由媒体揭发的，例如三鹿奶粉事件，就是由媒体传媒揭发的。社会公众有着特殊的观察视角，利益和工程风险密切相关，在工程风险评估中具有不可或缺的地位。

（2）工程风险伦理评估的程序

工程风险伦理评估的程序，一般分以下几步。

第一步：信息公开。随着现代工程的日益专业化，非专业人员对工程所负载价值和风险的理解和评价，只能依靠专业人员所传播的信息。如果没有信息公开，社会公众就不能参与到工程风险评估之中。工程专业人员有义务将有关工程风险的信息客观地传达给决策者、媒体和公众。决策者应该尽可能地认真听取公众的呼声和意见，组织各方就风险的界定和防范达成共识。媒体也应该无偏见地传播相关信息，正确引导公众监督工程共同体的决策。公众的知情同意权必须得到保障，特别是一些与他们切身利益相关的工程项目，他们有权知晓其中的风险大小，从而做出理性的选择。

第二步：确立利益相关者，分析其中的利益关系。任何工程都会涉及众多利益相关者，在利益相关者的选择上要坚持周全、准确、不遗漏的原则。确立利益相关者的过程是一个多次酝酿的过程，包括主要管理负责人的确定、社会公众或专家学者参与风险听证的选定等。在具体确定利益相关者之后，还要分析他们和工程风险的关系，弄清工程分别给他们带来的利益，以及他们可能面临的损失及其程度。

第三步：按照民主原则，组织利益相关者就工程风险进行充分的商谈和对话。工程风险的有效防范，必须依靠民主的风险评估机制。具有多元价值取向的利益相关者对工程风险具有不同的感知，要让具有不同伦理关系的利益相关者充分表达他们的意见、观点以及合理诉求，使工程决策在公共理性和专家理性之间保持合理的平衡。此外，工程风险的防范不是一次对话就能彻底解决，往往需要多次协商对话才能充分掌握工程中潜在的各种风险，因此需要采取逐项评估与跟踪评估的途径，并根据相关的评估及时调整以前的决策。

（3）工程风险伦理评估的效力

效力，是指确定合理的目标并达到该预期目标，收到了理想的效果。效力包括三个核心要素：目标确定、实现目标的能力、目标实现的效果。工程风险伦理评估的效力，是指伦理评估在防范工程风险中出现的效果及其作用。

考察工程风险伦理评估的效力，要遵守公平原则、和谐原则和战略原则。

① 公平原则。工程活动作为一种开放性、探索性和不确定性的活动，始终是与风险相伴而行的。然而，工程风险的承担者和工程成果的受益者往往是不一致的。随着现代工程规模的扩大和风险度的增加，尤其是随着工程后果影响的累积性、长远性和毁灭性风险的增加，对单一工程的后果评价难度也增加，这要求工程风险伦理评估更加注重风险分配中的公平正义要求，做到权责统一。

② 和谐原则。和谐原则是指一个工程项目只有以实现和谐为目的的时候才是伦理意义上指的期许的工程。首先是做到人和自然的和谐，进行工程活动时，要将自然作为人类合作伙伴，其次做到人和人的和谐、人和社会的和谐以及个人内部身心的和谐。

③ 战略原则。面对工程风险，要保持审慎的态度，要对具体工程风险做出具体分析，做到因时制宜、因地制宜、与时俱进。

3.4　工程风险中的伦理责任

3.4.1　伦理责任

责任是人们生活中经常用到的概念，一个人不得不做的事情或一个人必须承担的事情，其基本含义包括三个方面：①分内应做好的事情，即角色义务；②特定职位的人或机构对特定事项的发生、发展负有义务；③没有做好自己分内的事情或者没有履行应负的义务而承担后果。责任有多种类型，包括：

角色责任，指相同角色共性的责任范畴，可以简单理解为“在角色共性规则下应该做、必须做的事情”。

能力责任，指超出共性角色责任要求的责任表现，具有明显的评价性，可以理解为“努力并结合能力做的事情”。

义务责任，指没有在角色责任限定范围的责任，可以理解为“可做、可不做的事情”。

原因责任，指原因直接导致的责任，存在各种原因，这些原因可以承担相应的角色责任、能力责任和义务责任。

从上面的定义和概念可以理解，责任范畴不仅仅存在于伦理学领域，它只有在与道德判断发生联系的时候，才具有伦理学意义。要澄清伦理责任的内涵，可以通过与其他责任类型相比较的方式进行。

首先，伦理责任不等于法律责任。法律责任属于“事后责任”，指的是对已发生事件的事后追究，而非在行动之前针对动机的事先决定，而伦理责任则属于“事先责任”，其基本特征是善良意志不仅依照责任而且出于责任而行动。相对于法律责任而言，伦理责任对责任人的要求更高。法律责任是社会为了社会成员划定的一种行为底线，但是仅靠法律还不能解决人们生活中遇到的所有问题，人们还必须超越这个底线，上升到更高的伦理责任的要求。

其次，伦理责任也不等同于职业责任。职业责任是工程师履行本职工作时应尽的岗位或角色责任，而伦理责任是为了社会和公众利益需要承担的维护公平和正义等伦理原则的责任。工程师的伦理责任一般说来要大于或重于职业责任。如果工程师所在的企业做出了违背伦理的决策，损害了社会和公众的利益，简单恪守职业责任会导致同流合污，而尽到伦理责任才能够切实保护社会和公众的利益。职业责任和伦理责任在多数情况是一致的，但在某些情况下则会发生冲突，比如工程师在知道公司产品存在质量问题并有可能对公众的生命健康和人身安全产生威胁时，他是应该保持保密性的职业伦理要求还是遵循把公众的安全、健康和福祉放于首要地位的社会伦理责任要求呢？这就需要工程师在职业责任和伦理责任之间进行权衡。

3.4.2 工程伦理责任的主体

工程伦理责任的主体，即工程活动的筹划者、组织者、实施者，他们的工程行为产生的结果直接关系到公众的安全、健康与福祉，因此，他们需要认识到自己角色责任的重要性，为其工程行为可能产生的后果承担责任。

（1）工程师个人的伦理责任

工程师作为专业人员，具有一般人不具有的专门的工程知识，他们不仅能够比一般人更早、更全面、更深刻地了解某项工程成果可能给人类带来的福利，而且在工程的设计阶段，工程师为工程活动设计出各种可能的方案，并通过调研和分析论证，为工程问题寻找最佳答案；在工程的决策阶段，工程师为工程项目方案提供重要的参谋和建议，通过其专业的判断为工程决策提供技术支撑，还协助决策者确定最优方案；在工程的实施阶段，作为工程活动的执行者，为工程提供技术规范和操作章程，还可直接调控工程的进度。因此，工程师比其他人更了解某一工程的基本原理以及所存在的潜在风险，工程师的个人伦理责任在防范工程风险上具有至关重要的作用。工程师的特殊能力决定了他们在防范工程风险上具有不可推卸的伦理责任，即工程师应有意识地思考、预测、评估其所从事的工程活动可能产生的不利后果，主动把握研究方向；在情况许可时，工程师应自动停止危害性的工作。除了在本职工作范围内履行伦理责任以外，还要利用适当的途径和方式制止违背伦理的决策和实际活动，主动降低工程风险，防止工程事故的发生。

（2）其他参与主体方的伦理责任

除了工程师个人的伦理责任外，其他参与主体方，例如投资者、管理者、工人、公众、政府主管部门等，也都有伦理责任。投资者，是工程项目的发起人，他们向工程项目投入资本，并从项目中获得收益，在工程决策中拥有根本性的主动权，在一定程度上影响和决定着工程的规模和发展方向。工程活动的管理者，主要指工程共同体中处于不同层次的领导者或负责人，他们的主要职责是合理地解决工程活动当中的沟通问题，并化解工程活动中的种种矛盾。工人，是工程共同体中占较大比重的群体，他们也是工程活动共同体中不可缺少的成员，工人还是工程活动中工程方案的具体实施者，他们按照工程师的设计蓝图和操作标准把工程师的设计目标变成具体工程设施。公众，作为工程利益相关者，可能通过不同形式参与工程活动过程。政府主管部门，通常是大型公共性工程项目的投资者和决策者，在整个工程活动中处于最重要的位置，是工程活动行使决策的负责人。

（3）工程共同体的伦理责任

现代工程在本质上是一项集体活动，当工程风险发生时，往往不能把全部责任归结于某一个人，而需要工程共同体共同承担。工程活动中不仅有科学家、设计师、工程师、建设者的分工和协作，还有投资者、决策者、管理者、验收者、使用者等利益相关者的参与。他们都会在工程活动中努力实现自己的目的和需要。因此，工程责任的承担者就不仅限于工程师个人，而是涉及包括很多利益相关者的工程共同体。

工程活动的多方参与性和工程系统的复杂性使得工程的组织化作用要远大于个人作用，而其中可能的巨大风险很难归于个人的原因。此外，工程社会效果具有累积性，而且这种累积还是不可预见的，需要经过长时间观察、运转。这些都使得由谁来承担及如何承担起这种责任的问题变得格外复杂。因此必须在考虑工程师个人伦理责任的同时，探讨工程共同体的伦理责任。

工程事故中的共同伦理责任，是指工程共同体各方共同维护公平和正义等伦理原则的责任。这种责任不是指他们共同的职业责任，不是说有了工程事故所有相关者都要责任均摊，而是强调个人要站在整体的角度理解和承担共同伦理责任，通过工程共同体各方相互协调承担共同伦理责任，积极主动履行共同伦理责任。承担共同伦理责任的目的在于，从工程事故中反思伦理责任方面的问题，提高工程师群体的社会责任感和工程伦理意识，形成工程伦理文化氛围。

3.4.3 工程伦理责任的类型

工程伦理责任的类型包括：职业伦理责任、社会伦理责任、环境伦理责任。

（1）职业伦理责任

所谓“职业”，是指一个人公开声称成为某一特定类型的人，并且承担某一特殊的社会角色，这种社会角色伴随着严格的道德要求。职业伦理是职业人员在自己所从事职业的范围内所采纳的一套标准。职业伦理责任分为三种类型：

① 义务责任。职业人员以一种有益于客户和公众，并且不损害自身被赋予的信任的方式使用专业知识和技能的义务，这是一种积极的或向前看的责任。

② 过失责任。这种责任是指可以将错误后果归咎于某人，这是一种消极的或向后看的责任。

③ 角色责任。这种责任涉及一个承担某个职位或管理角色的人。工程师一般更早、更全面、更深刻地认识到工程实践给人们带来便利的同时，也更清楚工程实践活动中所存在的潜在风险因素。因此，工程师的职业伦理责任对于控制和减少工程伦理风险来说发挥着决定性的作用，对引导工程实践的方向发挥着重要的影响作用，因为他们是工程伦理责任的主要承担者，所以是控制工程伦理风险、承担工程伦理责任的主要力量。由于工程和风险相关，所以工程师的伦理责任在某种意义上就是对风险负起责任。要做到这一点，工程师应该注意到，风险通常是难以评估的，并且风险可能会以微妙的和变幻莫测的方式扩大；其次，还需要注意到存在着不同的可接受风险的定义。与一般公众不同的是，工程师在处理风险的过程中有

一种强烈的量化思维，这使得他们对一般公众的关注不够敏感。

例如：化学工程风险取决于化学工程废弃于环境中化学品的性质。化学品的有害性与化学品的存在形式和浓度紧密相关。红磷和白磷两种同素异形体的性质不同：红磷是无毒物质，不易自燃；白磷是剧毒物质，极易自燃。即使对于同一物质而言，浓度不同影响亦不同。因此有相当一部分化学工程在工程初期是显示不出风险的，其危害的表现需要一段时间的累积和外界环境的辅助作用。这种影响，作用周期长，不仅靠工程师的专业知识和职业技能，还必须靠工程师的职业伦理来规范和约束。

化学品工程建设项目从规划、设计到营运、维护等全过程都蕴藏着安全风险。如果对安全风险估计不足，特别是针对周边社区的安全风险估计不足，没有做好风险控制和应急准备，那么随着化学工业生产规模扩大，一旦发生事故，往往对社会、公众和环境造成严重影响，甚至会导致恶性的生态灾难。因此，企业的决策者和工程师要多注重专业知识与技能的培养，在对工程项目安全评价时，不能片面地追求经济效益，无视工程的社会责任，要研究工程项目将可能产生的公众安全风险。

（2）社会伦理责任

工程师作为公司的雇员，应该对所在的企业或公司忠诚，这是其职业道德的基本要求。可是如果工程师仅把他们的责任限定在对企业或公司的忠诚上，就会忽视应尽的社会伦理责任。工程师对企业或公司的利益要求不应该是无条件的服从，而应该是有条件和辩证的服从，尤其是公司所进行的工程具有安全风险时，工程师更应该承担起社会伦理责任。当发现所在的企业或公司进行的工程活动会对环境、社会和公众的人身安全产生危害时，应该及时地反映，使决策部门和公众能够了解到该工程中的潜在威胁，这是工程师应该担负的社会责任和义务。

（3）环境伦理责任

工程师还需要对自然环境负责，承担起环境伦理责任。比如，评估、消除或减少关于工程项目、过程和产品的决策所带来的短期的、直接的影响；减少工程项目以及产品在整个生命周期对环境和社会的负面影响，尤其是使用阶段；建立一种透明和公开的文化，关于工程的环境风险以及其他方面的风险的毫无偏见的信息必须和公众有公平的交流；促进技术的正面发展用来解决难题，同时减少技术的环境风险；认识到环境利益的内在价值，而不是像过去一样将环境看作免费产品；考虑国家间以及代际间的资源和分配问题。

例如：一方面，化学化工企业由于对环境保护工作做得不到位，导致环境生态系统遭到破坏、大众身心健康受到影响，另一方面，污染企业没有付费，受益者没有作出补偿，使得整个行业与社会公众之间的环境冲突日益尖锐。环境保护与治理成为化学化工行业可持续发展的必然选择。有关企业必须通过减排考核，安装净化设施，排查工业企业废水排放去向和污染物达标排放情况，建立并完善污染排放物处理制度，定期对化学气体等有毒有害的物质进行数据监测，从多方面履行环境伦理责任。

本章小结

工程总是伴随风险，这是由工程本身的性质决定的。工程风险就是在工程建设或运转过程中可能发生，并影响工程项目目标、进度、运转、维护的事件。工程风险一般来源有工程中技术、工程外部环境、工程中人为等不确定性因素。在对待工程风险问题上，要把风险控制在人们的可接受范围之内。

安全风险，是某一特定危害事件发生的可能性与其后果严重性的组合。危险源，是可能导致人身伤害或健康损害或财产损失或它们的组合的根源、状态或行为。对易发生重特大事故的行业领域采取风险分级管控、隐患排查治理双重预防性工作机制，推动安全生产关口前移。

工程风险的伦理风险，是指在工程项目的建设、经营、管理活动中有关利益主体在追求利益和价值的同时，未受伦理的约束而使工程项目发生损失的可能性或对周围环境和社会产生的影响。工程风险的伦理评估要坚持以人为本、预防为主和整体主义原则。工程风险的伦理评估途径有专家评估、社会评估和公众参与等形式。工程风险的内部评估主体包括工程师、工人、投资人、管理者等，外部评估主体包括专家学者、民间组织、媒体传媒和社会公众等。

伦理责任是为了社会和公众利益需要承担的维护公平和正义等伦理原则的责任。工程伦理责任的主体指工程活动的筹划者、组织者或实施者，并为其工程行为可能产生的后果承担责任。工程伦理责任的类型有职业伦理责任、社会伦理责任和环境伦理责任。

思考讨论题

（1）2019 年 3 月 21 日 14 时 48 分许，江苏省盐城市响水县陈家港镇化工园区内江苏天嘉宜化工有限公司化学储罐发生爆炸事故，并波及周边 16 家企业。事故共造成 78 人死亡、76 人重伤，640 人住院治疗，直接经济损失 19.86 亿元。请运用所学的知识对本案例从职业伦理责任和社会伦理责任等角度进行分析和讨论。

（2）请从安全伦理责任和环境伦理责任角度，分析“12·26”北京交通大学实验室爆炸事故。

（3）请对自己所在的实验室危险源进行分析，并讨论如何做到实验室的日常安全。

（4）基于自己熟悉或者曾经实习过的化工厂/生产车间，分析企业如何风险分级管控和隐患排查治理。

（5）通过“11·28”张家口爆炸事故案例，讨论如何培养工程师伦理责任意识。

参考文献

[1] 中华人民共和国应急管理部. 国务院安委会办公室关于河北省张家口市“11·28”重大爆燃事故的通报[EB/OL]. (2018-11-30)[2023-01-31]. https://www.mem.gov.cn/gk/tzgg/tb/201811/t20181130_230608.shtml.

[2] 杨帆，田晓娟，郭春梅，等. 化学工程与环境伦理[M]. 北京：科学出版社，2022.

[3] 赵莉，姚立根. 工程伦理学[M]. 2 版. 北京：高等教育出版社，2021.

[4] 徐海涛，王辉，何世权，等. 工程伦理：概念与案例[M]. 北京：电子工业出版社，2021.

[5] 李正风，丛杭青，王前，等. 工程伦理[M]. 2 版. 北京：清华大学出版社，2019.

[6] 哈里斯，普里查德，雷宾斯，等. 工程伦理：概念与案例[M]. 丛杭青，沈琪，魏丽娜，等译. 5 版. 杭州：浙江大学出版社，2018.

[7]安全管理网. 潍坊滨海香荃化工有限公司“4·9”较大中毒窒息事故案例[R/OL]. (2019-08-11)[2023-01-31]. http://www.safehoo.com/Case/Case/Poison/201908/1573879.shtml.

[8] 倪娜. 我国大众传媒图景中的灾难事件：以“挑战者”号和“哥伦比亚”号航天飞机失事的报道为例[D]. 上海：复旦大学，2004.

[9]内蒙古新闻网. 内蒙古东源科技有限公司回用水装置爆炸致 2 人死亡[EB/OL]. (2014-10-08)[2023-01-31]. http://inews.nmgnews.com.cn/system/2014/10/08/011546861.shtml.

[10]中华人民共和国最高人民检察院. 山东日照岚山区：“7·16”爆炸事故 6 名被告人被公诉[EB/OL]. (2016-03-29)[2023-01-31]. https://www.spp.gov.cn/dfjcdt/201603/t20160329_115227.shtml.

[11] 新华网. 习近平:坚定不移保障安全发展 坚决遏制重特大事故频发势头[EB/OL]. (2016-01-06)[2023-01-31]. http://www.xinhuanet.com/politics/2016-01/06/c_1117691856.htm.

[12] 和彦苓. 实验室安全与管理[M]. 2 版. 北京：人民卫生出版社，2015.

[13] 陈卫华. 实验室安全风险控制与管理[M]. 北京：化学工业出版社，2017.

[14] 李新实. 实验室安全：风险控制与管理[M]. 北京：化学工业出版社，2022.

[15] 胡月亭. 安全风险预防与控制[M]. 北京：团结出版社，2017.

[16] 曲福年，崔政斌. 化工（危险化学品）企业主要负责人和安全生产管理人员培训教程[M]. 北京：化学工业出版社，2017.

[17] 中国化学品安全协会.《危险化学品企业安全风险隐患排查治理导则》应用读本[M]. 北京：中国石化出版社，2019.

[18] 中国石油天然气集团有限公司质量安全环保部. 炼油与化工企业生产安全风险防控指南[M]. 北京：石油工业出版社，2020.

[19] 马尚权，张超，杨涛，等. 危险源辨识与评价（2022 修订）[M]. 北京：中国矿业大学出版社，2017.

[20] 中华人民共和国应急管理部. 危险化学品重大危险源辨识:GB18218-2018[S].北京：中国标准出版社，2018.

[21] 彭士涛. 石油化工码头危险源辨识与预警[M]. 北京：人民交通出版社，2016.

[22] 余建星. 工程风险评估与控制[M]. 北京：中国建筑工业出版社，2009.

[23] 赵迎欢. 从 DDT 看绿色技术[J]. 科技成果纵横，2004（02）：38-39.

[24] 苟尤钊. 技术演进的社会学分析：从 DDT 命运的一波三折谈起[J]. 科技与企业，2014（23）：124-125.

第4章

材料与化工中的利益伦理

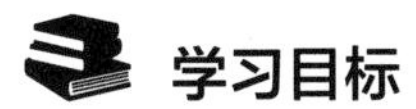

学习目标

通过本章的学习，了解材料与化工工程价值的多样性，学会辩证分析工程价值的两面性，学会分析判断工程价值的综合性和导向性。了解利益伦理在材料与化工工程中的典型表现——邻避效应，了解邻避效应的特征，学会分析邻避效应发生的原因，掌握邻避效应的化解方法。

引导案例

厦门 PX 项目事件

4.1 工程价值的特性

工程是以满足人类需求的目标为指向，应用各种相关的知识和技术手段，调动多种自然与社会资源，通过一群人的相互协作，将某些现有实体（自然的或人造的）汇聚并建造为具有预期使用价值的人造产品的过程。由于工程活动是非常复杂的社会现象，需要从多个维度认识工程现象，因此材料与化工工程，也需要从技术维度、经济维度、安全维度、伦理维度等多方面进行考虑。具有预期使用价值的工程，也可以服务于多个方面，或具有多个方面的目的，使材料与化工工程，具有多重价值，具有一定的综合性。

任何事物都有两面性。一项工程的价值，一般也有两面性。

工程是人类社会存在和发展的基础，是国家竞争实力的根本，对人类而言工程具有巨大的正面价值。工程活动是人们自觉主动地变革自然的实践活动，因此工程又具有强烈的价值导向。如何分配和使用工程所带来的价值和利益，这引出一个重要的伦理问题，即利益伦理。

4.1.1 工程价值的多元性

材料与化工工程，不仅具有经济价值，还有科学价值、政治价值、社会价值、文化价值、生态价值等多方面的价值。

（1）经济价值

很多工程能够立项并得以实施，主要是能带来显著的经济效益。经济效益是激发人们开展工程活动的重要动力。在材料与化工领域，大家非常熟悉的石化企业——中石油和中石化，这些年一直处在世界500强企业排行榜的前几位。从2022年8月财富网发布的世界500强企业（表4-1）中可以看到：中石油和中石化分列第四和第五位，其中中石油上一年实现利润9638百万美元，中石化实现利润8316百万美元。此外，从表4-1还可以发现，沙特阿美公司、埃克森美孚、壳牌公司、英国石油公司等世界化工巨头的排位都非常靠前，特别是沙特阿美公司，以约105369百万美元的利润位居盈利榜首。显然，化工作为国民经济的基础产业和支柱产业，具有很大的经济价值。

表4-1　2022年世界500强排行榜中的部分化工企业（来自财富网）

排名	公司名称	营业收入/百万美元	利润/百万美元	国家
4	中国石油天然气集团有限公司	411693	9638	中国
5	中国石油化工集团有限公司	401314	8316	中国
6	沙特阿美公司	400399	105369	沙特阿拉伯
12	埃克森美孚	285640	23040	美国
15	壳牌公司	272657	20101	英国
27	道达尔能源公司	184634	16032	法国
31	中国中化控股有限责任公司	172260	−198	中国
35	英国石油公司	164195	7565	英国
44	中国宝武钢铁集团有限公司	150730	2995	中国
49	马拉松原油公司	141032	9738	美国

（2）科学价值

工程除了具有经济价值外，还具有科学价值，因为工程活动越来越依赖于技术的进步，通过创造性地把各种先进的技术集成起来，共同实现新的人工建造物。工程制造的科学仪器、设备、基础设施等，是现代科学研究不可或缺的基本条件。

例如高通量技术，它是20世纪80年代中期兴起的组合化学技术。组合化学是一门将化学合成、计算机辅助分子设计、组合理论及机械手结合为一体的科学，可在短时间内将不同的构建模块巧妙地反复组合连接，产生大批分子多样性群体形成化合物库，然后运用组合原理，以巧妙的手段对库成分进行快速筛选优化，得到可能具有目标性能的化合物结构。众所周知，自然界仅有20种天然氨基酸，但是却可以通过多种不同的连接顺序和构象，组成千万种形态、功能各异的蛋白质，这就是组合原理的体现。因此，可以通过高通量技术的筛选功能，进行新药研发、基因研究；通过高通量分离，进行药物分析；通过高通量平行反应器，进行有机化合物的合成和各种材料的制备。与传统需要几十年时间的研发相比，通过高通量技术，可使研发从几十年缩短至几个月就能实现工业化或商品化，极大提高了科研的效率。

在材料与化工领域，聚乙烯、聚丙烯等聚烯烃材料，性能优异，应用广泛。在材料的研发阶段，每年要进行20多万次的烯烃聚合实验，如此海量的实验，如果用高通量反应器，研发时间可从几十年缩短至一年以内。这种高通量反应器还可与多种检测系统（红外光谱、液相色谱-质谱联用、气相色谱-质谱联用等）连接。例如陶氏化学公司在开发聚丙烯的催化剂时，仅用9个月就完成了从研发设想到工业规模试车；他们还利用新颖的后茂金属催化剂，制备了一系列乙烯和丙烯的共聚物，从初始设想到完整工艺包，只用了18个月的时间。

中国科学院上海硅酸盐研究所、中国科技大学国家同步辐射实验室、中国科学院上海原子核研究所等单位，也都对高通量技术进行了深入的研究。特别是我国著名材料科学家严东生院士，他1949年获美国伊利诺大学博士学位后，为了祖国的发展毅然回国，将毕生精力贡献给了我国的材料科学研究事业。他在高温材料、高性能材料、陶瓷基复合材料等方面都做出了开创性的工作。同时他还着眼于实际问题的解决。严东生院士作为中国无机材料科学的奠基人，他的无私奉献、报效祖国的崇高爱国精神和精益求精的大国工匠精神，值得所有人学习。

（3）政治价值

工程体现的价值，有一项重要的价值就是政治价值。工程怎么会和政治联系在一起呢？

100多年前，针对是否重修圆明园的问题，引发了清政府的一场争论。这本来是个“工程”问题，但在封建专制的政治体制中，较大的工程往往为相关人员中饱私囊提供了机会。一项工程的上马与否，总要涉及许多人的利益，最后这种“工程问题”往往会演变成“政治问题”。一旦最高统治者决定要上某项工程，反对者就有“犯上”之嫌，因为事关最高统治者的颜面和权威。而且，由于政治斗争不能透明、公开，所以各派政治力量经常借机生事，以此大做文章。围绕着“工程问题”的相互争斗，往往会导致各种政治力量的此消彼长，使政治格局发生某种变化。在这种背景下，“工程”就成为“政治”。因此工程价值也包含政治价值。

工程政治价值的一个极端表现，是其军事价值。先进的工程技术，往往率先被用于开发武器装备；或者通过开辟新原料的来源，摆脱对原产地的依赖，以和平方式，改变国与国之间的相互关系格局。碳纤维的发展是工程政治价值的一个很好的例子。

碳纤维，是含碳量在90%以上的高强度高模量纤维。用聚丙烯腈纤维（腈纶）或者用黏胶纤维、沥青纤维作原料，经高温、氧化、碳化，可制得由碳元素组成的一种特种纤维，俗称碳纤维。碳纤维的耐高温性居所有化纤之首，此外它还具有抗摩擦、导电、导热及耐腐蚀等特性。碳纤维的密度小，有很高的强度和模量，作为增强材料，可与树脂、金属、陶瓷及炭等复合，制造的先进复合材料可用于航天、航空、军事装备等高技术器材中。

需求引领与科研发展共同推动碳纤维行业发展。军备竞赛带动碳纤维技术研究突破，20世纪50年代高性能碳纤维材料正式问世，60年代日本研究所突破碳纤维核心制备技术，70年代日本领先厂商率先打开广阔的民用市场，80年代高性能飞机、赛车、自行车等产品出现，90年代后碳纤维技术不断进步，材料种类不断丰富，应用领域不断拓展。目前生产碳纤维及掌握碳纤维技术的公司，主要有日本东丽、日本帝人、日本三菱、美国赫氏、美国氰特、德国西格里、土耳其的阿克萨等公司。由于碳纤维具有优异的性能，因此属于战略物资，不仅被美国和日本等国家的企业垄断市场，而且还封锁禁运。

中国的碳纤维，是被“卡脖子”逼出来的碳纤维。20世纪60年代，由于航空航天领域对碳纤维材料的迫切需求，中国碳纤维行业开始起步，但是由于国外技术封锁，研发进度相对落后。为确保国防安全、避免长期受制于人的局面，国家出台相关政策大力扶持高校、科研院所和企业，攻克难关。20世纪90年代以前，国外碳纤维已经进入飞速发展阶段，但国内碳纤维仅实现了从无到有，且还不能够规模化生产，无法作为航空航天用结构材料。20世纪

90 年代后，我国才在碳纤维核心技术上有一定突破。中国科学院长春应用化学研究所、中国科学院化学研究所、中国科学院山西煤炭化学研究所、北京化工大学等多所科研院所和高校，都参与了碳纤维的研制。国内第一批碳纤维生产企业成立，例如威海光威、中复神鹰等。我国高性能碳纤维的发展，在一定程度上削弱了日本及欧美等国在高性能碳纤维领域的垄断地位。

目前全球碳纤维的运行产能，美国、日本和中国占到了全球的 60%以上；同样，对于碳纤维的需求，中国和日本占到了全球将近 70%的份额。目前碳纤维的主要应用，也从原来的军事装备和航空航天，转移到了体育休闲、风电叶片等民用领域。

可以说，中国碳纤维从无到有、从小到大、从弱到强的发展历史和辉煌成就，是一代又一代科学家和工程技术人员本着百折不挠、艰苦奋斗的理想信念，排除万难，打破国外垄断所取得的，他们这种无私奉献、精益求精的大国工匠精神，科技报国的家国情怀和使命担当，值得我们所有人学习。

材料与化工领域的“卡脖子”关键技术，除了碳纤维之外，还有航空发动机短舱材料、光刻胶、燃料电池、锂电池隔膜、环氧树脂、航空钢材、高强度不锈钢、高端轴承钢、铣刀等。国家正集全国的尖端力量，从技术、工程和产业多方面着手，去攻克这些被西方国家“卡脖子”的技术。

（4）社会价值

现代科学技术尤其是其成果的工程化、产业化，改善了人们的生活，提高了生活质量。工程产品的发明创造及其大众化、普及化，对社会阶层之间的关系起到弥合作用。因此工程还具有社会价值。例如，汽车生产线的发明，使轿车进入了寻常百姓家。汽车上各种材料和技术的应用，例如橡胶、塑料等，使汽车的质量和舒适度得到了很大提高。人造纤维的应用，例如我们常说的尼龙、莱卡，使丝袜和服装的舒适度与美感增加了。此外，和我们日常生活息息相关的科学技术的应用还有光纤。光纤，也叫光导纤维，由玻璃或塑料制成，在显示、通信和图像传输方面应用广泛，可以使我们通过互联网拉近人与人之间的距离；通过医学窥镜进行更精准的手术，提高人的生存质量；还可通过机器人减轻劳动强度；等等。

（5）文化价值

文化活动、文化产业和文化事业，需要先进的工程科学技术为它提供基础设施、物质装备和技术手段。因此工程还具有文化价值。例如，国家游泳中心，常称为“水立方”，是北京为 2008 年夏季奥运会修建的主游泳馆，也是 2008 年北京奥运会标志性建筑物之一。通过改造，“水立方”成为国际首个在泳池上架设冰壶赛道的场馆，使北京 2022 年冬奥会的冰壶项目在“水立方”成功举办。“水立方”最引人瞩目的，是外围形似水泡的乙烯-四氟乙烯共聚物膜。这种高分子材料薄膜，不仅具有很高的强度，而且防火性能优异，其高度透明性也可为场馆内带来更多的自然光。

与“水立方”分列于北京城市中轴线北端两侧的另一个有名的场馆，是国家体育场，大家俗称的“鸟巢”。“鸟巢”不仅是 2008 年夏季奥运会的主场馆，也是北京 2022 年冬奥会冰上项目的场馆。鸟巢外形结构主要由巨大的门式钢架组成，所用的钢是一种叫 Q460 低合金、高强度钢，它在受力强度达到 460 MPa 时才会发生塑性变形，强度要比一般钢材大得多，因此生产难度很大。以前这种钢一般从卢森堡、韩国或日本进口。为了给“鸟巢”提供“合身”的 Q460，从 2004 年 9 月开始，河南舞阳特种钢厂的科研人员，经过半年多的科技攻关，前后多次试制终于获得成功。2008 年，400 吨自主创新且具有知识产权的国产 Q460 钢材，撑起了“鸟巢”的铁骨钢筋。

水立方和鸟巢，共同形成了相对完整的北京历史文化名城形象。由此可见，工程是具有文化价值的。

（6）生态价值

传统工程以自然界为作用对象，从自然界获取资源和能源，来满足人类的生存和发展。由于不加节制地开发和利用自然资源，肆意向自然环境排放废弃物，造成环境污染、生态系统功能退化等危及人类持续发展的严重危机。这种工程的生态价值是负面的。人们逐渐认识到这些问题，工程的建设从环境污染、生态系统功能的退化，转向了节能减排、绿色环保、新兴能源和循环经济方向，使工程的生态价值趋于正面性。

绿色化学、绿色化工、美丽化工，是大家目前听得比较多的词语，这正是今后材料与化工发展的方向。即在化工产品生产过程中，从工艺源头上就运用环保的理念，推行源消减，进行生产过程的优化集成、废物再利用与资源化，从而降低成本与消耗，减少废弃物的排放和毒性，减少产品全生命周期对环境的不良影响。绿色化工的兴起，使化学工业环境污染的治理由先污染后治理转向从源头上根治环境污染。例如，将 VOC 排放量高的油性漆，用水性涂料替代；用可生物降解的高吸水树脂，对沙漠进行保水固沙。

材料与化工产品的生产和应用，是大家认为容易产生环境污染和影响生态的重要因素。增强绿色化工意识，一是可以从源头治理，推行绿色化工中化学反应的原子经济性。一方面通过原料利用的最大化，争取百分之百地将原料转化为产物；另一方面减少废物排放，最大程度减少污染，充分利用资源而又不产生副产物、废物和有害物。二是进行工艺治理，推行化学反应的清洁性。尽量采用环境友好的反应工艺技术、反应媒介。采用绿色原料代替毒性大或危害性大的原料；提高生产工艺技术和设备的资源利用率，减少污染物的排放；改善资源的有效利用和回收管理的方式，得到清洁生产与环境友好的绿色产品，有效解决生态污染的问题。三是要进行过程治理，实现“零排放”与环境友好工艺生产过程的优化集成。四是要有发展意识，坚持化学反应技术的可持续发展。五是要有循环意识，推进化工生产实现资源再利用。

4.1.2 工程价值的两面性

材料与化工工程价值是有多元性的，即具有多重工程价值。但是，任何事物都有两面性。两面性，是指同一事物身上，同时存在的两种互相矛盾的性质或倾向。对于工程来说，一项工程各方面的价值，一般也都具有两面性。

（1）正面价值

大家通常所说的五大高分子材料，包括塑料、橡胶、纤维、涂料、黏合剂等，应用广泛，提高了人民生活水平和质量。下面以塑料为例，了解塑料工程的两面性。塑料和我们的生活息息相关，塑料瓶、塑料袋、塑料凳、塑料管等等，数不胜数。塑料性能优异，成本低，而且与相同体积的钢铁相比，质量轻很多，当其用于飞机、汽车上时，质量的减轻可以节省更多的能源应用，也能让飞机飞得更高，汽车跑得更快，走得更远。塑料有热固性塑料、热塑性塑料，有工程塑料、通用塑料等。不同的塑料品种和性能，决定了其在生活或工业中有不同的用途。常用的塑料品种有聚乙烯（PE）、聚丙烯（PP）、聚氯乙烯（PVC）、聚苯乙烯（PS）、聚对苯二甲酸乙二醇酯（PET）、聚酰胺（PA）、聚碳酸酯（PC）、聚甲基丙烯酸甲酯（PMMA）、丙烯腈-丁二烯-苯乙烯共聚物（ABS）、乙烯-乙酸乙烯酯共聚物（EVA）等等。

随着技术的进步，对塑料的改性一直没有停止过研究。在不远的将来，塑料还会有更广泛的应用，在更多的领域代替钢铁等材料。在科学史上完全人工合成的塑料发明已有120余年，工业史上塑料大规模生产也有70多年。现今塑料的使用量是半个世纪前的20倍，预计未来20年内，塑料的生产量和使用量还会再翻一番。

（2）负面价值

人们在享受塑料给我们带来便利的同时，也在承受着塑料污染（常称其为白色污染）对自然环境和人类健康的负面影响。

一般的塑料容易燃烧，燃烧的时候会产生有毒气体。例如聚苯乙烯塑料，燃烧的时候会产生甲苯，而甲苯这种物质可能会导致眼睛失明，吸入会发生呕吐；再如聚氯乙烯，燃烧时会产生有毒的氯化氢气体。塑料除了燃烧会放出有毒气体外，在高温环境下，也会分解出有毒成分，例如苯。

此外，塑料的降解非常困难，一般的聚烯烃塑料埋在地底下几百年才会腐烂。由于塑料无法短时间自然降解，因此已成为人类的第一号敌人。自20世纪60年代，美国海滩第一次发现塑料袋以来，塑料的污染问题日益加剧。目前各地都有塑料导致动物死亡的悲剧，例如动物园的动物误吞游客随手丢弃的塑料袋或塑料瓶，最后由于积聚在胃里无法消化而痛苦地死去；在美丽纯净的海面上，走近了看，往往飘满了各种各样的无法为海洋所容纳的塑料垃圾；在多只死去的海鸟的肠子里，也发现了各种各样无法被消化的塑料。

塑料不仅每年杀死数百万只动物，而且还存在于人类的食物链中。最近的研究表明，90%的食盐和饮用水中含有微塑性物质。虽然塑料让我们的生活更加舒适，但最终可能会对人类的生存造成极大的威胁。此外，那些降解成小碎片的微塑料，也很容易通过水过滤系统进入海洋，对海洋生物构成威胁。2020年初，环保主义者在西班牙丹尼亚的海滩上发现了1976年蒙特利尔奥运会时的塑料酸奶盒，至今非常完整，显然塑料将对自然造成长时间的污染。此外，一般塑料是用石油炼制的产品制备的，而石油资源是有限的，因此进一步加快绿色塑料的研发和应用，具有重要意义。

（3）工程“双刃剑”

从塑料的广泛使用和塑料白色污染可以看出工程是把“双刃剑”。工程可以提供用于实现各种目的的工具、手段、措施、方法及途径，可以创造更多的可能性，提高行动的效率。但是，工程也会带来一定的负面作用。

工程内在价值的特点，一般属于非道德性质，本身并不直接就是道德意义上的善或恶。工程内在价值的非道德性，决定了工程的最终价值，取决于工程应用于什么目的、怎样应用，即工程的实际价值取决于社会的要求和社会环境。这是工程具有好的和坏的双重效应的重要根源。

人们所批评的工程的负面作用和价值，实际上大部分是由人们利用工程的方向和方式不当造成的，责任主要在于我们人类社会，而非工程本身的过错。我们应当把工程应用于促进人的全面发展、社会的和谐以及人与自然的协调，而不仅仅是少部分人狭隘的、短期的物质利益，更不应当用于为害作恶。

4.1.3 工程价值的综合性

工程作为变革自然的造物实践，是一个综合集成了科学、技术、经济、管理、社会、伦理、生态等各方面要素的整体，因此一项工程一般都包含着多重价值。工程的经济、政治、社会、文化、科学、生态等各种价值，就是工程在这些方面的属性和功能与主体需要之间的一种效用、效益或效应关系，一定意义上也是主体分别从这些不同方面对工程的作用和功能所做出的评价。

一般，我们希望工程对我们有利的正面价值越大越好，在对这些不同价值之间做权衡取舍和协调优化时，应当避免和防止极端地追求工程的某一方面价值，而牺牲其他方面的价值。例如对于塑料工程的负面价值，通过多重举措对白色污染进行治理，以综合塑料工程的价值。

世界各国对塑料污染的认识，随着时间在不断深化，各种力量交互作用，塑料污染的治理共识、思路和模式日渐清晰和丰富，行动力度也不断加强。从 20 世纪 90 年代开始，就有多个国家结合自身国情，出台了包括限塑、禁塑、征税等法律法规。从 2014 年以来，每两年举行一次的联合国环境大会，都在号召和倡议全球应对塑料污染问题。在二十国集团领导人峰会等国际多边场合，也专门有全球共同应对塑料污染的相关议题。

塑料污染的治理意义重大，特别是中国，将在全球塑料治理中发挥无可替代的影响。2020 年 1 月 19 日，国家发展和改革委员会、生态环境部公布《关于进一步加强塑料污染治理的意见》（下简称《意见》），要求：到 2020 年底，我国率先在部分地区、部分领域禁止、限制部分塑料制品的生产、销售和使用。到 2022 年底，一次性塑料制品消费量明显减少，替代产品得到推广。《意见》提出，按照禁限一批、替代循环一批、规范一批的原则，禁止生产、销售超薄塑料购物袋、超薄聚乙烯农用地膜。禁止以医疗废物为原料制造塑料制品。全面禁止废塑料进口。到 2020 年底，禁止生产和销售一次性发泡塑料餐具、一次性塑料棉签；禁止生产含塑料微珠的日化产品。到 2022 年底，禁止销售含塑料微珠的日化产品。分步骤、分领域禁止或限制使用不可降解塑料袋、一次性塑料制品、快递塑料包装等。研发推广绿色环保的塑料制品及替代产品，探索培育有利于规范回收和循环利用、减少塑料污染的新业态、新模式。加强塑料废弃物回收和清运，推进塑料废弃物资源化能源化利用，开展塑料垃圾专项清理。同时，《意见》也提出了建立健全相关法规制度和标准、完善支持政策、强化科技支撑、严格执法监督等支撑保障措施。

2020 年 7 月 10 日，国家九部门（国家发展和改革委员会、生态环境部、工业和信息化部、住房和城乡建设部、农业农村部、商务部、文化和旅游部、国家市场监督管理总局、中华全国供销合作总社）又联合发布了《关于扎实推进塑料污染治理工作的通知》，为近年来世界塑料污染治理的集体行动谱写了意义重大的新篇章。

为阻止塑料污染，我们也需要有法律来约束。为了防治固体废物污染环境，保障人体健康，维护生态安全，促进经济社会可持续发展，2020 年 4 月 29 日，《中华人民共和国固体废物污染环境防治法》，由中华人民共和国第十三届全国人民代表大会常务委员会第十七次会议修订通过，自 2020 年 9 月 1 日起施行。

为了我们的子孙后代，对于塑料的治理行动，需要全世界共同参与，其中民众、生产者、企业和政府都需要承担相应的责任。

4.1.4　工程价值的导向性

工程活动是价值导向性很强的一种实践活动。工程能力、工程职业、工程实践、工程成果，是一个人、一个企业、一个社会、一个国家的宝贵资源和财富。如何分配和使用这种力量和资源——是造福于大多数民众，还是为少数人服务？通过这些问题，可以引出一个重要的伦理问题——利益伦理，即“工程所带来的工程利益如何分配？如何保证工程利益分配公正？”（图 4-1）。工程的利益伦理在材料与化工领域的典型表现，就是“邻避效应”。

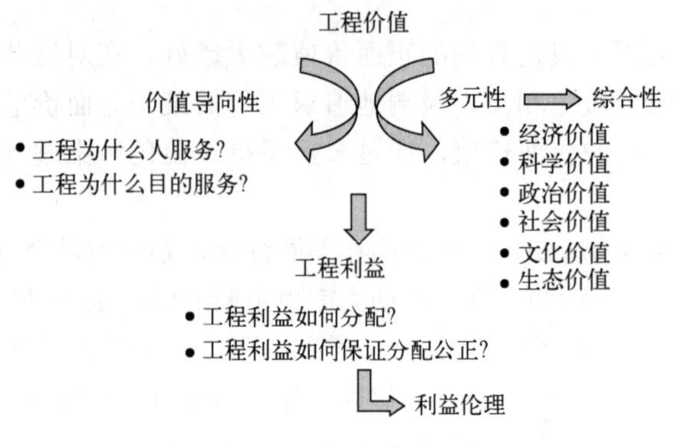

图 4-1 工程价值与工程利益

4.2 利益伦理的典型表现——邻避效应

利益伦理是工程活动的基本伦理问题之一，其基本要求是有效协调工程活动中各方面的利益关系、实现效益与公平的统一。因此工程利益的分配问题，也就是如何实现公平公正问题。

当前，我国处于社会转型期，利益诉求多样，加之社会风险与环境风险交织，我国各地陆续发生多起因建设项目选址而引发的社会群体事件，特别是 PX 化工项目成为关注焦点，这也是材料与化工领域非常典型、社会影响非常大的事件。例如 2007 年刚开始兴建的厦门 PX 化工项目，因为市民集体抵制而被迫迁址，此后又连年出现多起民众抵制 PX 项目的建设，如 2011 年大连的 PX 项目、2012 年宁波的 PX 项目、2013 年昆明的 PX 项目、2014 年茂名的 PX 项目。那么为什么多地都要建设 PX 项目？民众为什么反对 PX 项目的建设？在回答这些问题之前，有必要先来了解什么是邻避效应。

4.2.1 “邻避”一词的由来

“邻避”，是英文短语“not in my back yard”中各单词首字母“NIMBY”组成的英文发音。中文用“邻避”一词，英文翻译的意思就是“不要建在我家后院”，言下之意就是大家受益，为什么受损者偏偏是我？

“邻避”一词最早出现于 1980 年 11 月 16 日，英国记者 Emilie 在《基督教科学箴言报》上发表了一篇文章，描述了美国人对居住地周围化工垃圾的嫌恶和反感。后来被港台学者翻译为“邻避”，其含义是指在某一区域内所建立的设施，能为所在区域大部分居民带来利益，但是设施周边居民，却承受设施带来的不良后果，从而引发这部分居民的抗争行为。《基督教科学箴言报》是美国面向全国的颇有影响的四开日报，虽与宗教团体有关，而且报名上有“基督教”字样，但并不是纯宗教性的报纸，而是一份面向“世俗”的一般性报纸，自称是“国际性的报纸”，是美国白宫、国会领导人和高等学校、研究机构学者的必读之物。由于报纸的影响力很大，因此“邻避”一词就迅速流行起来，常见的有邻避效应、邻避设施、邻避运动、邻避事件等。

4.2.2　几类典型邻避设施

邻避设施，一般指对大家有益但对自己不利的设施。一般有以下几类典型的邻避设施。

（1）与能源类设施有关的邻避设施

与能源类设施有关的邻避设施，包括核能发电厂、火力发电厂、炼油厂、石油化工厂等。PX 化工项目正是属于这一类邻避设施。

这类“邻避设施”可以为全国范围的民众带来利益，却由设施附近居民承担成本，例如可能影响健康的问题。由这类邻避设施引发的社会矛盾，贯穿在我国改革开放以来加快工业化的整个过程中，而且多发生在城市近郊或边缘地带，以厦门和大连的 PX 项目最终搬迁最具代表性。

（2）与废弃物类设施有关的邻避设施

与废弃物类设施有关的邻避设施，包括垃圾处理焚化厂、污水处理厂等。例如 2018 年 9 月北京市海淀区部分民众强烈反对建设海淀宝山垃圾处理厂。

这类“邻避设施”服务整个城市范围内的使用者，但可能影响设施附近地区居民的生活质量、安全健康或降低其房屋等财产的价值。随着民众环境保护意识增强，由此类设施引发的社会矛盾近年有增多趋势。一些城市在社区里建垃圾中转站而遭居民反对，不得不暂停施工。

（3）与社会类设施有关的邻避设施

与社会类设施有关的邻避设施，包括：特殊交通设施（例如立交桥），还有像火葬场、殡仪馆、精神病院等设施。

这类“邻避设施”让许多附近住户排斥，不愿与之为邻。一般该类设施附近的房价也会受到很大的影响。

上述几类典型的邻避设施，一般具有这样一些特点：

① 一般具有满足社会需求的功能。城市邻避设施与其他公共设施一样，都是为全体社会公众所服务的。

② 可能存在直接或潜在的负面影响。这些直接或潜在的污染性和危险性，可能产生实质或潜在伤害身体或财产价值的威胁，包括空气污染、水质污染、噪声污染、生态破坏以及由此引发的健康和安全问题。此外也有一些非环境的影响，如房地产价格下降、心理不悦和社区耻辱等。

③ 成本与效益产生了不均衡。通常邻避设施对大多数人都有好处，产生的效益为全体市民所共享，但其产生的负面影响，即环境的成本则集中在少数特定人群（也就是设施附近的居民），因此造成了成本与效益的不对称，从而导致不公平。一般居民往往会强烈反对邻避设施建造在自家附近，即所谓的“后院”。

④ 邻避设施对周边居民产生的负面影响与距离成反比。

邻避设施虽是周边居民不愿意接受的设施，但大多为民生或公益工程，是达成部分社会福利所不可或缺的，这类设施所产生的负面影响，往往使其在设置或选址时遭遇极大阻力和争议。目前这类工程，很难采用完全市场化的方式来建设、运营和维护，大多由政府或有政府背景的国资企业进行建设、运营和维护。

4.2.3　邻避效应

邻避效应，是指居民或当地单位因担心建设项目（如垃圾场、核电厂、殡仪馆等邻避设施）对身体健康、环境质量和资产价值等带来诸多负面影响，从而激发人们的嫌恶情结，滋生“不要建在我家后院”的心理，即采取强烈和坚决的、有时高度情绪化的集体反对行为。集体反对行为发生的事件，也称邻避事件、邻避运动等。

目前，邻避效应在国际社会已是普遍现象。国外学者于20世纪70年代开始关注邻避效应。20世纪90年代亚洲地区开始大范围出现邻避运动，并逐渐成为席卷全球的问题。对邻避效应的认识和引导，是世界各国的共同挑战。

邻避效应是有一定的正面意义的。大型工程项目的福利由大家共享，工程利润由相关企业获得，环境和经济的成本和风险却由当地民众承担。这种成本付出与利益收获的不对称，显然有悖于社会的公平正义原则。从这个意义上说，“邻避运动”的兴起，是民众对自身合法利益和公平正义的追求。

邻避效应可能会具有极端影响。如果走向极端，甚至付诸非理性的暴力行动，则不仅影响经济发展，还会危及社会的安定团结。妥善预防和有效管理邻避效应，不仅涉及政府为人民服务的意愿，而且涉及政府“以民为本”的管理能力。邻避效应减少，可以看作政府从经济增长型向民生服务型转型的一个标志。

4.3 邻避效应产生的原因——以厦门PX项目为例

厦门PX项目事件是材料与化工领域表现出的典型邻避事件。本节以厦门PX项目事件为例，深入剖析邻避效应产生的原因。

4.3.1 PX项目工程价值

一项工程所带来的工程价值是多元性的，即具有多重工程价值。因此，厦门PX项目工程也具有多重工程价值。经济利益是激发人们开展工程活动的重要动力。厦门PX项目工程能够立项，主要是能带来显著的经济效益，具有极大的经济价值。此外，PX项目作为国家化工产业振兴计划所确立的、国家生产力布局的重点战略项目，也具有政治价值。

但是，厦门PX项目的生态价值可能是负面的。厦门是个漂亮的旅游城市，是福建省的副省级市，也是计划单列市，同时还是国务院批复确定的中国经济特区，是东南沿海重要的中心城市、港口城市以及风景旅游城市，是中国最适宜居住的城市之一，拥有“联合国人居奖”“国家环保模范城市”“中国十佳宜居城市”“中国人居环境奖”等荣誉称号。厦门海沧PX项目建设的中心地区，距离国家级风景名胜区鼓浪屿只有7公里，距离拥有5000余名学生的厦门外国语学校和北京师范大学厦门海沧附属学校仅4公里。项目5公里半径范围内的海沧区人口超过10万，居民区与厂区最近处不足1.5公里。在10公里半径范围内，覆盖了大部分九龙江河口区、整个厦门西海域及厦门本岛的1/5。而这个项目的专用码头，就在厦门珍稀海洋物种国家级自然保护区，该保护区的珍稀物种包括中华白海豚、白鹭、文昌鱼等等。从厦门PX项目建设地址看，建设的位置不仅是经济发达的旅游环境，而且离居民区很近，人口相对密集。PX虽不是高危高毒化学品，但具有一定毒性，长期反复直接接触或大量吸入也会对人体健康造成一定危害。此外，PX是易燃液体，贮运时要远离火种和热源，要避免阳光直晒，但是PX凝固点只有13℃，为了避免凝固又要有保温设施，因此PX的储存与运输环节也存在较大的风险。

那么为什么要在厦门选址建设 PX 项目呢？PX 的生产以石油为原料，其生产过程一环扣一环，都发生在“芳烃联合装置”的整套设备里。由于这一系列工艺都需要用水，再加上为了便于运输，因此，PX 项目一般都依水而建。另外，PX 又是作为生产 PTA 的原料，因此一般要尽量离下游的 PTA 工厂近。国家发改委的“规划”就明确要求：新建 PX 项目，必须以大型炼化厂为依托，并尽量与 PTA 企业的分布相匹配。因此，单从 PX 项目自身特点出发，其选址的原则有“三近”：一是要离炼油企业近，二是要离下游 PTA 工厂近，三是要离大江大海近。而这样的地方，一般人口都比较密集，而且经济发达，旅游环境也相对比较好。

4.3.2　项目利益主体及利益相关者

工程活动不仅是一种技术活动，从某种意义上说也是一种经济活动。一般现代工程活动都有一定的共同目标，包括直接的技术目标和经济目标，间接的社会目标、政治目标及文化目标等，因而总有一定的工程共同利益。但由于工程活动的复杂性，工程活动中的利益主体并不完全一致，而是既存在统一的工程利益主体，又存在由于工程内部不同分工而形成的不同利益主体。有效协调工程活动中的各种利益关系，是工程伦理学所要解决的基本问题之一。

（1）工程活动的利益关系

工程活动中的利益关系，包括工程内部不同主体之间的利益关系、工程与外部环境之间的利益关系。工程内部不同主体之间的利益关系，表现在工程活动的决策、规划、施工、监管、验收等各个阶段和环节。例如工程决策阶段，工程项目投资者与公众、受益者与受损者、不同的投资者之间的利益关系，其他环节的工程投资者与承担者、管理者、设计者、施工者以及工程的使用者等不同主体之间的利益关系，等等。工程与外部环境之间的利益关系，则包括工程与社会环境之间、工程与自然环境之间的关系，而这正是工程伦理需要考虑的主要方面。

（2）项目利益主体

利益主体指在经济利益上具有一致性的行为主体及其构成的集合。利益主体可以小到个人、大到组织（多部门的集合），并具有相对性和多重性。厦门 PX 项目主要的利益主体，既包括厦门市政府、翔鹭腾龙集团，又包括厦门市民和环保团体。

在厦门 PX 项目事件中，厦门市政府的利益诉求主要包括两个方面：一是厦门经济发展。厦门 PX 项目一旦建成，每年至少将为厦门的 GDP 贡献 800 亿元，这比厦门当年 GDP 的四分之一还多。二是厦门市政府官员的个人政绩。个人政绩的提升是经济发展带来的必然结果。

翔鹭腾龙集团作为企业，是经济利益的坚定追随者，PX 项目事件中，企业最主要的利益，是项目建成之后的企业盈利。

对于厦门市民和环保团体来说，公众反对 PX 项目的原因在于 PX 项目设施将会侵害其两方面的利益：一是环境利益，虽然 PX 本身属于低毒，不是谣传中的“强致癌物”，但是一旦在运输或储存过程中发生翻车、泄漏、火灾等情况，仍然会对环境或身体健康造成严重损害。况且，近年来化工产品在生产、运输、存储过程中，发生意外的事情屡见报道，这也加剧了厦门市民对 PX 项目的恐惧。二是经济利益，PX 项目对周边环境及健康的威胁，使得化工区周边的房价、地产的财产价值下降。

（3）项目利益相关者

前面提到工程与外部环境之间的利益关系，既包括工程与社会环境之间的利益关系，也包括工程与自然环境之间的利益关系。因此，这里涉及了利益相关者和社会成本问题。

利益相关者，是指那些在企业中进行了一定专用性投资，并承担了一定风险的个体和群体，其活动能够影响企业目标的实现，或者受到企业实现目标过程的影响。工程中的利益相关者，包括外部利益相关者和内部利益相关者。外部利益相关者，包括政府、金融机构、供应商、业主、客户及社区等。内部利益相关者，包括管理者、工程师、其他雇员等。每个利益相关者都对工程提供了某种贡献，因此在工程进行过程中，要确保公平和公正，使每个利益相关者的利益都得到照顾，努力实现工程整体利益的最大化，而不是片面的股东利益最大化。将不同的利益相关者纳入决策中来，有助于扩大决策的知识基础，因为代表不同的利益相关者能带来影响工程全过程的不同观点和信息。也有证据表明，在设计过程中把多种利益相关者包括进来，会产生更多的创新和帮助。公平合理地分配工程活动带来的利益、风险和代价，是当今工程伦理学所要解决的重要问题。

由于工程伦理的关注点，恰恰在于可能受到工程及其结果影响尤其负面影响情况的第三方，例如厦门 PX 项目中的厦门市民，因此“利益相关者”更为确切的含义是“承受者”，强调“无辜者”“局外人”“第三方”被动地蒙受损害、承担风险。

4.3.3 项目各利益主体行为分析

厦门 PX 项目中，厦门市政府、翔鹭腾龙集团和厦门市民作为不同的利益主体，有着不同的利益诉求，对邻避效应起了不同的作用。

（1）厦门市政府

厦门市政府在 PX 项目事件中的行为：一是当时城市发展还以 GDP 为导向，缺乏前瞻性和系统性。厦门市在 1995—2010 年的城市总体规划中，确定海沧区南部为石化工业区。但在 2000 年前后，海沧区发展成了房地产业的黄金宝地，在“土地利益”的巨大诱惑下，厦门市政府随即在该地区建设以居住为主的海沧新城。这导致的直接后果就是工业区与居民区混杂在了一起，环境风险隐患日趋加大。二是存在信息不公开、不透明情况。厦门 PX 项目 2004 年由国务院批准立项，计划 2006 年 11 月正式开工、2008 年底全面建成投产。然而，在 2007 年两会提案之前，厦门市民对这个就在自己身边的“厦门有史以来最大工业项目”却毫不知情。两会提案使得厦门 PX 项目进入公众视野，并瞬间成为舆论关注的焦点。但厦门市政府的应对措施，却是关闭所有信息渠道，拒绝沟通，例如收缴媒体杂志、关闭互联网论坛以及对手机传递的有关 PX 项目信息进行技术屏蔽。

（2）企业方翔鹭腾龙集团

翔鹭腾龙集团在 PX 项目事件中：一是隐瞒工程相关信息。PX 项目从 2004 年立项，到 2007 年事件爆发的这三年间，企业隐匿在海沧区众多新上马的企业之中，没有向公众公开工程环评信息及其他相关信息，也没有向公众普及 PX 的相关知识。二是与民众缺乏沟通。在事件爆发之后，翔鹭腾龙集团作为 PX 项目企业，它做的也只是以“答记者问”的形式，发表了一篇媒体文章。这在一定程度上，加剧了公众对于 PX 的误解和恐慌。

（3）第三方厦门市民和环保团体

厦门市民和环保团体作为第三方，在 PX 项目事件中：一是听信谣言。认为 PX 有剧毒、能致癌、能致畸、具有高爆炸性等安全危害，这些谣言成为恶性冲突发生的直接导火索。二是对政府和企业不信任。因为没有合法渠道知悉 PX 项目的具体环境信息，这也加剧了公众对于 PX 项目的恐慌。三是缺乏正确意见表达渠道。事件爆发时，PX 项目尚在建设当中，但化工区对环境的影响却早已存在。邻近化工区的村庄、学校、居民区，经常弥漫着一股酸酸的气味，严重时甚至刺鼻到难以入睡。公众能做的只有向当地环保局反应，但这一问题却一直没有得到妥善解决或改善。因此，可以认为，厦门PX项目事件的发生，一方面是公众对PX项目的恐惧和不信任的结果，另一方面也是公众对于环境问题“求助无门”的一次爆发。四是担心利益受损。例如拆迁补偿、房价下跌、空气污染导致生活质量下降等。

4.3.4 邻避效应产生的原因

厦门PX项目邻避事件发生的原因是多方面的，既有公众心理或认知因素，也有地方政府和运营方管理因素，还有关键的利益因素。

（1）公众心理或认知因素

公众心理或认知因素是产生邻避效应的一个原因。邻避事件发生的原因很复杂，不一定是现实的危害，而是居民对危害的心理担忧和风险感知。例如公众对邻避设施的风险认知程度和其对风险的可接受水平通常都比较低；公众对于邻避设施容易产生情绪化评价以及风险规避的倾向；也可能是知识与信息欠缺。在厦门PX项目事件中，公众对PX不了解，认为PX有剧毒，因国内外化工项目频繁发生安全和环保事故，担心PX在生产、加工、运输等环节也存在泄漏/爆炸的可能性，这是化工“妖魔化”现象的典型体现。

（2）地方政府和运营方管理因素

地方政府和运营方管理因素是产生邻避效应的第二个原因。包括地方政府在相关决策中缺乏透明度，未建立公众信任机制及有效的重大决策风险评估机制，未能对可能的社会风险进行正确评估以及工程运营方的非程序性操作。例如项目建设过程中，未严格遵守法律或相关政策，未按程序施工；项目的运营未能保证生产的安全性和环保性，未安装或未如实启用环保设施，未严格执行排污标准，以及未及时向社会公开环评信息等不符合正规程序的各种操作。在厦门PX项目事件中，政府和企业没有做好PX的科普，项目立项、环评、建设信息不公开等，很大一部分原因是政府企业管理问题，即有关方面节约沟通成本、保障公众知情权的意识淡薄。例如四川逃离五通桥事件，可以认为是公众对政府不信任的典型案例。

【案例：四川逃离五通桥事件】

（3）利益因素

利益因素，是产生邻避效应非常关键的一个原因。地方政府与工程运营方未充分考虑当地民众的利益诉求；当地民众与政府或投资建设方在房屋拆迁、居民安置、经济补偿、发展规划等利益相关问题上未能达成共识时，往往容易引发邻避矛盾和冲突。

以上介绍了邻避效应产生的多种原因，其实邻避效应产生的根本原因是工程建设成本与工程效益不对称引起的不公平，使得工程利益分配不公。

① 工程利益分配不公导致邻避效应。

工程项目服务于区域内广大民众，能使大多数人获益，但可能对项目设施附近居民的身心健康、生活环境与生命财产以及资产价值带来负面影响，使得利益分配结构失衡，导致公众心理上的隔阂，从而引发抵制。此外，工程项目的福利由大家共享，工程利润由相关企业获得，但是环境和经济的成本和风险却由当地民众承担，这种成本付出与利益收获的不对称，显然有悖于社会的公平正义原则。随着工业化、城市化进程的进一步发展，居民权利意识、风险意识以及环保意识的增强，邻避运动的发生数量预计将呈上升趋势。显然，邻避效应发生的根本原因，其实是工程建设成本与工程效益不对称引起的不公平，使得工程利益分配不公。

工程效益，是表达工程活动目的的价值实现，用以衡量一项工程在资源利用效率，特别是通过技术进步来降低工程成本进而提高效益等方面所达到的水平。因此，最大限度地获取经济效益，就成为判断工程活动的一个重要依据。它包括相互联系的三个因素：成本因素、技术因素、道德因素。成本因素，指的是在其他因素不变的情况下，降低成本，是工程项目提高经济效益的重要途径。一般降低成本主要有两种途径，一是通过技术进步来提高工程效率，从而降低成本。这是一切工程活动所追求的降低成本的方式。二是通过降低工程造价和生产成本来削减工程投资，这是工程利益伦理必须深度关注的问题。国内外发生的许多重大的工程质量问题，一个重要根源就在于通过人为削减必要投资，不惜使用劣质材料和不良技术甚至偷工减料来达到降低成本的目的，这种方法是非常不可取的。

此外，这里还会涉及一个社会成本的问题。社会成本，是指除去项目建造成本之外，由于建设项目过程中或工程建成后对社会环境造成的负面影响而产生的成本。主要表现在：①对环境、资源影响所形成的社会成本，例如水污染、空气污染、固体废弃物以及资源消耗等。②对社会影响所形成的社会成本，例如空气污染、噪声污染等引起的身心健康损害，耕地占用，拆迁移民，等等。③对经济影响所形成的社会成本，例如商业干扰、原产业的替代等。④工程报废、回收、处理阶段的社会成本。社会成本是由于实施建设项目而造成的，但又不能归入参与项目的合同方的直接或间接成本之中。在工程全寿命周期都可能对社会造成不利的影响，从而发生社会成本。

除了成本因素之外，还有技术因素和道德因素。技术因素一般包括工程质量、资源的有效利用等。道德因素，包括人的主动性、积极性的发挥，人际关系的协调，等等。在成本和技术条件一定的情况下，道德因素具有决定性的意义。

② 工程利益分配公正原则。

工程利益的分配公正，是利益伦理的主要内容。

在工程利益伦理的视域内，公平主要是指工程活动中的权利与义务、利益与风险的公正分配，它表达着工程活动中利益分配的伦理理想，用以衡量一项工程在协调各方面的利益关系、尊重和保障各方面的基本权利等方面所达到的水平，因而是评判工程活动中利益分配是否正当合理的基本尺度。从范围上看，工程活动的公平问题，既涉及工程活动内部不同利益主体之间的利益分配，也涉及工程与外部社会环境以及和自然环境之间的利益分配。可见，实现工程活动内外各方面利益的合理分配，是工程利益伦理坚持公平原则的一个基本要求，它不仅关系到工程本身的质量与安全，而且关系到经济、社会与生态文明的建设和发展。

基本的公正，既是效益合法性的前提，也是长期效益的保障。公正是相对于具体的社会情境而言的，不存在绝对的公正。由于必要的效益关系到全体公众及环境的福祉，因此公正的实现，不应该妨碍效益的合理提升，而且公正问题总是以处于社会不利地位的人为出发点提出来的。

美国伦理学家理查德·T·德·乔治曾经提出四种传统意义上的公正：①补偿公正，指对一个人曾遭受的不公正待遇进行补偿。②惩罚公正，指对违法者或做坏事的人进行惩罚。③分配公正，指公正地分配福利和负担。④程序公正，指判决的过程、行为或达成协议的公正性。

一般情况下，公正狭义地理解为分配公正。工程领域里基本的分配公正，主要是指工程活动不应该危及个体与特定人群基本的生存与发展的需要；不同的利益集团和个体，应该合理地分担工程活动所涉及的成本、风险与效益；对于因工程活动而处于相对不利地位的个人与人群，社会应给予适当的帮助和补偿。这也是化解邻避效应的关键。

4.4　邻避效应的化解方法

邻避运动主要围绕新建公共基础设施或者像 PX 这种国家重点战略项目产生的，这些项目具有为居民服务的性质，它的经济性决定了其选址只能靠近居民区，或靠近交通运输方便的地区，或人员比较集中的地区。正是由于这类邻避设施的地域局限性强，运行时又会对周围产生副作用，例如污染物的排放、噪声、辐射等，这就势必会涉及公共利益与少数人的合法合理利益之间的矛盾、企业利益与当地受影响人群之间的利益矛盾和冲突。既然这类设施不能不建，那邻避效应肯定一直都会存在，因此，如何化解邻避效应，并把邻避效应的影响最小化、把利益最大化，就显得非常关键和重要。

厦门 PX 项目产生的邻避运动，通过迁址（重新选址和规划）、监督机制（两会提案及民众反馈）、项目评价（规划环评）、信息公开（环评报告公示等）、公众参与（投票、座谈）等方式化解。显然，通过多方举措可以化解邻避效应，例如合理选址和规划；通过制度保障，强化企业责任；通过完善监督机制，引入第三方监管；建立利益补偿机制；通过信息公开，保证公众知情同意。

4.4.1　合理选址和规划

邻避效应是由各类设施建设项目选址而引发的，那化解邻避效应最关键的一步就是合理选址和规划。通过合理选址和规划，降低安全、环保、健康风险。社会发展程度较高、环境污染较重的地区，民众对邻避设施的感知成本越高，例如城郊比农村更容易引发群体事件。因此要尽量选择环境容量大的地区，同时化工产业规划布局要遵循生态化、环保化、集约化、园区化、规模化的发展方向，要重视安全环保业绩和投资，控制和降低风险。

对于厦门 PX 项目，自厦门市民和环保团体表达反对意见后，厦门市政府决定缓建 PX 化工项目。经过区域环评、公众参与等过程，最终决定迁建 PX 项目到漳州漳浦的古雷港开发区。2009 年 1 月 20 日，环境保护部（现生态环境部）正式批复翔鹭腾龙集团的 PX 和 PTA 两个项目，确认项目落户与厦门相隔近百公里的漳州古雷半岛。经过几年的建设，最终项目于 2013 年 6 月建成试投产。

厦门 PX 项目的迁建，彰显政府尊重民意、关注民生。政府和民众从博弈到妥协，再到充分合作，留下了政府和民众互动的经典范例。厦门 PX 事件具有分水岭意义，在事件全程中见证了厦门市民强烈的公共精神。中国社会是一个转型社会，处在现代文明的背景之下的转型，注定了不同于过去任何时代的转型。根本上说，这样的转型只是社会治理模式的转变，即从传统的统治型转向现代化的公共治理。但是传统社会治理模式的力量仍然强大，当下中国就处在两种治理模式交错的状态中。厦门地方政府在十字路口，最终选择疏而不是堵，选择向民意靠拢而不是与民意对抗，选择把民意纳入地方治理，使地方治理更具公共色彩。正是厦门地方政府这个明智的选择，使得整个事件发生了天翻地覆的变化，厦门市民最大限度的参与、媒体最大限度的自由讨论、知识分子在自己的职业范围提供专业意见，所有这些正常渠道真正启动，才能最终起作用。给别人机会，实际上是给自己机会。厦门地方政府的明智选择成就了一段佳话，也成就了自己的历史地位，在历史上留下了光彩的一页，而历史的这种奖赏，无疑比任何现实的奖赏都更有价值，更值得全力追求。

4.4.2 制度保障

PX这种国家重点战略项目，其实不仅中国在建设，国外也在建设。国外很多PX项目离居民区很近，例如新加坡的PX项目，距离城区900米；美国休斯敦的PX项目，距离城区1200米；韩国釜山的PX项目，距离城区4公里；荷兰鹿特丹的PX项目，距离城区8公里。外国民众不是不怕PX项目，主要是因为他们有极其严格的环境风险管控制度。国外项目的环保及治理花费，一般超过总投资的一半，而且治理标准一般都高于政府规定；同时还会对新员工定期进行安全演练；对自然灾害也有预案。正是有了这些制度保障，才让外国民众相信，即使PX项目离城区比较近、离自己很近，但可以放心，从而能够化解邻避效应。

此外，环境保护协议是中国台湾地区在应对邻避运动方面的一项有效措施。环境保护协议，是指企业为保护环境、防止公害发生，与所在地居民或地方政府基于双方意见，商定双方采取一定作为或不作为所签订的书面协议，并且该协议在一定条件下，可以取得强制执行的效力。上述“作为或不作为”，指的是事前防止公害发生或公害发生后的处理所须采取的一定措施与对策。环境保护协定主要有三种：一种是企业与当地居民签订；一种是企业与地方政府签订；还有一种是在地方政府协助下，企业与当地居民签订。通过签订环境保护协议，强化企业责任，可以有效降低公众对邻避设施的疑虑和担心，消除公众心理上的恐慌。环境保护协议在一定程度上降低了邻避运动爆发的可能性，值得我们学习和借鉴。

4.4.3 完善监督机制

经常有民众说“我可以相信PX是低毒的，但我不相信生产过程是安全的”，或者是“我可以相信企业有能力实现安全生产，但我不相信企业有动力或自律去这么做”。面对这样的质疑，化解邻避效应，除了合理选址规划、严格管控、制度保障之外，通过完善监督机制、引入第三方监管，保证监督真正发挥实效，也是化解邻避效应的有效措施。

公众监督，是现代国家治理理念的体现，也是解决邻避运动的必然要求。新《中华人民共和国环境保护法》对信息公开和公众参与都设有专章规定，凸显了对公众监督的重视，但公众监督方式仅有举报监督，方式方法极为有限，而且较为被动，远不能满足实践中公众监督的需要。因此，建议丰富公众监督方式和监督渠道，建立公众监督回应机制，使公众监督能真正发挥实效。

此外，中国工程院院士曹湘洪曾经指出：“重大项目在遭遇公众反对的时候，不能简单地缓建、停建或搬迁，而应在了解公众诉求的基础上，去寻找解决之道。比如说，引入有资质的第三方进行安全环保监管，由政府购买服务。”

对于厦门PX项目，邻避运动发生后，各利益主体和利益相关方通过多方举措，实现了对邻避效应的化解。

对于厦门市政府，改变了之前以GDP为导向的发展观，开始从科学角度对厦门PX项目的选址问题重新进行考量。2007年7月，厦门市政府成立了厦门市城市总体规划环境影响评价领导小组及其办公室，并委托中国环境科学研究院承担“厦门城市总体规划环境影响评价”工作。2007年12月5日，环评领导小组公布《厦门市重点区域（海沧南部地区）功能定位与空间布局环境影响评价》报告，并宣布自2007年12月5日起，进入为期十天的公众参与程序，通过网络投票平台、市民座谈会等形式倾听市民意见。

对于企业翔鹭腾龙集团，它接受政府监管，严格按照国家规定的程序报批，并通过国家环保验收；同时采用国际最先进的设备和最新的技术，项目设计的标准远高于国家标准。此外，企业还承诺PX项目在正式投产以前，公司重点部位将安置厦门市环保局的自动检测系统。在这些举措的基础上，企业还积极与市民沟通，在《厦门晚报》发表长文，解释了关于PX的一些科学问题。在环评报告公众参与阶段，翔鹭腾龙集团通过媒体发布了《翔鹭腾龙集团致厦门市民公开信》，向公众介绍厦门PX项目相关信息，便于公众在充分知情的情况下，做出最正确的选择。

对于厦门市民，则通过多种渠道积极参与沟通，维护自身利益。据统计，在公众参与阶段，中国环境科学研究院收到厦门市城市总体规划环境影响评价领导办公室转交的公众建议、意见6100多件，其中电子邮件3720余件，电话记录2380余条，市民来函47件，其中联署签名6件共2491人参与。

4.4.4 建立利益补偿机制

邻避效应发生的根本原因，其实是利益分配不公。建立利益补偿机制，对遭受不公正待遇的个人或团体进行补偿，是化解邻避效应的一个重要方法。

利益补偿原则，就是对遭受不公正待遇的个人或团体进行补偿。在不同利益与价值追求的个人与团体间对话的基础上，达成有普遍约束力的分配与补偿原则。一般通过程序公正，保证分配公正。

（1）利益补偿种类

利益补偿一般分两种：一种是经济性补偿，还有一种是社会心理补偿。经济性补偿，通常包括对受项目影响的居民进行补偿，可以通过减免税费、安排就业岗位、建设基础设施、提供公共福利项目、对环境保护和身体健康等方面的特殊照顾等。社会心理补偿，通常需要从产生邻避效应的根源着手，针对民众的特殊心理采取相应措施，改变他们的认知，从而缓解焦虑情绪，防止非理性行为。这需要借助有效的工程科普，通过将工程的设计、环境评估、工艺流程、实施过程等详细而通俗地介绍给公众，从而在一定程度上消解公众的偏见、恐慌和猜疑，让公众对工程树立科学、客观的认知，为工程的顺利实施和社会的安定有序提供保障。针对PX项目的社会心理补偿，清华学生针对PX是低毒还是剧毒的问题，上演了一场词条“上甘岭争夺战”。

【案例：PX词条的“上甘岭争夺战”】

对于厦门PX事件，厦门市政府在2007年7月通过免费发放图文并茂的科普读本，向市民解释PX项目。企业翔鹭腾龙集团也在《厦门晚报》发表长文，解释关于PX的一些科学问题；在环评报告公众参与阶段，还通过媒体发布致厦门市民的公开信，向公众介绍厦门PX项目相关信息。通过这一系列的科普，让公众了解了PX，消除了偏见，缓解了恐慌，放下了猜疑，因此社会心理补偿对化解邻避效应具有重要的作用。

（2）利益补偿机制

建立利益补偿机制，是化解邻避效应特别重要的一个方法。利益补偿机制，包括：

一是进行项目社会评价。项目建设、实施与运营，对社会经济、自然资源利用、自然与生态环境、社会环境等方面的社会效益与影响分析，与项目的经济评价、环境评价一样，可以用一系列指标来衡量，除了可持续性指标外，主要涉及的是社会公平指标。因此，需要将社会评价作为投资项目可行性研究的重要组成部分。

二是针对事前无法准确预测项目的全部后果，以及前期未加考量的公正问题，引入后评估机制。后评估机制，是在项目已经完成并运行一段时间后，对项目的目的、执行过程、效益、作用和影响，进行系统的、客观的分析和总结。需要强调，后评估还应该注意在项目决策时未曾预料到的、没有纳入考虑范围的影响后果，例如对社会第三方的不利影响等。

三是扩大关注的视域，开展利益相关者分析。根据项目单位的要求与项目的主要目标，确定项目的主要利益相关者；明确各利益相关者的利益所在以及与项目的关系；分析各利益相关者之间的相互关系；分析利益相关者参与项目实施的各种可能方式；等等。

4.4.5 信息公开

厦门 PX 项目中，引起民众焦虑的一个重要原因是公众知情权的问题。厦门 PX 项目从 2004 年立项到 2007 年事件爆发的三年间，厦门市民对项目的立项、环评、建设信息都不了解，这是厦门市政府和企业翔鹭腾龙集团未很好公开 PX 项目相关信息的结果。从某种角度来讲，科技时代中的工程科技人员，与社会公众之间的关系并不对等，双方的信息不对称。任何工程活动，都负载有各种相关群体的价值取向，而这些价值负载，往往隐含于工程目标的设定和技术指标的制定之中，包括利益的追求、风险的界定等与公众利益休戚相关的因素。由于许多工程活动的开展，或者每一项科技成果的应用，都会直接或间接地影响到部分或全体社会公众的利益，因此，工程科技人员有义务将这些信息充分、及时、无偏见地传达给社会公众。反过来，为了有效防范违反伦理的科技行为，社会公众也应该有知情同意的权利。因此，保证公众的知情权，做到知情同意，是化解邻避效应的重要方法。

此外，通过政府信息公开，保证公众知情同意，从而消除公众的误解，建立公众对政府的信任。政府是公众的委托代理人，主要提供公共服务，承担公共事务管理，也有维护公平、正义的职责。公平和正义，是构筑政府信任的基石，政府的历史表现，则是公众信任的来源。要消除和降低公众对邻避设施成本和风险的感知，需要邀请公众参与决策，并在决策过程中，提供充分的信息和知识，消除公众对健康和财富的担心和疑虑。政府还要转变思路，在项目上马前就要搭建政府、民众、企业三方对话平台，信息公开、决策透明、坦诚对话，尊重民众的知情权、参与权和选择权。

4.5 成功化解邻避效应的典范——以九江PX项目为例

保证公众的知情权，做到知情同意，同时吸收广大公众参与工程的决策、设计和实施全过程，是进行利益协调的重要机制，也是化解邻避效应的重要方法。只有这样，才有利于提高项目方案的透明度和决策民主化；有助于取得项目所在地各有关利益相关者的理解、支持和合作；有利于提高项目的成功率；也有利于维护公正，减少不良社会后果，为和谐社会建设做出贡献。

纵观这些年的 PX 项目，并不是所有的 PX 项目都是一闹就停。2013 年江西九江的 PX 项目，就是一个信息公开、做到公众知情同意的成功案例。

4.5.1　九江PX项目基本情况

九江 PX 项目，是 60 万吨芳烃联合装置，占地面积约 6.5 万平方米，建在中国石油化工集团有限公司九江分公司（以下简称九江石化）供应仓库所在地。项目投入概算为 28 亿元。2009 年 12 月，中国石油化工集团有限公司与江西省政府签订了江西九江石化炼化一体化项目的战略合作协议，其中就包括 PX 装置。这个 PX 项目建成后，九江石化将成为我国中部地区大型的芳烃加工基地。

江西九江地理位置和厦门非常类似。九江，是一座具有 2200 多年历史的江南文化名城，兼具庐山之美、鄱阳湖之盛与长江之伟。九江 PX 项目的选择，也遵循了“三近”原则，即离炼油企业近、离下游 PTA 工厂近、离大江大海近。但是九江 PX 项目和厦门 PX 项目迁址建设不同，九江 PX 项目在九江石化、九江市政府、市民和媒体的共同参与下，在九江石化多年信任积累的基础上，通过沟通在前、及时预警、政企合作、同行协作，关键在于九江石化坚持开门办企业、加强沟通、消除公众疑虑和恐惧，让民众放下了说“不”的标牌，成功实现了建设和生产运营。

4.5.2　九江PX项目化解邻避效应的举措

九江 PX 项目通过项目公示、问卷调查、实地参观、沟通交流、科学宣讲等举措，最终让民众放下了说“不”的标牌。

（1）项目公示

2012 年 4 月 10 日，按照国家环评导则的要求，九江石化在九江市政府、环保局网站、当地报刊、各区政府、街道办、村委会、学校等公告栏，张贴该项目环评的第一次公示。第一次公示九江非常平静，没有引起民众任何关注，因此风平浪静地通过了第一次公示。

2012 年 9 月 27 日，环评报告编写完毕后，九江石化在报刊、人民政府网站、九江市环保网站，进行了第二次为期 27 天的公示。这一次，九江 PX“撞上”了宁波群众反 PX 项目事件。有网友评论道：“PX 项目，宁波不要了，昆明不要了，厦门也不要了，为什么单单要建在我们的家园？”于是，PX 瞬间成为当地的焦点问题。

（2）问卷调查

在此种情况下，江西省政府、市政府和九江石化启动了应急处置预案。九江市环境科学研究所（现九江市生态环境科学研究所），在九江市范围内开展了广泛的问卷调查工作，并且划分出重点调查地区和社会关注地区，其中 20 公里内的社区和居民是重点调查区，40 公里至 80 公里的是社会关注区。调查问卷共发放 920 份，还将部分调查问卷发放给了一条长江之隔的湖北省小池镇。920 份调查问卷，共收回 866 份，有效回收率达 94.1%。调查问卷中，不赞成及持其他意见的共 74 份。

2012 年 10 月，针对这 74 个持不赞成意见的民众，九江市环境科学研究所在市政府的帮助下，到其所属街道的街委会，每家每户回访调查。进行沟通后，再发放一份新的调查问卷，最终收回来的 74 份结果中，除一人表示无所谓外，其余民众均表示同意。针对网上的一些负面声音，通过邀请几位强烈反对 PX 项目的网民和版主进行沟通、科普宣传后，质疑也很快平息。

（3）实地参观

2012 年 10 月 20 日上午，在市政府的要求下，九江石化带领石化厂周边的居民、市人大代表、环保局及另外几个区的领导共40余人，前往金陵石化进行了实地参观。之所以选择金陵石化，一是距离比较近，二是金陵石化的PX装置跟九江石化要建的装置几乎一样。结果表明参观效果非常好，参观者都成为了支持者。

（4）沟通交流

2012年10月20日下午，九江石化和环评单位及九江市环保局（现九江市生态环境局），联合举办了PX项目环境影响评价的公众参与座谈会。座谈会很顺利，民众主要关心的是环评结论、PX装置怎样控制、如何对当地进行补偿及支持等问题。

（5）科学宣讲

按照国家环评导则的规定，当时九江石化两次公示实际上已经结束了。环境保护部认为PX是敏感且备受关注的话题，但九江反应比较平静。为慎重起见，环境保护部要求九江石化进行延伸公示，2013年4月29日，在九江市《浔阳晚报》上刊登了二分之一版的公示内容。然而，受昆明PX事件的影响，从2013年5月4日开始，网络舆论再次发酵。

针对这个情况，九江石化向地方党委政府紧急求援。九江市委、市政府启动了应急维稳机制，组建了包括公安、宣传、环保、维稳等相关部门，以及浔阳区、庐山区（现濂溪区）、庐山风景名胜区管理局和九江石化在内的“九江石化芳烃项目推进领导小组”，各负其责。市环保局负责答复相关问询电话和邮件；市发展和改革委员会、市工业和信息化委员会、市环保局等，抽调了30名机关干部，深入机关、学校、社区开展PX相关知识宣讲；浔阳区、庐山区、庐山风景名胜区管理局，负责全面掌握居民思想动向。市委市政府，将民众讨论的话题热点及想知道的问题，编发了3000多份宣传册，发放到各个街道办，由街道办下放到居民家庭。

2013年5月11日，九江石化又邀请了6位网上号召力比较强的意见领袖见面沟通，并带他们参观了九江石化的生产装置以及将来要建PX项目的地方。2013年5月13日（原定到市政府门前“散步”的日子），只有十几个人去了市政府门前。九江市政府工作人员将他们请进了市政府，请PX项目相关方面的专家与他们进行了交流，了解清楚之后，人们就撤了。

2013年5月14日公示结束后，各单位继续组织科普、继续带人参观金陵石化PX装置。最终，九江人民愿意给PX项目一个证明自己的机会，从而突破了“一闹就停”的尴尬局面。九江PX道路走得艰难，在遭遇民众抵制之后仍能坚持下来，没有跟前边几家企业一样遭遇“滑铁卢”“见光死”，通过多重举措，九江石化拟建的PX项目实现了邻避项目的突围。

类似PX项目这种容易引起邻避效应的建设项目，从立项到开工建设，再到运营，应遵循完全公开、透明和民主的制度程序，并吸收广大公众参与工程的决策、设计和实施全过程。通过政府加强监管，企业投入资金保证安全生产，并向当地居民进行适当补偿，甚至让当地居民分享项目建设的利益，从而形成良性循环。改变传统工程管理体制决策过程中重行政和精英主导、缺乏公众参与的现象；改变工程建设和管理方面注重工程建设、忽视运行管理的现象；改变工程效益评价中偏重经济效益、忽视社会效益的现象；减少工程快速审批和上马的同时伴随的诸多不可调和或未经考虑的矛盾冲突。只有这样，才能很好地化解邻避效应，减少邻避设施对民众的损害。

本章小结

工程活动是具有工程价值的，工程除了具有经济价值外，还在政治、科学、社会、文化、生态等方面发挥相应的价值，因此工程价值具有多元性的特点。工程除了具有正面价值之外，也会存在一定的负面价值，因此工程又具有两面性的特点。一般希望工程的正面价值越大越好，因此工程价值是具有综合性的。工程活动是价值导向性很强的一种实践活动，因此有了“工程为什么人服务？工程为什么目的服务？”的问题。

工程是有工程利益的。工程所带来的工程利益如何分配、如何保证工程利益分配公平，是工程伦理中利益伦理的重要内容。邻避效应是利益伦理在材料与化工领域的典型表现。邻避效应产生的原因有公众的心理或认知因素、地方政府和企业的管理因素、利益因素等，但发生邻避效应的根本原因是工程建设成本与工程效益不对称引起的不公平，使得工程利益分配不公。

邻避效应可以通过以下举措化解：合理选址和规划；通过制度保障，强化企业责任；通过完善监督机制，引入第三方监管；建立利益补偿机制；做到信息公开，保证公众知情同意；等等。

思考讨论题

（1）PX 项目是国家生产力布局的重点战略项目，如果从个人利益服从集体利益和国家利益层面讲，民众是否应该无条件服从 PX 相关项目的建设？

（2）PX 虽然是低毒化合物，但是毕竟属于化工产品，从安全和环保的角度考虑，是否应该将该类项目建在人烟稀少的地方？

（3）你听说在你家附近要建一套生产 PX 项目的化工装置，如果你家离装置区有 100 公里，你对该项目如何考虑？如果是 10 公里呢？如果是 2 公里呢？

（4）发生邻避效应的原因有哪些？发生邻避效应的根本原因是什么？

（5）可以通过哪些举措化解邻避效应？

参考文献

[1] 闫亮亮. 石油工程伦理学[M]. 北京：中国石化出版社，2022.

[2] 杨帆，田晓娟，郭春梅，等. 化学工程与环境伦理[M]. 北京：科学出版社，2022.

[3] 王晓敏，王浩程. 工程伦理[M]. 北京：中国纺织出版社，2022.

[4] 赵莉，姚立根. 工程伦理学[M]. 2 版. 北京：高等教育出版社，2021.

[5] 徐海涛，王辉，何世权，等. 工程伦理：概念与案例[M]. 北京：电子工业出版社，2021.

[6] 衡孝庆. 工程、伦理与社会[M]. 杭州：浙江大学出版社，2021.

[7] 王玉岚. 工程伦理与案例分析[M]. 北京：知识产权出版社，2021.

[8] 张晓平，王建国. 工程伦理[M]. 成都：四川大学出版社，2020.

[9] 肖平，夏嵩，刘丽娜. 工程伦理：像工程师那样工作[M]. 成都：西南交通大学出版社，2020.

[10] 倪家明，罗秀，肖秀婵，等. 工程伦理[M]. 杭州：浙江大学出版社，2020.

[11] 徐海涛，王辉，张雪英，等. 工程伦理[M]. 北京：电子工业出版社，2020.

[12] 伯恩. 工程伦理：挑战与机遇[M]. 丛杭青，沈琪，周恩泽，等译. 杭州：浙江大学出版社，2020.

[13] 徐泉，李叶青. 工程伦理导论[M]. 北京：石油工业出版社，2019.

[14] 李正风，丛杭青，王前，等. 工程伦理[M]. 2 版. 北京：清华大学出版社，2019.

[15] 普里查德，雷宾斯，哈里斯，等. 工程伦理：概念与案例[M]. 丛杭青，沈琪，魏丽娜，等译. 5 版. 杭州：浙江大学出版社，2018.

[16] 王志新. 工程伦理学教程[M]. 北京：经济科学出版社，2018.

[17] 闫坤如，龙翔. 工程伦理学[M]. 广州：华南理工大学出版社，2016.

[18] 张嵩，项英辉，武青艳，等. 工程伦理学[M]. 大连：大连理工大学出版社，2015.

[19] 顾剑，顾祥林. 工程伦理学[M]. 上海：同济大学出版社，2015.

[20] 刘莉. 工程伦理学[M]. 北京：高等教育出版社，2015.

[21] 王前，朱勤. 工程伦理的实践有效性研究[M]. 北京：科学出版社，2015.

[22] 肖平. 工程伦理导论[M]. 北京：北京大学出版社，2009.

[23] 财富网. 2022 年《财富》世界 500 强排行榜[R/OL]. (2022-08-03)[2023-01-31]. http://www.fortunechina.com/fortune500/c/2022-08/03/content_415683.htm.

[24] 于婧，徐心茹，周玲，等. 强化工程伦理教育，增强绿色化工理念[J]. 化工高等教育，2019，36（6）：1-6.

[25] 朱海林. 技术伦理、利益伦理与责任伦理：工程伦理的三个基本维度[J]. 科学技术哲学研究，2010，27（06）：61-64.

第5章

材料与化工中的环境伦理

学习目标

通过本章的学习，了解人类中心主义和非人类中心主义两种环境伦理学思想；掌握环境伦理的尊重原则、整体性原则、不损害原则和补偿原则；理解材料与化工领域中的环境价值观；了解环境可持续发展理论；掌握清洁生产和循环经济等可持续发展战略；了解工程师、企业和政府不同层面的环境伦理责任。

引导案例

吉化双苯厂爆炸污染松花江事件

5.1 环境伦理思想

从人类的发展历史来看，三次工业革命大幅提升了生产力，促进了工农业的大发展，为人类带来了巨大的财富，科学技术爆发式增长。与此同时，人类开发利用自然资源的能力不断提高，燃料消耗急剧增加，地下矿藏被大量开采和冶炼。由于自然资源遭受不合理的开采及工农业大发展而生产和使用大量农药、化肥和其他化学品，造成大量生产性废弃物（废水、废气、废渣）及生活性废弃物不断进入环境，严重污染大气、水、土壤等自然环境，使正常的生态环境遭受破坏，人们的生活环境质量下降，直接威胁着人类的健康。近 100 多年来，全世界已发生数十起环境污染造成的严重公害事件，如英国伦敦多次发生的煤烟型烟雾事件、美国洛杉矶的光化学烟雾事件、日本水俣湾的慢性甲基汞中毒（水俣病）和神通川流域的慢性镉中毒事件、印度博帕尔农药厂异氰酸甲酯毒气泄漏事件和切尔诺贝利（现位于乌克兰）核电站爆炸事件等。这些都体现了环境污染危机愈加明显和深重，在促进经济发展的同时，必须要考虑自然的承受能力。

5.1.1 化学工业发展带来的环境问题

当今社会，只要一提起化学工业，人们马上联想到污染、有毒有害，避之唯恐不及，而不是关乎人类衣食住行的国民经济支柱产业。为什么化学工业常常伴随的是负面新闻呢？事实上，问题的根源在于化工企业在生产过程中忽视了伦理问题，出现伦理冲突后不能及时解决，造成了化工逐渐被“妖魔化”。

（1）化工被“妖魔化”的原因分析

首先是自身原因。化学工业的生产往往有化学反应进行，经常涉及高温、高压设备，使用的原材料很多都是有毒、有害、有污染的，一旦发生事故，往往是严重的安全事故，且伴随着环境污染。

第二是舆论导向。目前媒体过分关注化工安全事故，往往用夸大的报道吸引眼球。比如雾霾的成因与化学工业关系一定最大吗？统计数据显示，北方冬季用煤取暖才是雾霾的最大成因，然而化工企业却背负了最大的骂名。

第三是领域知识匮乏。一方面是人民群众对化学工业生产过程了解不够，另一方面是有的化工企业长期忽视安全和环境数据等信息的公开，致使群众对企业生产及环境污染真相难以了解，进而失去了对所有化工企业的信任。

第四是存在很多违规小企业。小作坊式的企业基本很难建设废弃物处理装置，违规排放污水废气，造成污染。

正是这些因素交织在一起，化学工业逐渐被“妖魔化”，甚至成了环境污染的代名词。

（2）化工污染

化工污染是指化学工业生产过程中产生的废气、污染物等，这些污染物在一定浓度以上大多是有害的。

化工污染物的主要来源大致可分为两个方面：化工生产的原料、半成品及产品；化工生产过程中排放出的废物。

原料、半成品及产品造成的污染，可能是因为化学反应存在转化率低，且原料与半成品回收利用不完全造成的排放污染；还可能是因为原料不纯，有杂质（有害物质）存在产生排放，造成污染；还可能是生产、储存和运输过程中发生跑冒滴漏等泄漏问题，造成污染。

化工生产过程中排放出废物造成的污染，主要包括：燃烧过程燃料产生的废气和烟尘污染；添加水处理药剂的循环冷却水排放造成污染；副反应产物作为废弃物排放造成污染；因设备腐蚀老化、工艺条件控制不当等造成的生产事故会产生大量废气、废液造成污染。

此外，有些化工产品在使用过程中会引发新的污染，甚至比生产本身所造成的污染更为严重、更为广泛。如农药产品 DDT 因无法代谢和降解，可累积毒性最终造成了大量鸟类死亡，甚至人类也成为了受害者。许多研究表明，其对生物和环境的毒害是惊人的。

化工污染物的种类按污染物的形态来分，包括废气、废水及废渣（简称三废），就是通常所说的大气污染、水污染和固体废物污染。

水污染是其中最严重的问题。化工废水主要包括生产过程中大量使用的含药剂的循环冷却水，溶液形态的原料、产品、中间产物、废液等。主要特点如下。

① 有毒性或刺激性。化工废水中含有有毒或剧毒的物质，如氰、酚、砷、汞、镉和铅等，这些物质在一定浓度下，大多对生物和微生物有毒性或剧毒性；有些物质不易分解，在生物体内长期积累会造成中毒，如六六六（六氯环己烷）、DDT 等有机氯化物；有些是致癌物质，如多环芳烃化合物、芳香族胺以及含氮杂环化合物等。

② 生物需氧量（BOD）和化学需氧量（COD）高。化工废水特别是石油化工生产废水，含有各种有机酸、醇、醛、酮、醚和环氧化合物等，其特点是 BOD 和 COD 都较高，甚至高达几万毫克每升。这种废水一经排入水体，就会在水中进一步氧化水解，从而消耗水中大量的溶解氧，直接威胁水生生物的生存。

③ pH 值不稳定。酸性或碱性不确定，若直接排放对水生生物和农作物都有极大的危害。

④ 营养物质过量。化工生产废水中有的含磷、氮量过高，会造成水域富营养化，使水中藻和微生物大量繁殖，严重时还会形成“赤潮”，造成鱼类窒息而大批死亡。

⑤ 温度高。高温废水排入水域后，会造成水体的热污染，使水中溶解氧降低，破坏水生生物的生存条件。

⑥ 油污染。含油废水会危害水生生物的生存，且增加废水处理的复杂性。

⑦ 恢复困难。受化工有害物质污染的水域，特别是对于可以被生物所富集的重金属污染物质，即使减少或停止污染物排出，要恢复到水域的初始状态，仍需很长时间，且很难消除污染状态。

大气污染问题同样不可忽视。化工废气通常含有易燃、易爆、有刺激性和有臭味的物质。污染大气的主要有害物质有硫的氧化物、氮氧化物、碳氢化合物、碳的氧化物、氟化物、氯和氯化物、恶臭物质和浮游粒子等。形成的烟尘、雾霾、刺激性气体等会损害人体健康，对农林业也有极大破坏作用。

固体废物污染通常指以固体形式存在的工业废渣，包括冶金废渣、采矿废渣、化工废渣（燃料废渣、无机废渣、塑料废渣等），常堆放处理，除了占用土地之外，还会污染水体和大气。

5.1.2　中国能不能没有化工产业?

如前所述，化工产业因各种原因被严重“妖魔化”，为此有人甚至提出了把化工厂搬迁到国外，将国内的化工企业全部关停的极端意见。

中国能不能没有化工产业呢？答案显然是不能。一方面，中国的化学工业是产业基础，关乎经济发展。据统计化学工业占我国 GDP 的 20%以上，并且化学工业与人们的衣食住行密切相关，关乎民生问题。另一方面，人们不能只享受着高速发展所带来的福利，却又不接受发展所带来的各种疑难问题。

中国能不能把化工厂都建到国外去？答案也是不能。首先是市场需求，化工行业的利润本身不高，如果再加上运费成本的话得不偿失；第二是原料供应，考虑到煤炭等基础原料的供应都以国内为主，化工企业不适合搬迁；第三是土地供应，国外能否找到大量廉价土地，并允许进行化工生产是难题；最后是各类资源供应，如化工企业需要大量水资源用于生产过程中，这些资源能否在国外廉价获得？此外，交通、环境和能源等因素也制约了化学工业搬迁到国外。

处在中华民族复兴关键时期的中国，不仅需要化工，而且比以前更加需要高端和高精尖的材料与化工技术。在化学工业在中国势必存在的基础上，就必须重视化工污染，进一步强化对环境的保护，建立健全相关的法律法规。目前，我国的环境保护工作持续开展，相继出台颁布了“大气十条”“水十条”政策，新环保法也已经在 2015 年开始实行。截至 2020 年，我国城市污水处理率达到 97.5%，城市污水处理厂集中处理处理率达到 95.8%。2021 年，全国地级及以上城市重污染天数比 2015 年减少了 51%。煤炭在一次能源消费中的占比也从 68.5%下降到了 56.0%。可再生能源开发利用规模、新能源汽车产销量都稳居世界第一。我国在环境保护与经济发展之间实现了协调共进，交出了满意的答卷。

5.1.3　环境伦理的两种基本思想

工业革命以来，化学工业的发展非常迅猛，然而，早期的粗放式发展带来的不仅是财富，还有污染。特别是在工业革命中获益最多的国家，如英国、德国和美国都出现了严重的环境问题。一方面是资源的严重破坏，另一方面是工业城市的污染。人与自然的冲突逐渐尖锐，有识之士发起了环境保护运动，呼吁停止污染，这也催生了现代环境伦理思想。

19世纪时期出现了两种代表性的环保思路：一种是以吉福德·平肖为代表的资源保护主义，主张“科学管理，明智利用”，这里的“科学管理”即利用科学知识提升自然资源的生产效率，实现“持续性生产”，“明智利用”是在科学管理的基础上为了人民福祉和国家繁荣有效地使用自然资源。对于保护主体，平肖认为应由政府主导，即保护环境是国家的责任。严格地说，这种出发点是功利主义的人类中心主义资源管理方式，保护的目的是更好地开发利用自然资源。另一种是以约翰·缪尔为代表的自然保护主义，反对用经济利益作为价值标准，超越了狭隘的人类中心主义，要保护的是自然本身的利益。其保护自然的首要目的不是人类的利用，而是为了自然自身。这两种思路是造成今天环境伦理学内部人类中心主义和非人类中心主义对峙的直接根源。

（1）人类中心主义

人类中心主义认为，人是大自然中唯一具有内在价值的存在物，自然界的其他事物不具有内在价值，只有工具价值。因此，环境存在是为了提供物质满足人类，环境道德的唯一相关因素是人的利益。把人类的利益作为价值原点和道德评价的依据，有且只有人类才是价值判断的主体。

人类中心主义的核心思想如下。

① 在人与自然的价值关系中，只有拥有意识的人类才是主体，自然是客体。价值评价的尺度必须掌握和始终掌握在人类的手中，任何时候说到“价值”都是指“对于人的意义”。

② 在人与自然的伦理关系中，应当贯彻“人是目的”的思想，这被认为是人类中心主义在理论上完成的标志。

③ 人类的一切活动都是为了满足自己的生存和发展的需要，如果不能达到这一目的，那么相应的活动就是没有任何意义的，因此一切应当以人类的利益为出发点和归宿。

人类中心主义实际上就是把人类的生存和发展作为最高目标的思想，它要求人的一切活动都应该遵循这一价值目标。

人类中心主义把人类的福利看作是环境伦理学的首要关切点，抓住了问题的实质与核心。作为一种环境伦理学的理论，人类中心主义是必要的，但是不充分。人类中心主义环境伦理学，还包括突破和发展超越人类中心主义局限性的可能。当代环境伦理学正是顺着这个逻辑，逐步扩大了其道德关怀对象的范围，而这种道德的递进过程也形成了非人类中心主义的环境伦理学思想。

（2）非人类中心主义

“非人类中心主义”是与“人类中心主义”相对的概念，从包括人类在内的所有生命体的利益出发，通过生物进化论和生态科学来认识人类生命和非人类生命在进化过程中与生物圈的有机联系和各自地位，提出自然本身（包括动物、植物、物种甚至河流、生态系统）有内在价值，强调人与自然价值的平等和生态系统的整体性。非人类中心主义包括五大流派。

一是以彼得·辛格为代表的动物解放论和汤姆·雷根为代表的动物权利论。从感知能力或从生存权利出发，要求人类尊重动物的生存，不对动物施加使其痛苦的错误行为。辛格的动物解放论是环境生态伦理的萌芽，认为动物和人类一样能够感受痛苦和愉快，因而它具有与人平等的权利。雷根的动物权利论，依据道义论论证了动物与人类都是生命的体验主体，人类能感受到的快乐和痛苦，动物也能感受到。因此动物不是为人类而存在的，而是与人一样，“具有同等的天赋价值”。动物自身拥有的这种价值赋予了它们相应的道德权利，即不遭受不应遭受痛苦的权利。应当把自由、平等、博爱等原则推广应用到动物身上，主张完全废止动物用于科学研究，完全取消商业性的动物饲养业，禁止商业性和娱乐性的狩猎行为。

二是以阿贝尔特·史怀泽和保尔·泰勒为代表的“生物中心主义”。它以生命个体的目的为依据，主张把道德对象的范围扩展到人以外的生物。著名人道主义思想家史怀泽提出了“敬畏生命”的伦理思想，并以此为基础发展了环境伦理学，系统阐述了自然中心主义的生命伦理学。将对生命的尊重作为伦理基石，“伦理的基本原则是敬畏生命”，无论是人、动物还是植物，凡是有生命的存在物都应当得到道德上的同等尊重，生命没有等级之分。因此，对人来说，“善是保持生命，促进生命，使可发展的生命实现其最高价值。恶则是毁灭生命，伤害生命，压制生命的发展。这是必然的、普遍的、绝对的伦理原则”。史怀泽第一个从伦理学高度提出了尊重生命伦理学思想，认为尊重生命是所有生物与人享有平等权利的伦理学基础。泰勒继承和发展了史怀泽的理论，提出了“尊重自然的伦理学”。尊重自然界所有的生命有机体，因为自然界每一个有机体都是一个生命的目的中心，都拥有同等的天赋价值，有权得到人类的平等关心和尊重。

不管是动物解放与动物权利论还是生物中心主义流派，都已经大大超越了传统人类中心主义的伦理范式，强调了生命体个体的价值和权利。特别是生物中心主义更向前推进了一步，强调了生态系统的整体性，认为物种和生态系统具有道德有限性，从而成为非人类中心主义最有代表性的观点。

三是以利奥波德为代表的生态整体论。奥尔多·利奥波德是大地伦理学的创始人。“大地伦理”完善了生态伦理，从环境整体性出发强调了物种、生态系统和生物圈整体的价值，其价值尺度是应当“从什么是道德的，以及什么是道德权利，同时什么是经济上的应付手段的角度，去检验每个问题。当一个事物有助于保护生物共同体的和谐、稳定和美丽的时候，就是正确的，反之就是错误的”。主张借助现代科学技术而拥有更多改变生命共同体存在状况的人类，应该限制生存竞争的行为自由，在满足自己生存需要而利用其他资源的同时，应该带着尊重的态度，并使自身行为受到伦理的约束。生态整体观的特点包括：地球是活的系统，具有自组织、自调控、自己发展的性质，因而它朝有序和价值进化的方向发展；我们的有机世界，它的整体与部分的关系，不是由部分组成整体，而是由整体组成部分；有机世界虽然具有一定的以整体性为特征的结构和功能，但它的关系和动态过程的整体性是更重要的。

四是以奈斯为代表的深层生态学。深层生态学致力于破除以人的利益为中心的价值观，并试图在超越人类中心主义的浅层方案基础上，建立起生态中心主义或生态整体主义思想体系。主张整个生态系统及其存在物都具有内在价值，人类不是凌驾于自然界之上的存在者，而是自然界的一个有机组成部分，生态系统中每一存在物都具有内在价值。深层生态学将生态危机归结为当代社会的生存危机和文化危机，根源在于我们现有的社会机制、人的行为模式和价值观念。人类只有确立保证人与自然环境和谐相处的新的文化价值观念、消费模式、生活方式和社会政治制度，才能从根本上克服生态危机。

1984年，奈斯和乔治·塞逊斯共同总结了“八大基本原则”，作为深层生态学的运动纲领。①地球上人类和非人类生命的健康和繁荣具有自身价值（内在价值、固有价值），这些价值不依赖于非人类世界对人类的有用性；②生命形式的丰富性和多样性有助于这些价值的实现，并且它们自身也是有价值的；③除非为了满足生存的需要，人类无权减少这种丰富性和多样性；④人类生活和文化的繁荣是与随之而来的人类人口的减少相一致的，非人类生活的繁荣要求这种减少；⑤目前人类对非人类世界干涉过度，并且情况正在迅速恶化；⑥人类的政策必须改变，这些政策影响着经济、技术和意识形态的基本结构，其结果将与目前截然不同；⑦意识形态的改变主要在于评价生命平等（即生命的固有价值），而不是高标准的生活方式；⑧赞同上述观点的人有直接或间接的义务去促成这些改变。

深层生态学把伦理道德的范围从人与人的关系扩展到了人与自然的关系中，引导人们从崭新的视角来审视人与自然的关系，论证了人类保护自然生态环境的伦理依据与道德意义。

五是以罗尔斯顿为代表的自然价值论。美国哲学家霍尔姆斯·罗尔斯顿继承了利奥波德的大地伦理思想，对深层生态学的观点进行了发挥，创造性地提出了自然价值论，这一具有代表性的理论使环境伦理学进一步系统化。以罗尔斯顿为代表的自然价值论者，把人们对大自然所负有的道德义务建立在大自然所具有的客观价值的基础之上。在自然价值论者看来，价值就是自然物身上所具有的那些创造性属性，这些属性使得自然物不仅极力通过对环境的主动适应来求得自己的生存和发展，而且它们彼此之间相互依赖、相互竞争的协同进化也使得大自然本身的复杂性和创造性得到增加，使得生命朝着多样化和精致化的方向进化。价值是进化的生态系统内在地具有的属性，大自然不仅创造出了各种各样的价值，而且创造出了具有评价能力的人。包含人在内的生态系统是一个动态平衡的完整系统。自然价值论者认为要将不破坏生态系统的稳定和动态平衡，保护物种的多样性作为基本的价值判断标准，把生态系统的整体利益当作最高利益和终极目的。

尽管流派不同，非人类中心主义的环境伦理学思想一致认为：人类不是一切价值的源泉，因此人类利益不能成为衡量一切事物的尺度。人类只是自然整体的一部分，需要将自己纳入自然之中才能客观认识自己存在的意义与价值。非人类中心主义理论立论点的两大实质：一是反对人类中心主义，包括强调个体内在价值的个体主义与强调整体权利的整体主义；二是应对生态危机，重新定义人与自然的关系。

各不相同的环境伦理学思想，反映了人们理解人与自然关系的不同道德境界，这些思想和观点为材料与化工领域技术人员在处理各不相同的环境问题时提供了理论支持。

5.1.4 材料与化工环境伦理的核心问题

化学工业活动常常要改变甚至破坏自然环境，改变或破坏到何种程度才是可接受的，需要有一个客观的标准。然而，在特定环境条件下进行的化学工业活动，根本不可能有统一的标准。在这种情况下，除了运用环境评价的技术标准外，还需要运用环境伦理学标准来处理化学工业实践中的生态环境问题。环境伦理学的理论思想各不相同，如何将这些理论用于化学工业实践中呢？最根本还是在于环境伦理的核心问题是什么，只有抓住了这个关键要素，才能对环境伦理学思想有更加清楚的认识，并将其应用于处理生态环境问题。

是否承认自然界及其事物拥有内在价值与相关权利，既是环境伦理学的核心问题，也是化学工业实践中不能回避的问题。按照人类中心主义思想，自然界对我们有价值，是因为它对我们有用，是我们的资源仓库，即自然界只拥有工具价值，而不具有内在价值。在这种环境伦理学思想指导下，只要对人类有利，我们便可以去做，鼓励了对自然不加约束的行为，是造成人对自然界进行掠夺，形成环境危机的重要原因。随着对自然界认识的日益深刻，自然所呈现出来的价值，远非我们想象的只有工具价值，而是表现出了多样性的价值形态。这也是当前非人类中心主义的环境伦理学思想的根基。在这一伦理理念下，用现代科学视角去评价自然界的各种价值，建立人与自然的新型伦理关系，进而为化学工业实践活动所应遵循的环境伦理原则提供必要的支持和评价标准。

在非人类中心主义的环境伦理学思想中，自然界的价值可以分为两大类：工具价值和内在价值。工具价值是指自然界对人的有用性；内在价值则是自然界及其事物自身所固有，与人存在与否无关。“我们不仅要承认人的价值，而且也要承认自然的价值。在这里，价值主体不是唯一的，不仅仅人是价值主体，其他生命形式也是价值主体。”自然之物的内在价值是客观存在的，“这种客观性是由自然事物的性质决定的，不管人是否评价它，也不管人是否体验它。它不依赖于评价者的认识、评价或经验判断，而是自然史必然产生的，因而是客观的。”人不是万物的尺度，人类和地球上的其他生物种类一样，都是组成自然生态系统的一个要素，或自然生物链中的一个环节，它们相互影响，相互依存。整个自然界是深奥复杂的动态系统。从当今的生态实践来看，这种人与自然协同进化的价值观倾向于承认自然界生物个体及其整体自然（包括生态系统、生物圈）的各种价值。

只要我们承认自然界及其事物拥有内在价值，那么我们与自然事物就有了道德关系，也就是我们有道德义务维护自然事物，使它能够实现自身的价值。就自然界而言，各种生物和物种都有持续生存的权利，其他自然事物，如河流、高山、湿地和自然景观等，都有它存在的权利。自然界的权利主要表现在它的生存方面，即自身拥有按照生态规律持续生存下去的权利。以河流为例，一条河流的内在价值可以通过它的连续性、完整性以及生态功能（过滤、屏蔽、通道和生物栖息地等功能）展现出来，通过与地球生态系统的物质循环、能量转化和信息传输发生作用，维持着地球水圈的循环和平衡。河流既是一种由水流及水生动植物、微生物和环境因素相互作用构成的自然生态系统，又是一个由河流源头、湿地以及众多不同级别的支流和干流组成的流动水网、水系或河系构成的完整统一有机整体，同时还是由水道系统和流域系统组成的开放系统。系统内部和河流与流域直接存在着大量的物质和能量交换，其中所有因素对河流健康的维持发挥着作用。因此，河流的权利主要表现为河流生存和健康的权利，而维持基本水量是河流生存的保证。河流的生存权利，要求我们在利用河流资源时，必须充分考虑一切行动均应按照河流的生态规律，不夺取河流生存的基本水量，不人为分割水域。河流健康不仅要求基本水量，还要求有清洁的水质、稳定的河道、健康的流域生态系统等，维持河流健康的权利就是要维护河流的自我维持能力、相对稳定性和自然生态系统及人类基本需求。赋予河流基本的权利也就规定了我们对河流的责任与义务，这意味着河流不再仅仅只是供我们开发利用的资源，也需要我们给予河流必要的尊重，维持其健康“生命”的权利。

因此，非人类中心环境伦理学思想以承认自然界价值作为出发点，主张把道德权利扩大到自然界其他事物中，要求赋予自然事物在自然状态中持续存在的权利。尊重生命，承认自然界的权利，对生命和自然界给予道德关注。这种秉持人与自然协同进化的价值观符合当今生态实践。

5.2　材料与化工中的环境价值观与伦理原则

人类的工程活动会干预自然、改变环境，因此任何工程都必须对环境负有责任。特别是化学工业，以石油化工为代表的现代化学工业的迅猛发展，使其成为国民经济支柱产业，但由于人们对工业高度发达带来的负面影响预料不够、预防不力，伦敦雾、水俣病、切尔诺贝利核泄漏等重大的环境污染事故不断出现，也导致了全球性的三大危机：资源短缺、环境污染、生态破坏。如何平衡保护环境与促进经济发展之间的关系、如何实现可持续发展、如何实现人与自然的和谐相处，已成为当前重要的伦理问题。

5.2.1 材料与化工中的环境价值观

环境价值观，是人们对环境的存在状况对于人的需要是否有用或能否有利于人的发展的一种评判标准体系。环境价值观也是个人基于自己的人生观对环境和环境问题做出的基本看法。不仅要回答“是什么”和“怎么办”，还要判断“是与非”和“该不该”，并最后决定环境取向。

环境价值观按照其发展历程，可分为：现代环境价值观和后现代环境价值观。

（1）现代环境价值观

现代环境价值观也称为“人类中心主义”的环境价值观，萌芽于意大利的文艺复兴时期，形成于17、18世纪的欧洲启蒙运动，崛起于20世纪全球化的工业文明，影响着现代人的环境行为。

化学工业的发展与建设会引发一系列环境问题，这在现代社会已经成为不争的事实。特别是石油化学工业的发展，对自然环境的影响超过了阈值，造成了不可逆的环境伤害。以我国为例，新中国成立以来，特别是改革开放以来，以经济发展作为重要的目标，我国经济持续和高速增长，创造了经济增长的奇迹。自1979年至2013年，中国国民经济总产值以平均超过9%的速度持续增长35年，刷新了经济增长的纪录。然而，这一阶段是以粗放式发展模式拉动经济的。所谓粗放式发展，是指依靠大规模地投入劳动、资本和自然资源来实现大规模的产值增长。这是一种广种薄收的经济发展模式，靠能源资源的高投入、高消耗来拉动发展，有的甚至是以牺牲环境为代价的。

我国经济高速发展的背后，一部分行业（建材、钢铁等）已经出现了产能过剩。与此同时，资源瓶颈制约和环境压力不断加大，可持续发展问题日益突出：我国人均耕地面积为世界平均水平40%左右，随着工业化、城市化的不断推进，人均耕地还将减少。我国人均淡水资源占有量仅为世界平均水平的四分之一，是全球公认的13个人均水资源最贫乏的国家之一。我国煤炭、石油、天然气人均剩余可采储量分别只有世界平均水平的58.6%、7.69%和7.05%。然而，我国单位产出的能耗和资源消耗却明显高于国际先进水平。如我国火力发电能耗比国际先进水平高2.5%，大中型钢铁企业吨钢综合能耗高21%。粗放式的发展方式，使我国的能源、资源难以为继，影响可持续发展。除此之外，环境问题也不容小觑。在材料与化工领域，“大炼钢铁”“污水直排”等“先污染，后治理”的传统化工模式，一味强调业绩和发展，对环境问题视而不见，造成了土壤沙化、江河湖海富营养化、大气污染等严重的生态环境问题，加速了生态环境质量的恶化。国家统计局数据显示，2015年，我国工业废水总排放量为199.5亿吨，主要来源于石化行业、纺织工业、造纸工业、钢铁工业和电镀工业等。（国家统计局于2015年以后停止公布工业废水总排放量数据。）除水污染外，空气污染、土壤污染均呈现出严峻态势，亦成为政府重点关注的问题之一。

由此可见，大搞工业建设，以“人定胜天”“征服自然”作为价值观进行各种改造自然的发展存在着严重问题。这种粗放式发展模式下的“人类中心主义”环境价值观，过分夸大了人的重要性，否定了人与自然的平等互助关系，本质上是向自然索取，凭借手中的技术，以耗竭资源、污染环境的方式追求发展，只把从自然界获取物质财富作为至上的道德价值目标。

（2）后现代环境价值观

随着科技和社会的不断进步，人类对环境伦理的认识也不断深化。英国哲学家培根认为“要征服自然，首先要服从自然”，所谓“服从”，即认识和理解自然，掌握自然规律。这就要求我们必须学会理解与尊重自然规律，从根本转变环境伦理价值观，树立大工程观，重塑生态环境结构与功能，实现与社会相互协调发展，促进环境的可持续发展。

后现代环境价值观是通过对“人类中心主义”的批判解构，主张自然环境具有“内在价值”的深层生态伦理价值观。深层生态学继承和发展了生物中心论、生态中心论的一些重要思想，提出了环境整体主义观念，倡导把生态效益、社会效益和经济效益的统一作为至上的道德价值目标。从这种道德标准和价值要求出发，所有决策只能合理地利用自然资源，保护自然资源和生态平衡，既要体现以人为本，又要兼顾人与自然、人与社会的协调发展。

当前社会如何评价化学工业实践活动的优劣呢？优秀的化学工业必须把自然的规律性和人类的目的性有机结合，因此建立一个双标尺价值评价体系是必需的。双标尺指的是既有利于人类，又有利于自然。有利于人类的尺度，是指满足人类合理性要求，实现人类价值和正当权益。有利于自然的尺度，是指人类的活动能够有助于自然环境的稳定、完整和美。作为国民经济的支柱产业，化学工业，特别是石油化工对环境的影响范围尤其广泛，一旦造成危害将会造成难以弥补的损失。必须彻底改变传统的粗放式发展模式，摒弃“人类中心主义”的环境价值观，建立全新的符合人类、社会和自然协同发展的全新价值观体系。

化学工业实践活动的最高境界，应该是实现并促进人与自然的协同发展。落实到具体途径，就是要大力发展“绿色化工”。简单来说，绿色化工就是减少甚至消除污染环境的物质，实现废物零排放，用“资源-产品-再生资源”全新的循环物质流动过程替换过去“资源-产品-废物”的流动过程。

绿色化工的环境价值观强调了人与自然的和谐相处，将经济效益和环境保护相结合，兼顾环境、社会和经济等方面的多价值标准进行评价，达到各方利益最大化。绿色化工的环境价值观，不是把自然的利益放在人类利益之上，而是原则上要求同等考虑人类的利益与自然的利益，其目的在于遵循自然规律，促进人与自然的和谐相处。总之，现代化学工业发展中产生的环境问题，必须从纯粹技术的层面上升到伦理和法律的层面，通过环境伦理学和环境保护法的视角制定相关的原则，让化工产业从源头上减少对自然环境的破坏，从而真正实现人与自然协同发展的目标。

【案例：绿水青山就是金山银山，改善生态环境就是发展生产力】

5.2.2　材料与化工中的环境伦理原则

环境伦理不仅要考虑人的利益，也要考虑自然的利益，依据前一节所述的双标尺评价标准要求，在进行干预自然的工程活动中对环境就拥有了相关的道德义务。道德义务通过原则性的规定，成为人们行动中必须遵循的规则以及评价标准。材料与化工领域中的环境伦理原则，主要由尊重原则、整体性原则、不损害原则和补偿原则构成。

（1）尊重原则

化学工业实践活动是否正确，取决于是否体现了尊重自然这一根本性的道德态度。人类对自然的尊重态度取决于人类如何理解自然及其与人的关系。尊重原则体现了我们对于自然的态度，也成为了我们进行化工实践活动的首要原则。

现代系统科学和环境科学已经告诉我们，人是自然生态系统的一个重要组成部分。自然系统的各个部分是相互联系在一起的，人类的命运与生态系统中其他生命的命运是紧密相连、休戚相关的。所以，人类对自然的伤害实际上就是对自己的伤害，对自然的不尊重实际上就是对人类自己的不尊重。

（2）整体性原则

化学工业实践活动是否正确，取决于是否遵从了环境利益与人类利益相协调，而非仅仅依据人的意愿和需要这一立场。

整体性原则旨在说明，人与自然是一个相互依赖的整体。在现代生态科学看来，自然、经济、社会组成一个统一的生态系统，这个生态系统正是由于自身组成部分的相互作用、相互依存构成的。人类是地球生态系统中的一个组成部分，它的生存与活动受生态系统中其他要素的制约和影响。人类要想在自然生态系统中持续地存在与发展下去，有赖于自然生态系统的完整与稳定。因此，人的一切活动都要遵循维护基本生态过程，完善生命维持系统，提高生态系统维持生命能力的规律。

环境伦理把促进自然生态系统的完整、健康与和谐视为最高意义的善。要求人们在确定自然资源开发利用时必须充分考虑自然环境的整体状况，尤其是生态利益，只考虑人的利益的行为都是错误的。

（3）不损害原则

化学工业实践活动如果以严重损害自然的健康为代价，那么这种活动就是错误的。这里的“严重损害”是指对自然环境造成不可逆转或不可修复的伤害。

不损害原则，是指不伤害自然中一切拥有自身善的事物。如果承认自然拥有内在价值，它就拥有自身的善，就有利益诉求，这种利益诉求要求人们在化工实践活动中不应严重损害自然的正常功能。要充分考虑正常的实践对自然所造成的影响，这种影响应当是可以弥补和修复的。

（4）补偿原则

化学工业实践活动如果对自然环境造成了损害，那么责任人必须做出必要的补偿，以恢复自然环境的健康状态。这一原则要求人们履行一种义务：当自然生态系统受到损害的时候，责任人必须重新恢复自然生态平衡。所有的补偿性义务都有一个共同的特征：如果打破了自己与自然环境之间正常的平衡，那么就必须为自己的错误行为负责，并承担由此带来的补偿义务。

【案例：巢湖流域实施全流域生态补偿】

以上四个环境伦理原则以非人类中心主义的伦理思想为基础，深刻揭示了人类与自然界之间价值关系的生存本质。自然界与人类相互作用、相互影响，它们是同生存、共命运的统一整体。一方面，人类是自然界的产物，人类在自然界中生存，是自然界的一个有机组成部分。而自然界则是人类生存和发展的载体，并为人类的生存和发展提供必需的资源。自然遭破坏，人类的生存和发展将是“无源之水”“无本之木”。自然遭毁灭，人类的生命也将不复存在。另一方面，没有人类的生存及其实践，自然界就无法显示它的存在意义和对于人类的生存价值。自然界的状态并不都适应人的生存和发展，它只提供了人类生存和发展的可能性，要把可能变为现实，需要人类的创造和实践。但实践也是生存，仍然是在自然环境中的生存，应以自然规律为准绳。可见，人类与自然的价值关系是一种休戚与共、共存共荣的关系。

当人类利益与自然利益发生冲突时，可以依据一组评价标准对何种原则具有优先性进行排序，运用排序后的原则秩序来判断行为的正当性。可根据以下这三条原则进行评价。

① 整体利益高于局部利益原则。人类一切活动都应服从自然生态系统的根本需要。当自然的整体利益与人类的局部利益发生冲突时，依据此原则来解决。如当自然的生存需要（河流的生态用水）与人的基本需要（工业生产用水）发生冲突时，要以自然利益为优先。

② 需要性原则。权衡人与自然利益的优先秩序上应遵循生存需要高于基本需要、基本需要高于非基本需要的原则。当自然的局部利益与人类的局部利益冲突时，依据此原则来解决。

③ 人类优先原则。当且仅当人类与自然环境同时面临生存需要，人的利益优先。这是一种相当罕见的极端情况，如河流生态用水与人类饮用水发生冲突时，必须优先保证人类的生存需要。

人与自然的利益冲突是在引入环境伦理之后出现的，以往的伦理学研究不考虑自然本身的利益，这也表明了人类在解决人与自然关系问题上引入了伦理的维度，这是人类处理与自然关系上的进步。只要具有了尊重自然的基本态度，按照环境伦理原则开展材料与化工领域中的实践活动，冲突的情况就很难出现，即使出现也能得到很好的化解。

5.3 环境及可持续发展

纵观人类文明的发展史，可以看到人类文明的进步无一不是建立在对自然资源掠夺的基础之上。特别是进入20世纪以来，人类文明的飞速进步对自然资源的掠夺进一步加剧，这种以牺牲自然为代价的发展，对自然环境产生了难以估量的损害，如气候变暖、沙尘暴肆虐、地表水富营养化、森林资源衰退、野生动植物资源进一步减少等。尽管现在大多数国家均已认识到自然环境的重要性，采取了退耕还林、工业废水达标排放、空气污染治理等措施，但生态功能恢复依旧艰难，主要表现在生态系统的调节功能下降，环境净化功能、水源涵养功能退化等方面。因此，必须充分认识生态系统整体性的重要作用，积极开展环境保护行动及立法，确保人与自然的和谐，实现经济、社会、资源和环境的协调统一与可持续发展。

5.3.1 可持续发展理论

地球是人类赖以生存的唯一家园。《联合国环境方案》曾引用过1981年Lester R. Brown出版的《建设一个可持续发展的社会》中 “我们不是继承了父辈的地球，而是借用了儿孙的地球”来告诫世人，呼吁各国政府和人民为维护和改善人类环境、造福全体人民、造福后代而共同努力。

在当今生态破坏和环境污染对人类生存和发展已构成现实威胁的情况下，可持续发展成为了人类的必然选择。可持续发展是指既满足当代人的需求，又不损害后代人满足需要的能力的发展。换句话说，就是指经济、社会、资源和环境的协调发展，这是一个密不可分的系统，既要达到发展经济的目的，又要保护好人类赖以生存的大气、淡水、海洋、土地和森林等自然资源和环境，使子孙后代能够永续发展和安居乐业。

（1）可持续发展理论的出现与发展

可持续发展理论的形成，经历了相当长的历史过程。20 世纪 50~60 年代，人们在经济增长、城市化、人口、资源等形成的环境压力下，对“增长=发展”的模式产生了怀疑。1962 年，美国生物学家蕾切尔·卡逊（Rachel Carson）发表了一部引起很大轰动的环境科普著作《寂静的春天》，描述了 DDT 杀虫剂等带来的严重污染，从植物到动物体内 DDT 的不断积累，最终造成了人类自身的伤害。书中揭示了污染对生态系统的影响，这是人类对环境问题的早期反思，在世界范围内引发了人类关于发展观念上的争论。尽管这本书的问世使卡逊一度备受攻击、诋毁，但书中提出的有关生态的观点，最终还是被人们所接受。环境问题从此由一个边缘问题逐渐走向全球政治、经济议程的中心。

1972 年，一个非正式国际著名学术团体（罗马俱乐部）发表了有名的研究报告《增长的极限》（*The Limits to Growth*），报告根据数学模型预言 “地球将在未来 100 年达到增长极限”，即在未来一个世纪中，人口和经济需求的增长将导致地球资源耗竭、生态破坏和环境污染。除非人类自觉限制人口增长和工业发展，否则这一悲剧将无法避免。意在谨慎地反省经济增长和人口增长问题，且明确提出“持续增长”和“合理的持久的均衡发展”的概念。从 20 世纪 80 年代开始，最早见诸于《寂静的春天》中的“可持续发展”一词，逐渐成为流行的概念。

1987 年，世界环境与发展委员会发布了题为《我们共同的未来》的报告，报告分为“共同的问题”“共同的挑战”“共同的努力”三个部分。以丰富的资料论述了当今世界环境与发展方面存在的问题，提出了处理这些问题的具体的和现实的行动建议。第一次阐述了“可持续发展”概念。在可持续发展思想形成的历程中，最具国际化意义的是 1992 年 6 月在巴西里约热内卢举行的联合国环境与发展大会。在这次大会上，来自世界 178 个国家和地区的领导人通过了《21 世纪议程》《气候变化框架公约》等一系列文件，明确把发展与环境密切联系在一起，使可持续发展走出了仅仅在理论上探索的阶段，提出了可持续发展的战略，并将之付诸为全球的行动。

可持续发展的思想是人类社会发展的产物。它体现着对人类自身进步与自然环境关系的反思。这种反思反映了人类逐步认识到过去的发展道路是不可持续的，或至少是不够持续的，因而是不可取的。唯一可供选择的道路是走可持续发展之路。这一次反思所得的结论具有划时代的意义。这也正是可持续发展的思想在全世界不同经济水平和不同文化背景的国家能够得到共识和普遍认同的根本原因。可持续发展是发展中国家和发达国家都可以争取实现的目标，广大发展中国家积极投身到可持续发展的实践中。美国、德国、英国等发达国家和中国、巴西这样的发展中国家，都先后提出了自己的 21 世纪议程或行动纲领。尽管各国侧重点有所不同，但都不约而同地强调要在经济和社会发展的同时注重保护自然环境。正因如此，很多人类学家都不约而同地指出：“可持续发展”思想的形成是人类在 20 世纪中，对自身前途、未来命运与所赖以生存的环境之间最深刻的一次警醒。

（2）可持续发展的内涵

可持续发展虽然缘起于环境保护问题，但作为一个指导人类走向 21 世纪的发展理论，它已经超越了单纯的环境保护。它将环境问题与发展问题有机地结合起来，已经成为一个有关社会、经济发展的全面性战略。

具体而言：

① 经济层面。可持续发展鼓励经济增长而不是以环境保护为名取消经济增长，因为经济

发展是国家实力和社会财富的基础，但可持续发展不仅重视经济增长的数量，更追求经济发展的质量。可持续发展要求改变传统的以“高投入、高消耗、高污染”为特征的生产模式和消费模式，实施清洁生产和文明消费，以提高经济活动中的效益、节约资源和减少废物。

② 生态层面。可持续发展要求经济建设和社会发展要与自然承载能力相协调。发展的同时必须保护和改善地球生态环境，保证以可持续的方式使用自然资源和环境成本，使人类的发展控制在地球承载能力之内。

③ 社会层面。可持续发展强调社会公平是环境保护得以实现的机制和目标。可持续发展指出世界各国的发展阶段可以不同，发展的具体目标也各不相同，但发展的本质应包括改善人类生活质量，提高人类健康水平，创造一个保障人们平等、自由、教育、人权和免受暴力的社会环境。

可持续发展包含两个重要的内涵：一是需要，指满足人类基本需要和提高生活质量的需要，将基本需要放在特别优先的地位来考虑；二是限制，指人类的发展和需要应以地球上资源的承受能力为限度，通过人类技术的进步和管理活动，对发展进行协调与限制，要对环境满足眼前和将来需要的能力施加限制，以求与自然环境容量相适应。没有限制的发展，便不能持续。如图5-1所示，在可持续发展系统中，生态-经济-社会是相互作用，交织在一起的复合系统。其中，生态可持续是可持续发展的基础，经济可持续是可持续发展的重要条件保证，社会可持续是可持续发展的最终目标。作为一个具有强大综合性和交叉性的复合系统，可持续发展涉及众多的学科。例如，生态学家着重从自然方面把握可持续发展，理解可持续发展是不超越环境系统更新能力的人类社会的发展；经济学家着重从经济方面把握可持续发展，理解可持续发展是在保持自然资源质量和其持久供应能力的前提下，使经济增长的净利益增加到最大限度；社会学家从社会角度把握可持续发展，理解可持续发展是在不超出维持生态系统涵容能力的情况下，尽可能地改善人类的生活品质；科技工作者则更多地从技术角度把握可持续发展，把可持续发展理解为是建立极少产生废料和污染物的绿色工艺或技术系统。21世纪人类应该共同追求的是以人为本的自然-经济-社会复合系统的持续、稳定、健康发展。

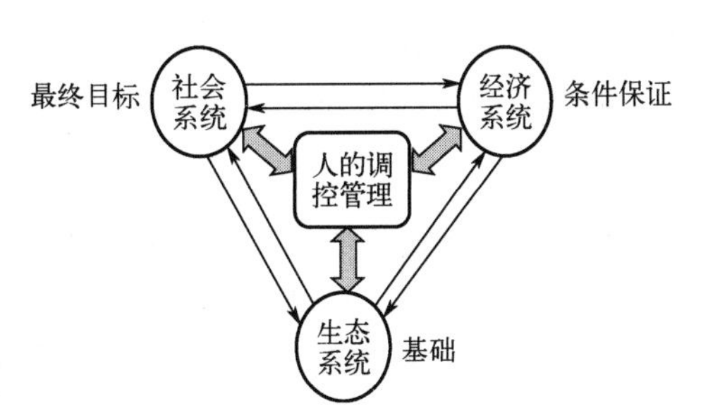

图5-1 可持续发展内涵

（3）可持续发展基本原则

可持续发展的基本原则包括公平性原则、持续性原则和共同性原则。

① 公平性原则。所谓公平是指机会选择的平等性。可持续发展的公平性原则包括两个方面：一方面是本代人的公平，即代内之间的横向公平；另一方面是指代际公平，即世代之间的纵向公平。可持续发展要满足当代所有人的基本需求，给他们机会以满足他们要求过美好生活的愿望。可持续发展不仅要实现当代人之间的公平，而且也要实现当代人与未来各代人

之间的公平，因为人类赖以生存与发展的自然资源是有限的。从伦理上讲，未来各代人应与当代人有同样的权利来提出他们对资源与环境的需求。可持续发展要求当代人在考虑自己的需求与消费的同时，也要对未来各代人的需求与消费负起历史的责任，因为同后代人相比，当代人在资源开发和利用方面处于一种无竞争的主宰地位。各代人之间的公平要求任何一代都不能处于支配的地位，即各代人都应有同样选择的机会空间。

② 持续性原则。持续性是指生态系统受到某种干扰时能保持其生产力的能力。资源环境是人类生存与发展的基础和条件，资源的持续利用和生态系统的可持续性是保持人类社会可持续发展的首要条件。这就要求人们在生态可能的范围内确定自己的消耗标准，要合理开发、合理利用自然资源，使再生性资源能保持其再生产能力，非再生性资源不至过度消耗并能得到替代资源的补充，环境自净能力能得以维持。持续性原则更加强调在发展过程中注意环境承载力，保障对环境利用的可持续性，也从侧面反映了可持续发展的公平性原则。

③ 共同性原则。可持续发展关系到全球的发展。要实现可持续发展的总目标，必须争取全球共同的配合行动，这是由地球整体性和相互依存性所决定的。因此，致力于达成既尊重各方的利益，又保护全球环境与发展体系的国际协定至关重要。即在尊重各国主权和利益的基础上，制定各国都可以接受的全球性目标和政策。正如《我们共同的未来》中写的“今天我们最紧迫的任务也许是要说服各国，认识回到多边主义的必要性”“进一步发展共同的认识和共同的责任感，是这个分裂的世界十分需要的”。这就是说，实现可持续发展就是人类要共同促进自身之间、自身与自然之间的协调，这是人类共同的道义和责任。

5.3.2 可持续发展战略的实施

粗放式的工业发展模式，依赖能源与资源的高投入，单位产品消耗资源大，收益小，结构工艺落后，污染严重，对自然环境可持续发展造成严重威胁。与发达国家相比，我国每增加单位 GDP 的废水排放量要高出 4 倍，固体废弃物要高出 10 倍以上；与此同时，我国资源利用效率低，资源、能源消耗量大。这种高投入、高消耗、高排放、低效率的粗放式扩张的经济增长方式已难以为继。因此，积极开展可持续发展战略措施的实施，大力发展循环经济，走清洁生产的可持续发展道路，将经济增长模式转变为集约型发展，是当前和未来一段时间内，我国工业，特别是化学工业面临的长期任务。

5.3.2.1 清洁生产

根据联合国环境署工业与环境规划活动中心的定义，所谓清洁生产，是将综合预防污染的环境策略持续地应用于生产过程和产品中，以减少对人类和环境的风险性。清洁生产，是环境保护由被动反应变为主动控制的一种根本转变，是对产品整个生命周期实行污染防治的一种生产方式。其本质在于“源头消减和预防污染”，是污染控制的最佳模式，也是新型工业化实现经济与环境可持续发展的根本途径。清洁生产作为预防性的环境管理策略，已被世界各国公认为实现可持续发展的技术手段和工具，是 21 世纪工业生产发展的主要方向。

（1）清洁生产目标

清洁生产是一种新的创造性的思想，该思想将整体预防的环境战略持续应用于生产过程、产品和服务中，以增加生态效率和减少人类及环境的风险。对生产过程，要求节约原材料与能源，淘汰有毒原材料，减降所有废弃物的数量与毒性；对产品，要求减少从原材料提炼到产品最终处置的全生命周期的不利影响；对服务，要求将环境因素纳入设计与所提供的服务中。

根据经济可持续发展对资源和环境的要求，清洁生产谋求达到两个目标：一是通过资源的综合利用（包括替代能源和二次能源），节能降耗节水，合理利用自然资源；二是减少废弃物和污染物的排放，促进工业产品生产、消耗过程与环境相融，降低工业活动对人类和环境的风险。

（2）清洁生产内容

清洁生产包括清洁能源、清洁的生产过程和清洁产品。首先是清洁的能源，包括开发节能技术，尽可能开发利用再生能源以及合理利用常规能源。其次是清洁的生产过程，包括尽可能不用或少用有毒有害原料和中间产品。对原材料和中间产品进行回收，改善管理、提高效率。要求节约原材料和能源，选用少废、无废工艺和高效设备，对物料进行内部循环利用。最后是清洁的产品，包括产品设计应考虑节约原材料和能源，少用稀缺的材料。以不危害人体健康和生态环境为主导因素，来考虑产品的制造过程甚至使用之后的回收利用，减少原材料和能源使用。

（3）清洁生产实现途径

清洁生产的实现途径包括资源的综合利用、改革生产工艺和设备、加强科学管理和进行必要的"末端治理"等。其中资源的综合利用是推行清洁生产的首要方向。资源是生产过程中的源头，当原料通过化学加工过程大多转化为产品，其余尽可能实现回用，配合二次能源和废弃物回收等措施，就实现了清洁生产的主要目标。改革生产工艺和设备的主要目的是简化工艺流程，优化原料和配方，通过工艺的完善，减少污染的发生。加强科学管理主要体现的是人的因素，有调查表明有30%以上的工业污染是因为管理不善。通过强化管理，如审核物料、能量和水的使用情况，发现薄弱环节；分解节能、降耗和减排目标，实行环境考核指标等，便可获得明显的消减废料的效果。因此，加强科学管理是清洁生产中最优先考虑的措施。最后，还要进行适当的"末端治理"，这是为满足有关排放标准而采取的把关措施，尽可能实现废水、废气的零排放。

（4）清洁生产实例

钢铁工业是基础工业之一，经常把钢产量作为衡量国家经济实力的重要指标。我国1996年粗钢产量突破亿吨，超过日本和美国成为世界第一产钢大国，奠定了我国钢铁大国的基础；2000年后中国钢铁工业与中国经济相伴进入快速发展阶段，一方面是因为经济快速发展的需要，另一方面是钢铁工业的发展支撑了经济的发展；2010年中国粗钢产量接近全球产量的50%，第一次在世界钢铁工业中占据绝对规模的地位；直到2020年，中国粗钢产量超过10.5亿吨，占全球产量的56.5%。然而，我国的钢铁产业大而不强，存在产能过剩、产品附加值不高、关键材料需要进口、能源利用效率低、排放与环境承载容量矛盾突出、资源综合利用不足等问题。

清洁生产理念自20世纪90年代引入我国，推动了钢铁工业节能减排和技术进步。"十三五"期间，钢铁工业重点围绕"调结构、优布局、控能耗、减排放"大力推进清洁生产，推进钢铁行业淘汰落后和化解过剩产能工作，依靠清洁生产环保达标与安全生产提质增效等倒逼行业低质落后产能有序退出，有效抑制了钢铁行业产能过剩现状。钢铁行业去产能所实现的主要污染物源头减排量也相当可观，从源头大幅降低行业污染物排放，取得了积极成效。"十四五"提出钢铁行业通过清洁生产管控要求，实现区域产能优化、能源结构与生产工艺结构调整、超低减污与节能降碳协同发展、绿色设计产品评价体系完善等系统化实施路径，基本建立清洁生产制度体系，促进行业清洁生产整体水平大幅提升，能源资源利用效率显著提高，全行业主要污染物和二氧化碳排放强度实现大幅压减，促进钢铁行业高质量绿色转型发展。

减污降碳协同增效创新与绿色低碳工艺的钢铁清洁生产工艺流程，如图 5-2 所示。

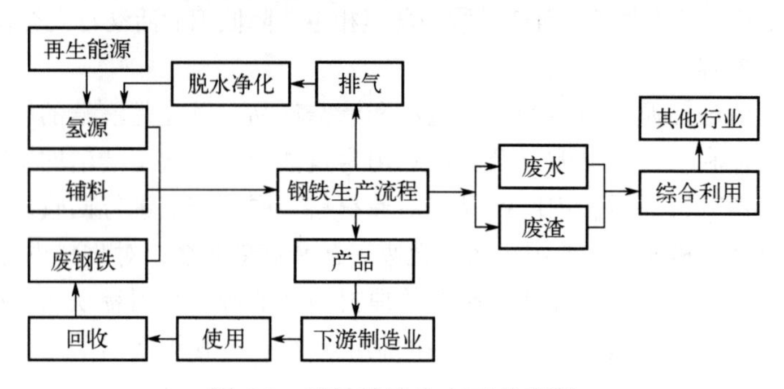

图 5-2 钢铁清洁生产工艺流程

钢铁清洁生产工艺的特点包括：第一，使用清洁能源。直接用氢气作为燃料和还原剂，避免了传统工艺使用焦煤产生的污染问题，且有效降低了碳排放。第二，清洁原料。炼钢原料全部使用回收的废钢铁，避免传统工艺使用铁矿石消耗自然资源。第三，清洁生产过程。高炉炼铁、转炉或电炉炼钢中产生的废气为氢气（脱水净化后回用）和水蒸气（降温为废水可回用），废渣经综合处理后可用于制造水泥、砖等其他行业产品。

钢铁的清洁生产工艺与传统工艺区别如表 5-1 所示。可见，清洁生产技术从源头控制了污染的发生，不仅原料、生产过程实现了绿色化工，还关注了产品的全生命周期利用，即循环回收废钢铁重新生产，避免了产品的污染。虽然工艺尚未完全成熟，尚未实现大规模应用，但必然是未来主流发展方向。

表 5-1 钢铁的传统生产工艺与清洁生产工艺比较

对比项目	清洁工艺	传统工艺
能源	氢气	焦炭
原料	废钢铁	铁矿石为主，少量废钢铁
废气	H_2和水蒸气为主，回收使用	CO_2为主，直接排放
废渣	综合处理后回用为辅料，也可制造水泥、砖等	堆场堆放，少量用于水泥和砖的生产
环境污染	闭环生产，几乎无污染	非闭环生产，消耗资源，生产焦炭过程污染严重，三废无法完全处理
成本	工艺不成熟，有待完善	工艺成熟，成本低

（5）末端治理与清洁生产的差异

所谓末端治理，是指污染物产生后，在其直接或间接排放到环境之前，进行处理以减轻环境危害的治理方式。侧重于污染物的“治理”，与生产过程脱节，先污染再治理。如图 5-3 所示，其涵盖范围小。

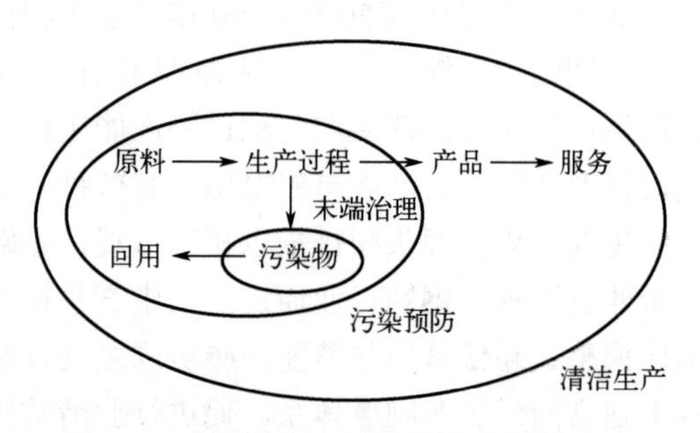

图 5-3 末端治理、污染预防与清洁生产

随着人们对化学工业认识的深化、技术的进步，对污染物的治理涵盖了整个生产过

程，包括原料及污染物回用等，称其为“污染预防”，侧重于“预防”，从产生污染的源头出发，关注了整个生产过程，通过对生产过程进行工艺革新，减少污染物的产生。

清洁生产在此基础上，进一步扩大范围，关注了化工产品从设计、生产、存储、运输、使用等全生命周期过程，最终通过源头把控，建立闭环生产模式，实现了绿色设计、绿色生产和废弃物全回收。其最大生命力在于可取得环境效益和经济效益的“双赢”，是实现经济与环境协调发展的根本途径。

5.3.2.2　循环经济

自工业革命以来，“资源-产品-废物”的线性经济模式得到了迅速的发展。这种“重开采，轻再生”的模式导致资源严重浪费，矿产不断透支，还给后代留下了巨大的生态债，能源短缺已经成为世界性难题。在不可逆转的资源枯竭形势下，循环再生成为唯一的解决办法。1965 年，美国经济学家鲍尔丁在《即将到来的宇宙飞船式经济》一文中首次提出人类未来的经济法则，应该像宇宙飞船中“封闭经济系统”那样通过循环进行物质的再生产。自此之后，历经数十年发展，在 20 世纪 90 年代以后，特别是可持续发展战略成为世纪潮流的近些年，环境保护、清洁生产、绿色消费和废弃物的再生利用等才整合为一套系统的以资源循环利用、避免废物产生为特征的循环经济战略，并成为当下解决环境危机最有效的途径。

（1）循环经济与线性经济

线性经济又被称为开放经济，是以资源线性流动为特征的经济模式。表现为传统经济中“资源-产品-废弃物”的单向流动。一般用“从摇篮到坟墓”来比喻，是一种高投入、高消耗、高排放、高产出的经济模式，其运行的前提假设是“资源供给是无限的，环境的自净能力是无限的，自然环境是丰富的自由物品”，经济增长以破坏生态为代价，在这种经济模式下，人是凌驾于自然之上的。

与线性经济相比，循环经济是指将资源节约和环境保护结合到生产、消费和废物管理等过程中所进行的减量化、再利用和资源化活动的总称。其又被称为封闭经济、太空经济等，可以用“摇篮到摇篮”来比喻，是一种低投入、低消耗、低排放、高收益的经济模式，根本指导思想为可持续发展，认为“资源供给是有限的，环境的自净能力是有限的，自然环境是稀缺的经济物品”，经济增长与生态保护实现良性互动，和谐共生。其本质上是以物质闭环流动为特征的生态经济。以“减量化、再利用、资源化”为原则，以提高资源利用效率为核心，促进资源利用由“资源-产品-废物”的线性模式向“资源-产品-废物-再生资源”的循环模式转变，以尽可能少的资源消耗和环境成本，实现经济社会可持续发展，使社会经济系统与自然生态系统相和谐。

（2）循环经济的 3R 原则

循环经济以 3R 原则（reduce，reuse，recycle）作为基本原则。第一是减量化（reduce），属于输入端，减少进入生产和消费过程的物质量，从源头节约资源使用和减少污染物的排放；第二是再利用（reuse），属于过程中，包括原料回用、能量梯级利用、中水回用、可修复产品再利用，旨在延长产品和服务的时间；第三是再循环（recycle），属于输出端，要求物品完成使用功能后重新变为再生资源，旨在把废弃物再次资源化以减少最终处理量。

处理废物的优先顺序：避免产生—循环利用—最终处置。即首先要从生产源头（输入端）就充分考虑节省资源、提高单位生产产品对资源的利用率、预防和减少废物的产生；其次是对于源头不能削减的污染物和经过消费者使用的包装废弃物、旧货等加以回收利用，使它们回到经济循环中；最后是只有当避免产生和回收利用都不能实现时，才允许将最终废弃物进行环境无害化处理。循环经济3R原则的排序，实际上反映了20世纪下半叶以来人们在环境与发展问题上思想进步的三个历程：第一阶段，认识到以环境破坏为代价追求经济增长的危害，人们的思想从排放废弃物提高到要求通过末端治理净化废弃物；第二阶段，认识到环境污染的实质是资源浪费，因此，要求进一步从净化废弃物升华到通过再利用和再循环利用废弃物；第三阶段，认识到利用废弃物仍然只是一种辅助性手段，环境与发展协调的最高目标，应该是实现从利用废弃物到减少废弃物的质的飞跃。

自然环境与经济发展协调的最高目标，是实现污染从末端治理到源头控制，从利用废物到减少废物的质的飞跃，要从根本上减少自然资源的消耗，从而也就减少环境负载和污染。

（3）循环经济特征

循环经济作为一种可持续发展观，一种全新的经济发展模式，具有如下几方面的独立特征。一是新系统观。循环经济系统是由人、自然资源和科学技术等要素构成的大系统。二是新经济观。循环经济运用生态学规律，既考虑工程承载能力，也考虑生态承载能力。只有在资源承载能力之内的良性循环，才能使生态系统平衡地发展。三是新价值观。自然环境是人类赖以生存的基础，重视人和自然的和谐相处，科技不仅能开发自然，还应该具有修复生态的能力。重视人与自然和谐相处的能力，促进人的全面发展。四是新生产观。循环经济的生产观念是要充分考虑自然生态系统的承载能力，尽可能地节约自然资源，提高资源利用效率，循环使用资源，创造社会财富。五是新消费观。提倡物质的适度消费、层次消费，消费的同时考虑废弃物的资源化，建立循环生产和消费的观念。

（4）循环经济的不同组织层面

循环经济具体体现在经济活动的三个重要层面上，分别通过运用3R原则，实现三个层面的物质闭环流动。第一层面是企业层面（小循环）。企业内部的循环经济是在清洁生产的基础上，通过使用生态经济效益理念设计生产系统和生产过程，核心在于清洁生产。第二层面是区域层面（中循环）。按照工业生态学的原理，通过企业间的物质集成、能量集成和信息集成，形成企业间的工业代谢和共生关系，建立工业生态园区。通过废弃物交换建立的生态产业链，是企业群体之间的循环经济。第三层面是社会层面（大循环）。构建循环型社会，重点在于培育绿色消费市场和发展资源回收产业。图5-4展示了循环型社会的运行模式：资源通过生产领域以产品形式进入社会，通过消费领域进行消费，消费后产生的废弃物和生产过程产生的废弃物都被回收为再生资源进入再循环领域。

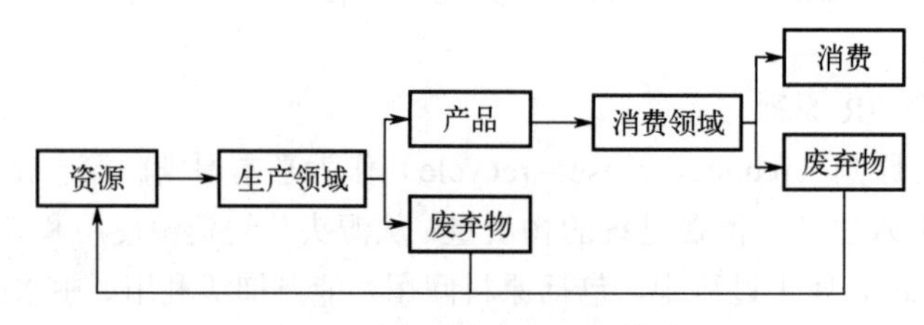

图5-4 循环型社会运行模式

5.3.3 可持续发展实例

可持续发展已经成了国际社会的共识，多国政府先后在法律法规和经济政策上为可持续发展提供了保障。

（1）美国杜邦公司的可持续发展模式

美国杜邦公司成立于 1802 年，至今已有 200 多年的历史，是世界上第一家以“将废弃物和排放降低为零”作为奋斗目标的大公司。杜邦公司创造性地把 3R 原则发展成为与化学工业实际相结合的“3R 制造法”，组织厂内各工艺之间的物料循环，以达到少排放甚至零排放的环境保护目标。

早在 1990 年，杜邦公司就公布了 2010 年实现可持续发展四大目标：①公司总收入的 25%来自可再生资源；②以 1990 年为基数，将全球工厂二氧化碳和温室气体排放量减少 65%；③将能源消耗控制在 1990 年水平；④所消耗的能源 10%来自可再生能源。2006 年 9 月，杜邦公司宣布上述四大目标提前完成。2012 年 11 月，杜邦公司发布 2020 年可持续发展目标，承诺将可持续性嵌入创新流程及研发计划安排。2019 年 12 月，杜邦公司发布 2030 年可持续发展目标，愿景是通过必不可少的创新，推动社会繁荣发展。

杜邦公司 2030 年可持续发展的九大目标包括：

① 全面调整杜邦公司的创新产品组合，以切实推进联合国可持续发展目标，并为客户创造价值；

② 考虑产品生命周期对杜邦公司所在市场的影响，将循环经济原则融入业务模式中；

③ 在设计产品和工艺时，一律采用包括绿色化学原则在内的可持续性标准；

④ 减少 30%的温室气体排放，包括使 60%的电力来自可再生能源，并在 2050 年以前实现碳中和运营；

⑤ 在杜邦公司各工厂所在地实施水战略，优先考虑高风险流域的制造工厂和社区，并且通过引领水处理技术进步和建立战略伙伴关系，让数百万人用上洁净水；

⑥ 继续坚守杜邦公司对零伤害、零职业病、零事故、零废物和零排放的承诺；

⑦ 成为全世界最具包容性的公司之一，实现远超行业基准的多元化；

⑧ 创造让员工具有较高幸福感和成就感的工作环境；

⑨ 通过有针对性的社会影响力计划，改善一亿多人的生活。

杜邦公司基于打造创新的产品和解决方案、实现绿色循环的生产运营、开拓多元包容的工作与生活环境三大维度，在“循环经济，水资源管理，气候变化，健康、安全与福祉，可持续创新，产品安全性与透明度”六个重点领域竭力推进可持续发展目标的实现。此处以杜邦公司的循环经济为例展开介绍。

杜邦公司模式是最具代表性的企业内部的循环经济模式。20 世纪 80 年代末，杜邦公司创造性地把循环经济三原则发展成为与化学工业相结合的“减量化、再利用、再循环制造法”。通过放弃使用某些环境有害型的化学物质、减少一些化学物质的使用量以及发明回收本公司产品的新工艺生产，到 1994 年已经使该公司生产造成的废弃塑料物减少了 25%，空气污染物排放量减少了 70%。同时，从废塑料如废弃的牛奶盒和一次性塑料容器中回收化学物质，开发出了耐用的乙烯材料“维克”等新产品。杜邦公司管理层认为，制定零排放目标可以促使员工不断提高工作的创造性，着眼于这个目标，就会进一步认识到消灭垃圾实际上意味着发掘对通常扔掉东西的全新的利用方法。2003 年，由于杜邦公司发挥的表率作用，被授予美国“国家技术勋章”。2006 年，杜邦公司成为“道琼斯可持续发展指数”年度成员。这些成就体现了杜邦公司在探索企业内部循环经济模式后，实现了经济效益和社会效益的多方共赢。

图 5-5 展示了杜邦公司内部的循环经济模式。

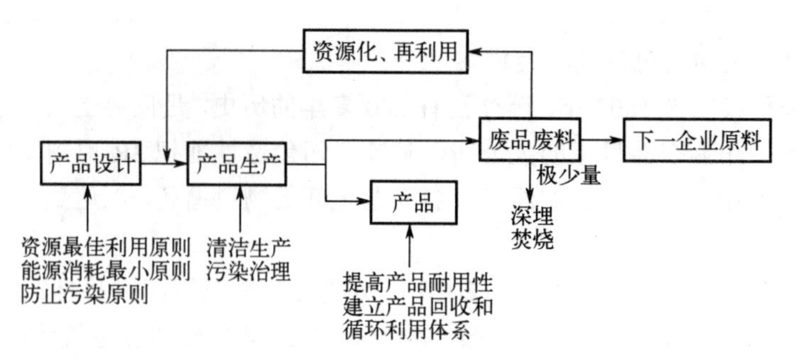

图 5-5 杜邦公司内部循环经济模式

产品设计阶段：遵循资源最佳利用原则、能源消耗最小原则和防止污染原则进行绿色产品设计，从源头控制污染发生，节约资源。

产品生产阶段：采用清洁生产技术和污染治理技术，实现绿色生产工艺。

产品使用和回收阶段：产品耐用性要提高，建立产品回收和循环利用体系。废品废料要经过资源化、再利用，或者作为其他企业的原料进入下阶段生产，只有完全没有利用价值的废料才能通过深埋或焚烧的方式处理。

（2）丹麦卡伦堡生态工业园区的可持续发展实例

生态工业园区是依据循环经济理论和工业生态学原理而设计成的一种新型工业组织形态，是生态工业的聚集场所。一般按照工业生态学的原理，通过企业间的物质集成、能量集成和信息集成，使得一家工厂的废气、废水、废渣、废热或者副产品成为另一家工厂的原料和能源，形成产业间的代谢和共生耦合关系。

丹麦卡伦堡生态工业园区以发电厂、炼油厂、微生物公司、石膏厂和供热公司为核心，把其他企业的废弃物或副产品作为本企业的生产原料，建立工业共生和代谢生态链关系，最终实现园区的污染“零排放”。图 5-6 展示了卡伦堡生态工业园区企业之间主要废料交换流程。

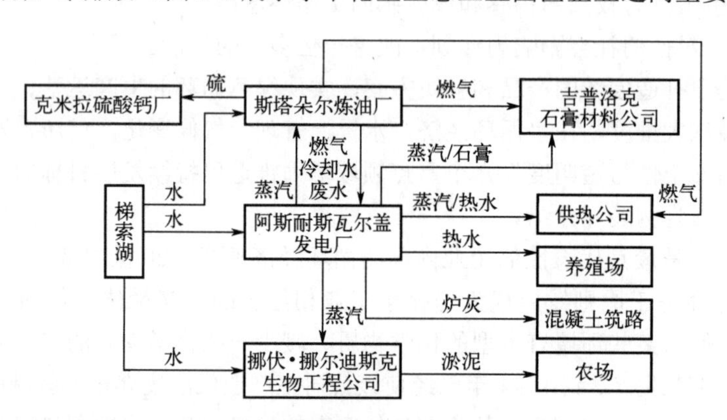

图 5-6 卡伦堡生态工业园区企业之间主要废料交换流程

卡伦堡生态工业园区内有梯索湖，给阿斯耐斯瓦尔盖发电厂、斯塔朵尔炼油厂和挪伏·挪尔迪斯克生物工程公司供水；发电厂为炼油厂和生物公司提供蒸汽，为养殖场提供热水，向供热公司提供蒸汽和热水，产生的热量用于采暖，向石膏公司提供蒸汽和石膏原料（除尘后废料），炉灰用于生产混凝土等建材；炼油厂向石膏公司提供燃气，给硫酸钙厂提供硫，给发电厂提供燃气、冷却水和废水；生物公司提供处理后的淤泥给农场，各个厂之间形成了良好的生态链。各个企业之间的产品和废弃物如表 5-2 所示。

表 5-2 卡伦堡生态工业园区各企业产品及废弃物

企业	原料	产品	废弃物
发电厂	可燃气、煤炭、冷却水	热、电	粉煤灰、石膏
炼油厂	原油	成品油	可燃气
生物公司	淤泥	土壤	
石膏厂	石膏	石膏板	
供热公司	水、电	热	
废物处理公司	三废	电、可燃废物	

卡伦堡生态工业园区 20 年间的总投资为 6000 万美元，经济效益每年可达 1000 万美元，环境效益包括减少资源消耗和废物重新利用，其效益一览表如表 5-3 所示。

表 5-3 卡伦堡生态工业园区 20 年间的效益一览表

项目	分项目	数量	单位
总投入（支出）		6000	万美元
经济效益		1000	万美元每年
环境效益	节水	600	万吨每年
	节约原油	4.5	
	节约煤炭	1.5	
	减少 CO_2	17.5	
	减少 SO_2	1.02	
废物利用	回收报纸	11.3	
	混凝土	1.7	
	花园废物	11.5	
	金属废物	1.4	
	废玻璃	1.18	

这种多个企业集中在附近区域所组成生态工业园区的模式，不仅通过各个企业建立起了工业共生和代谢产业链关系，而且向自然生态系统的排放接近于零，是循环经济实现的最佳模式。

我国也一直致力于创建生态工业园区，从 1980 年深圳蛇口工业区开始，我国工业园区历经了 40 多年发展历程，经过了快速发展和规范调整，到 2009 年后，工业和信息化部在省级以上开发区和工业园区中设立“国家新型工业化示范基地”，进入产业转型升级期。

我国的生态工业园区的主要作用，包括聚集工业资源、形成投入-产出效益、加快技术引进和创新，形成规模效益，再逐步形成多个企业之间的共生耦合关系，建立工业共生和代谢生态链关系，最终实现园区污染的“零排放”。目前已经建成一批有代表性的典型工业园区，如贵州的贵港国家生态工业示范园区、浙江衢州沈家生态工业园区等。此外，建立生态工业园区也是城市化的一个进程，提高城市建设水平；辐射区域经济，直接带动当地和周边的经济发展，实现环境保护、社会效益和技术进步的可持续发展。

5.4 环境伦理责任

工程是一种复杂的社会实践活动，涉及技术、经济、社会、政治、文化等诸多方面。尤其是现代工程，是工程共同体的群体行为，其中的每个组成部分都应该承担相应的环境伦理责任，进而确保工程活动不损害环境，甚至有利于环境保护。本节从工程师、企业和政府三个层面展开，介绍不同角色所承担的不同环境伦理责任。

5.4.1 工程师的环境伦理责任

工程师是现代化学工业实践活动的重要主体，工程师的职业活动是利用自然环境中的物质和能量进行工程产品的设计和制造过程，他主要接触的是自然物，是开发和改造自然环境。在工程活动的整个过程中，工程师与自然环境有着复杂、特殊的关系。就像美国学者维西林和冈恩肯定的那样："工程师与其他职业不一样，其直接涉及环境的保护。无论什么工程，工程师都是做事的人。"建设一个化工厂需要许多专业人员的技能，如会计师、建筑师和化学家，但工程师实际上是保障化工厂正常运行生产的技术人员。正因为如此，工程师对环境负有特殊的责任，需要直面化工厂排放污染物造成的自然生态破坏问题，这种特殊的职业特点，决定了他们在环境保护中需要承担更多的伦理责任。

工程师一方面通过专门知识和技能为企业与社会服务，另一方面，工程师又是改善环境或损害环境的直接责任人，在对环境产生正面的或负面的效果影响的实践活动中，他们是决定性的因素。基于这种意义，工程师仅有职业道德是不够的，还应该承担环境问题的道德和法律责任。

过去，工程师在工程实践中，违背了自然的生态规律，造成了自然环境的整体退化，严重威胁到人类的生存和健康。当汽车和内燃机发动机被发明出来时，没有人能想到几十年后，这些发明会成为城市环境污染中最大的来源。DDT 杀虫剂、氟利昂制冷剂等人工制品，经过一段时间的使用后才发现对生态具有潜在和长久的危害，这些都是设计、制造工程师对生态规律没有足够的正确认识而导致的。人类的活动必须是建立在充分地认识和遵守自然规律（尤其是自然的生态规律）基础之上。因此，作为主要与自然环境打交道的工程师责任重大。

工程师作为工业工程的主导力量，对工程引发的环境污染负有治理和预防的责任。美国当代工程伦理学家哈里斯和普里查德特别强调工程师主体的环境伦理责任，"当人们有意识地做某事，或者使它存在或发生时，那么他们就应该对它承担道德上的责任。工程活动不仅能改善环境，也能造成环境的恶化，工程师作为工程活动的主体，因此他们就有保护环境的职业责任。因为在那些对环境产生正面的或负面的影响的项目或活动中，他们通常是决定性的因素。如果工程师是道德上负责任的主体，那么也就应当要求他们作为职业人员去维护环境的完整性。"

工程师的环境伦理责任包含了维护人类健康，使人免受环境污染和生态破坏带来的痛苦和不便，维护自然生态环境不遭破坏，避免其他物种承受破坏带来的影响。鉴于这种责任，如果认识到他们的工作正在或可能对环境产生影响，工程师有权拒绝参与这一工作，或中止他们正在进行的工作。只有在这种环境伦理责任的基础上，工程师才会按照"技术创新以及工程的需要进行重新设计，以使其尽可能密切地与生态上的要求取得一致"，进而达到减少工程废物的产生或经过净化处理后再排放到环境之中，为恢复生态环境做出应有的贡献。正如中国工程院院士沈国舫对工程师所期望的："工程师的创造性劳动不断地改变世界的面貌和人类的生活，社会应当对他们表示尊重。但由于工程师的'作品'随时都在'改变面貌'，所以一定要小心再小心。即使你的心灵可能没有受到追求金钱权力等不良习气的污染，但如果你在节约资源、保护环境上做得不够好，你建设的项目走的不是可持续发展之路，不能促进人与自然的和谐相处，反而对自然造成新的伤害，那么你的'道德水平'仍旧不够高，你仍旧算不上一名合格的工程师。"

5.4.2 企业的环境伦理责任

企业社会责任是指企业在追求利润最大化的整个生产经营过程中，对社会及公众应该承担的责任和义务。企业社会责任一般由经济责任、法律责任、伦理责任和慈善责任四个方面的要素构成。企业环境伦理责任是企业对社会所承担的环境保护义务，是企业社会责任体现的重要组成部分。要求企业在生产经营活动中不能因为追求经济效益而污染环境、破坏生态，必须从保护生态、尊重自然的道德责任出发，以可持续发展为指导原则，正确处理人与自然的关系。

（1）企业环境伦理责任的内涵

企业作为以盈利为目的的经营组织，必然要实现经济利益最大化，这是无可非议的。随着工业化以及科学技术的发展，人类的经济发展取得了前所未有的数量和规模的同时，过度消耗资源、能源，向自然排放大量的污染物及废弃物，破坏了生态平衡和环境，使人类面临了一系列重大的全球生态环境问题。企业在充分享受自然资源的同时，必须承担环境保护的责任。

企业环境伦理责任的内涵包括两个方面。第一是企业的内在环境伦理责任，即企业在利用自然资源进行生产时就直接负有保护环境的责任，这是企业的首要环境伦理责任。其源于企业在生产产品的同时，也在制造垃圾。因此，企业在生产过程中，不仅要坚持经济效益与社会效益的统一，而且要更合理利用资源，通过清洁生产和循环经济的可持续发展战略措施，确保环境不受污染、破坏，真正保护自然的权利。第二是企业的外在环境伦理责任，即企业在遵守市场规则之外，如同自然人一样，负有保护环境的责任。其来源于企业享有了环境资源的权利。也就是说，尽管企业是从事产品生产、经营或服务活动，创造产品使用价值的法人单位，以提高经济效益、实现最大化利润为目标。但这不是企业的唯一目标，企业同时还是一个社会组织，必须自觉、主动为社会承担一定的责任，而企业的社会责任就包括了环境伦理责任。

综上，企业环境伦理责任是责任与义务的结合体，是自身责任和社会责任的统一。

（2）企业环境伦理责任原则

企业，特别是化工生产企业，其环境伦理责任包括如下几方面原则：

① 污染者付费。污染者付费是指对环境造成污染的单位必须按照法律的规定，采取有效措施对污染源和被污染的环境进行治理，并赔偿或补偿因此造成的损失。

② 开发者保护。开发者保护是指对环境进行开发利用的单位，有责任对环境资源进行保护、恢复和整治。

③ 利用者补偿。利用者补偿也称谁利用谁补偿，是指开发利用环境资源的单位应当按照国家的有关规定承担经济补偿责任。

④ 破坏者恢复。破坏者恢复也称谁破坏谁恢复，是指造成生态环境和自然环境破坏的单位，必须承担将受到破坏的环境资源予以恢复和整治的法律责任。

（3）企业环境伦理责任内容

企业环境伦理责任的主要关注点，在于企业活动与生态环境的关系，主张企业自觉承担起保护自然的责任，主动调节企业的行为方式以适应自然环境，实现人与自然关系的稳定与和谐。履行环境伦理责任，可以提升企业自身的竞争力和整体社会效益，与创造利润的经济责任相比，企业环境伦理责任是通过增加企业成本来实现的，要求企业兼顾生态效益和经济效益、短期效益和长期效益的统一，其主要内容包括：

① 应该在产品的设计、材料选购、工艺制造、成品出厂等所有活动和过程中，严格按国家标准，注重减少污染和保护环境。对于废气、废水、废物进行治理，努力降低直至消除污染物，与周边自然环境及当地民众和谐相处。

② 对建设项目进行严格的环境评估，逐步淘汰一批落后的生产工艺，采用清洁生产、少废无废工艺，加强绿色科技产品的开发，积极采用先进的生产技术和管理技术，进行环保生产，实施环保管理。

③ 科学、合理地利用自然资源，提高自然资源的回收利用率。建立资源节约型社会发展机制，实行集约化经营战略，依靠技术进步实现产品的最大增值。在节约资源的同时，加强废物的综合循环利用，实现废弃物资源化。

④ 注重研发无害于环境和人体健康的产品。在产品有可能对环境造成损害的时候，积极采取预防和补救措施。

5.4.3 政府的环境伦理责任

政府的环境伦理责任可以定义为：生态文明时代，政府在处理环境问题，为公众创造环境利益时负有的道德责任以及违反这种道德义务时所应承担的否定性后果。政府的环境伦理责任追求生态平衡与稳定，人与自然和谐共生，相应的机构对应一定的责任和义务，反映了政府对自然的一种责任关系。牵涉到政府对企业和对公众的责任，包括环境利益的获得是否公平及环境利益丧失时的环境正义问题。

5.4.3.1 政府环境伦理责任的基本内容

（1）保障个人环境权利

公民应当拥有享受良好环境的权利，公民对环境状况应该有知情权和监督权，公民应有环境参与权。政府有责任保障公民的环境权。如果人们的不平等是由于所处的环境而非自己选择的结果，那么政府有责任纠正这种不平等。造成生态破坏的重要原因是社会制度或社会结构的非正义性。环境正义要求人类应当合理地行使自己对待所有成员（包括人类自身）的环境义务，促进人与人、人与自然直接关系的和谐。

（2）提供和保护环境资源

提供公共物品是政府公共服务中最重要的内容。环境资源属于公共产品，具有公共产品的两个特征：使用的排他性和消费的非竞争性。但环境资源又有自身的特殊性：一是很多环境资源没有产权或产权不完全。当资源非私人拥有，也就无人对资源的过度利用负责。二是某些资源没有价格或价格偏低。如新鲜空气、江河湖海水资源，没有价格，未能真实反映其开发利用的成本。三是外在化效应。表现为当产生环境污染时，污染者可将治污成本轻易转嫁给

【案例：2006年陇南市徽县血铅超标事件】

社会，而发生环境保护时，保护者无法因给其他人带来好处而获得相应报酬，显然与追求效用最大化的目标不符。四是法律滞后。在环境问题上，法律秩序往往是滞后的，如化学物质对环境的影响要在数年，甚至数十年后才能显现出来。因此，在市场机制下，私人部门无力提供环境保护这种公共物品，政府掌握公共权利，能够提供和保护环境资源。

（3）建设和推广先进环保理念

先进的环保理念作为一种无形的公共物品是政府必须提供给公众的，要加大面向全社会宣传、普及和推广的力度，引导人们树立正确的生态价值观，并在此基础上对自然采取正确的态度和行为。

（4）推动社会向环境友好型社会发展

在建设生态文明的要求下，政府承担环境伦理责任的终极目标，就是要推动社会向环境友好型社会发展。环境友好型社会，是指人类的社会生产和消费活动尽可能不对自然生态环境产生破坏，以较小的环境代价实现经济持续增长和社会持续发展。为此，政府必须制定正确的环境政策，体现公平正义原则；提倡并奉行合理的社会发展模式；倡导伦理价值观念，促进物质文明、精神文明和生态文明和谐发展。

5.4.3.2　政府的环境伦理责任实现途径

政府的环境伦理责任实现途径，主要包括：

（1）健全政府的环境伦理责任制度

制度是一定社会历史条件下形成的正式规范体现及与之相适应的通过某种权威机构来维系的社会活动模式。没有完善的规则体系就不可能保证民众具有广泛的环境保护意识。因此，对环境保护、资源合理开发等行为不仅要得到鼓励，而且要强制执行。

政府对其环境伦理责任的履行，必须以健全制度为前提。首先是环境道德规范、环境法、环境政策、环境公约等同步建立和完善；其次是制度本身所内含的权利和义务的对等和统一。对于违背制度的人或行为，政府必须依照制度采取断然的措施，如对污染企业逃避环保义务要实行强制措施，承担相关环境责任。对于我国而言，要完善和修订环保法规，建立环境保护教育的评估、奖惩机制。如《中华人民共和国环境保护法》第十六条规定，国务院环境保护主管部门根据国家环境质量标准和国家经济、技术条件，制定国家污染物排放标准。省、自治区、直辖市人民政府对国家污染物排放标准中未作规定的项目，可以制定地方污染物排放标准；对国家污染物排放标准中已作规定的项目，可以制定严于国家污染物排放标准的地方污染物排放标准。充分发挥政府的主导作用，通过建立健全政府污染减排工作责任制和问责制，确保污染减排目标的实现。

（2）加强行政人员的环境伦理教育

行政人员是行政机构得以存在的基本前提。行政人员是一个责任行政者，是具有道德能动性的义务承担者。对于行政人员所实施的环境伦理教育，应强调其伦理责任对于行为的重要意义。通过教育与培训，行政人员要明晰环境伦理责任，懂得如何在变化、复杂的环境管理情境中进行伦理抉择。

（3）完善行政权力的监督体制

政党监督、立法监督、行政监督、司法监督、群众监督、新闻媒体监督等，构成了行政道德责任监督机制的基本内容。环境伦理责任同样涉及了行政权力监督的问题。必须在加强党的领导和监督作用基础上充分发挥司法监督对环境伦理责任形成的保障作用，为人民群众行使监督权提供组织和制度的保障，强化大众传媒的传递范围和渗透力，通过道德谴责或赞誉所形成的强制性精神力量，影响行政人员的道德价值取向，进而推动环境伦理责任的实现。

（4）建立健全公众参与机制

公众参与机制是指各级政府发动和组织广大群众参与环境管理并对污染破坏环境的行为依法进行检举和控告。公众参与不仅包括提议的权利，关键还在于公众的知情权与环境决策权。如本章的引导案例，吉化双苯厂爆炸及污染松花江事件发生于2005年11月13日，但直到11月21日才向公众发布，并且哈尔滨市政府首次宣布停水时还隐瞒了真实原因，由此导致的各种应急措施和信息公开的滞后带来了更大的公共危机。

因此，公众参与就是要在环境法治建设中，通过环境立法将公民环境权利制度化、具体化，在环境信息披露上切实保护公民的知情权，实行环境政务公开、信息公开，完善环境程序立法，为公众提供畅通的渠道。

总之，作为维护公众利益，促进社会发展的公共服务部门，政府掌握着环境资源的配置权，也必须负起相应的环境伦理责任。政府必须重视人与自然的关系，承担起应有的环境道德责任，从而促进生态文明的建设，达到人与自然和谐的相处。

本章小结

从化学化工的发展带来的环境问题角度出发，阐述了中国不能没有化学工业的原因，因此必须接受由此带来的化工污染。引出了工业化时代环境伦理的两种基本思想：人类中心主义和非人类中心主义。人类中心主义认为自然只有工具价值，对待自然的主张是“科学管理，明智利用”；而非人类中心主义则认为人类只是自然整体的一部分，需要将自己纳入自然之中才能客观认识自己存在的意义与价值，揭示了环境伦理的核心问题为是否承认自然界及其事物拥有内在价值与相关权利。

现代化学工业实践活动必须考虑环境伦理问题，因此首先要从价值观出发，改变人类中心主义“征服自然，改造自然”的态度，在肯定自然内在价值基础上，实现人与自然的协同发展，建立起一个既有利于人类，又有利于自然的价值评价体系，充分认识“绿水青山就是金山银山”，走绿色化工的道路。并由此提出了尊重原则、整体性原则、不损害原则和补偿原则四部分构成的环境伦理原则。

在可持续发展和生态文明成为社会发展观念的主导下，发展经济与环境保护并重已经成为社会共识。以可持续发展理论为基础，以杜邦公司企业内部循环和丹麦卡伦堡生态工业园区循环作为实例，阐述了清洁生产和循环经济两大可持续发展战略措施及实施途径。清洁生产本质在于“源头消减和预防污染”，是污染控制的最佳模式，也是新型工业化实现经济与环境可持续发展的根本途径。循环经济是指将资源节约和环境保护结合到生产、消费和废物管理等过程中所进行的减量化、再利用和资源化活动的总称。循环经济是一种低投入、低消耗、低排放、高收益的经济模式，其根本指导思想为可持续发展。

现代工程是工程共同体的群体行为，其中的每个组成部分都应该承担相应的环境伦理责任。工程师的环境伦理责任包含了维护人类健康，使人免受环境污染和生态破坏带来的痛苦和不便，维护自然生态环境不遭破坏，避免其他物种承受破坏带来的影响。企业的环境伦理责任关注企业活动与生态环境的关系，主张企业自觉承担起保护自然的责任，主动调节企业行为方式以适应自然环境，实现人与自然关系的稳定与和谐。政府的环境伦理责任反映了政府对自然的一种责任关系及所对应的责任和义务，追求生态平衡与稳定，人与自然和谐共生，为工程师、企业和政府机构履行环境伦理责任提供了理论基础和实现途径。

思考讨论题

（1）松花江特大污染案的原因是什么？由此事件出发阐述为什么化工企业的环境信息应该向公众公开。

（2）为什么说 DDT 在技术上是成功的，在生态上是失败的？

（3）为什么清洁生产和循环经济可以作为可持续发展的重要战略措施？各自有何特点？

（4）工程师、企业和政府的环境伦理责任有何不同？

（5）如果你作为环境工程师，入职化工企业工作 5 年以上，现因经济效益问题主管要求你关闭废水处理系统减少支出，你将如何行动？为什么？

参考文献

[1] 李正风，丛杭青，王前，等. 工程伦理[M]. 北京：清华大学出版社，2016.

[2] 余谋昌，雷毅，杨通进. 环境伦理学[M]. 2 版. 北京：高等教育出版社，2019.

[3] 塔贝克，拉姆那. 环境伦理与可持续发展[M]. 罗三保，李瑶，杨铃，译. 北京：机械工业出版社，2017.

[4] 钱易，唐孝炎. 环境保护与可持续发展[M]. 2 版. 北京：高等教育出版社，2010.

[5] 维西林德，冈恩. 工程、伦理与环境[M]. 吴晓东，翁端，译. 北京：清华大学出版社，2003.

[6] 廖福森. 生态文明建设理论与实践[M]. 北京：中国林业出版社，2001.

[7] 曾建平. 环境正义：发展中国家环境伦理问题探究[M]. 济南：山东人民出版社，2007.

[8] 渠开跃，吴鹏飞，吕芳. 清洁生产[M]. 2 版. 北京：化学工业出版社，2017.

[9] 严行方. 循环经济[M]. 北京：中华工商联合出版社，2008.

[10] 董哲仁. 生态水利工程原理与技术[M]. 北京：中国水利水电出版社，2007.

[11] 辛格. 所有动物都是平等的[J]. 哲学译丛，1994（5）：25-32.

[12] 利奥波德. 沙乡年鉴[M]. 侯文蕙，译. 长春：吉林人民出版社，1997.

[13] 雷毅. 深层生态学思想研究[M]. 北京：清华大学出版社，2001.

[14] 李琏. 生态文明视域下政府的环境伦理责任[D]. 南京：南京林业大学，2010.

[15] 高雅珍. 论企业的环境伦理责任[J]. 上海企业，2007（4）：28-31.

第6章

材料与化工工程师的职业伦理

学习目标

通过本章的学习，了解材料与化工职业的特性；掌握职业自治的表现形式、材料与化工职业行为规范和技术规范；了解工程职业制度，掌握材料与化工领域相关的职业伦理规范和章程；在了解工程师的权利和责任基础上，理解工程师职业美德，掌握职业伦理冲突的应对方法。

引导案例

美国“挑战者”号航天飞机灾难

6.1 材料与化工职业

6.1.1 职业

广义的职业，是指个人所从事的服务于社会并作为主要生活来源的工作。

狭义的职业或工程领域的职业，涉及高深的专业知识、自我管理（即职业道德）和对公共善协调服务（即职业精神）的工作形式。

材料与化工职业，是指个人在材料与化工领域，所从事的服务于社会并作为主要生活来源的工作，涉及高深的材料与化工专业知识、自我管理和对公共善协调服务的工作形式。

职业，一般包含几个特征：

① 目的性。职业以获取报酬为目的。

② 社会性。在特定环境中，所从事的与其他社会成员相互关联、相互服务的社会活动。

③ 稳定性。职业在一定历史时期内形成，并具有较长的生命周期。

④ 规范性。必须符合国家相关法律和社会道德规范。

⑤ 群体性。必须有一定的从业人数。例如材料与化工职业必须有一定的材料与化工领域的从业人数。

职业不同于工作岗位。虽然职业和工作岗位都暗含一份工作，但是并不是所有的工作岗位都是职业。职业需要有道德性，职业比工作岗位更规范、更具体，而且更具团体性、组织性和道德性。

职业和行业（或者产业）也有所不同。行业或者产业，是从经济和社会的维度，关注“物”（也就是材料与化工产品）的生产与消费，产业主要关注的是产业发展与转型。在产业的视野中，只有“物”，而没有“人”。在职业的视野中，主要关注的是“人”，职业是以“人”为核心来看待“物”的。例如：化工工程师是职业，而石化行业或石化产业则不是职业。

6.1.2 职业共同体

职业是具有群体性和社会性的。材料与化工从业人员，要在特定环境中（例如：材料与化工相关产品的生产和应用环境），从事一种与其他社会成员相互关联、相互服务的社会活动。因此这个由材料与化工从业人员组成的群体，有一定目标或一定意图，并担任一定社会职能，就是材料与化工的职业共同体。例如：化工职业共同体，包括化工设计师、化工研发师、化工分析师、化工监理师、化工教授等等。社会分工直接产生职业，职业共同体产生于人们共同参与的活动、交往、关系和委身的事业中。

职业共同体，它是具有一定职责的。例如材料与化工职业共同体，对外代表整个材料与化工职业，向社会宣传材料与化工职业的重要价值，维护材料与化工职业的地位和荣誉；对内制定材料与化工执业的标准，通过研究和开发，促进材料与化工职业的发展；通过出版材料与化工相关的专业杂志、举办专业的学术会议、进行专业的教育培训，增进材料与化工从业人员的知识和技能，提高专业服务水平，并且协调材料与化工从业人员之间的利益关系。

6.1.3 材料与化工工程师

材料与化工工程师从事的工作是一份职业。材料与化工工程师需要具备相对应的能力，且其能力需要专业机构或部门认定。

材料与化工工程师，要求具有多学科教育及培训背景，具有很强的科学、数学及技术技能，并保持良好的团队精神来担当跨职能的角色，主要从事与材料和化工相关的工作，并能够利用化工技能来解决各种生活问题、社会问题、环境问题等相关问题的专业技术人才。一般要求具有材料与化工专业性学位，或具有相关工作经验的人士。

此外，材料与化工工程师，要求具备知识、技能、价值观、性格等个体特征，能够使其在复杂和不确定的材料与化工工程情境下，协调个人追求、岗位目标、组织要求和职业理想的行为特征，即专业能力和伦理能力的统一。

6.1.4 工程师能力认定

工程师需要具备一定能力。目前对于材料与化工工程师的能力认定，主要有几类渠道：工程教育专业认证组织、工程师学会或者协会、行业或者企事业单位。

（1）工程教育专业认证组织

工程教育专业认证，是指专业认证机构针对高等教育机构开设的工程类专业教育实施的专门性认证，由专门职业或行业协会（联合会）、专业学会，会同该领域的教育专家和相关行业企业专家一起进行，主要为相关工程技术人才进入工业界从业提供预备教育质量保证。目前我国的工程专业认证，由中国工程教育专业认证协会来组织实施，成立于 2015 年 10 月，由教育部主管，是中国科学技术协会的团体会员。

其实早在 2009 年，中国就已开始工程教育专业认证。工程教育是我国高等教育的重要组成部分，在高等教育体系中“三分天下有其一”。工程教育在国家工业化进程中，对门类齐全、独立完整的工业体系的形成与发展，发挥了不可替代的作用。工程教育专业认证，是国际通行的工程教育质量保障制度，也是实现工程教育国际互认、工程师资格国际互认的重要基础。工程教育专业认证的核心，就是要确认工科专业毕业生达到行业认可的既定质量标准要求，是一种以培养目标和毕业出口要求为导向的合格性评价。工程教育专业认证，要求专业课程体系设置、师资队伍配备、办学条件配置等，都围绕学生毕业能力达成这一核心任务展开，并强调建立专业持续改进机制和文化，以保证专业教育质量和专业教育活力。

中国于2016年6月成为国际本科工程学位互认协议《华盛顿协议》的正式会员。《华盛顿协议》于1989年由来自美国、英国、加拿大、爱尔兰、澳大利亚、新西兰6个国家的民间工程专业团体发起成立。该协议主要针对国际上本科工程学历（一般为四年）资格互认，确认由签约成员认证的工程学历基本相同，并建议毕业于任一签约成员认证课程的人员均应被其他签约国（地区）视为已获得从事初级工程工作的学术资格。

（2）工程师学会或者协会

工程师学会或协会，例如中国工程师协会、美国化学工程师学会等，也可对工程师的能力进行认定。2015年美国化学工程师学会开发了《化工工程知识体系》，要求化工工程师分别具有情感领域、认知领域、心理运动领域方面的能力要求。情感领域的能力要求包括关注公众福祉、伦理、尊重他人、终身学习的承诺等。

（3）行业或者企事业单位

行业或者企事业单位，例如石化行业中的中石化、中石油、中海油等企业以及各高校等单位，也可对工程师的能力进行认定。例如中石油某石油勘探院对工程师的基本素质和能力要求包括以下10条：①较好掌握基础理论知识；②较好掌握工程科学基础知识；③较好了解石油勘探、开采和制造等流程；④基本了解工程相关经济、商务、历史、环境、顾客及社会需求的实际知识；⑤具有较好的沟通能力，特别是外语沟通能力；⑥具有较高的道德水准；⑦具有审辨和创新的思维能力；⑧具有环境适应能力；⑨具有终身学习能力；⑩具有团队协作能力。从上述条款可知，合格的工程师不仅需要专业能力，还要有工程素养和持续发展的能力。

无论是工程教育专业认证组织，还是工程师学会或者企业，对工程师能力标准都突出了工程的实践性与综合性；突出了对工程师职业和职业道德的要求；突出了工程师沟通表达能力、领导能力、创新能力、协调能力和人际交往能力、终身学习能力的重要性。

对于不同工作年限、具有不同能力的工程师，其能力水平可以通过专业技术职务任职资格来认定，即通常所说的职称评定。表6-1是不同职称工程师所要求具备的能力水平。

表6-1 工程师能力水平

人员类别	能力水平	职称级别
新手（新出校门毕业生）	不考虑任务环境特征，严格按照规则行事	无
高级的初学者	能够认识到任务环境特征，并遵循规则来相应地调整自己的行为	助理工程师
胜任者	能甄选有效的任务环境因素，选择恰当的计划、目标或视角	工程师
熟练者	不再以独立的观察者的身份查看任务环境，并且无须评估多个选项即可查看需要执行的操作，并选择如何执行	高级工程师
专家	能精分各种任务环境，直觉地感知需要做什么和如何做	教授级高级工程师

6.2　职业自治

职业不仅要求工程师具有专业知识，还要求自我管理和对公共善协调服务。职业具有社会性，因此材料与化工工程师不可能是一个从社会现实剥离出来的个体，而是社会的人，其成长于各种关系的世界中，意味着我们不仅要考虑“想怎么做”，而且还得考虑“应该怎么做”。而这个“应该怎么做”，就对工程师的决策过程做了道德要求。

6.2.1　职业自治表现形式

工程师的职业需要实现职业自治。自治或自主，即自我约束、自我管理与自我发展。职业自治是职业伦理的基础。职业共同体的形成，为职业自治提供了现实条件。职业自治有多种表现形式，包括准入门槛、资格制度、技术规范、行为规范、社团建设、继续教育、学术交流等，其中建立行为规范和技术规范，是实现职业自治的两大核心。社团建设，是实现职业自治的途径。工程职业制度建设，是实现职业自治的保证。

6.2.2　行为规范和技术规范

行为规范和技术规范，是实现职业自治的两大核心。

行为规范，强调的是“社会机制”。主要通过职业社团的内部规章制度和宗旨体现出来，某种程度上相当于职业伦理规范。例如：《美国化学工程师伦理准则（行为规范）》。2021 年 2 月 24 日，中国化工学会也发布了《中国化工学会工程伦理守则》，倡导广大化工行业从业者共同遵守。

技术规范，强调的是职业共同体的“自我机制”。一定程度上保证职业团体的权威性和自我管理能力。工程社团制定的技术规范，通常是一种行业技术规范，但涉及安全的行业技术规范，又通过立法或行政规章的形式而得以实施。例如：材料与化工技术规范中的《石油化工企业设计防火标准（2018 年版）》（GB 50160—2008）。

对于技术规范，有时以标准的形式说明。根据标准使用范围，可以有国际标准和国内标准，例如：ISO9000 国际标准。国内标准又可以有国家标准、行业标准、企业标准、地方标准、社会团体标准。

材料与化工相关的国家标准，又有不同的种类，大部分国家标准带 GB 符号，也有一些带其他符号的标准，例如国家计量技术规范（JJF）、国家计量检定规程（JJG）等。材料与化工相关的部分行业标准，例如：SY 石油天然气行业标准、SH 石油化工行业标准、HG 化工行业标准、YY 医药行业标准、YS 有色冶金行业标准、YB 冶金行业标准、XB 稀土行业标准、WB 物资行业标准等等。

一般国际标准，由国际标准化组织（ISO）理事会进行审查，ISO 理事会接纳国际标准，并由中央秘书处颁布。中国国家标准，由国务院标准化行政主管部门制定。行业标准，由国务院有关行政主管部门制定。企业生产的产品如果没有适用的国家标准或行业标准，则应当制定企业标准作为组织生产的依据，并报有关部门备案。

“三聚氰胺毒奶粉事件”是和标准相关的典型案例，这是一起严重的食品安全事件。奶粉中出现的三聚氰胺化工原料，是一种三嗪类含氮杂环有机化合物，俗名密胺，也叫蛋白精。三聚氰胺无色无味，不溶于冷水，虽然能溶于热水，但溶解度低，常温下每 1000 毫升水中仅能溶解 3.1 克三聚氰胺。无良商家在奶粉中添加三聚氰胺，主要是因为三聚氰胺高达 66%的含氮量。

【案例：三聚氰胺毒奶粉事件】

2008 年以前，在奶制品的安全标准中，测定奶制品中蛋白质的含量规定用凯氏定氮法：食品中的蛋白质经硫酸和催化剂分解后，产生的氨能够与硫酸结合生成硫酸铵，再经过碱化蒸馏后，氨即成为游离状态的氨，游离氨经硼酸吸引，再以硫酸或盐酸的标准溶液进行滴定，根据酸的消耗量再乘以换算系数，就可以推算出食品中的蛋白质含量。正是由于用含氮量表征奶制品中蛋白质的含量，而三聚氰胺的含氮量高达 66%，因此当奶制品中的蛋白质含量不符合标准时，无良商家就在奶制品中添加三聚氰胺，这样用凯氏定氮法测定奶制品的含氮量时，就能使不合格的奶制品或者用水稀释过的牛奶，摇身一变成了合格产品。

婴幼儿是以奶制品为食物的，蛋白质为婴幼儿的生长发育提供营养，而添加有三聚氰胺的奶制品，因三聚氰胺在水中溶解度低，而婴幼儿的身体机能很不完善，无法完全排泄掉三聚氰胺，从而在体内聚积生成肾结石，严重危害婴幼儿的身心健康。

乳制品作为民生行业，产品的质量与公众的安全、健康和福祉息息相关。2008 年的中国奶制品污染事件，奶制品的安全标准不合理是重要诱因。2008 年之后，由卫生部（现国家卫生健康委员会）牵头，启动对乳品安全国家标准的整合完善，新的乳品安全标准已于 2010 年 3 月 26 日公布，有力促进了中国乳制品行业的职业建设。但是奶制品新标准的起草者是国内两大乳品巨头企业，这使得中国整个乳制品行业又陷入了各执一词的大争论之中，即中国奶业标准到底该由谁来制定？奶业标准如何保证公平性和适用性？奶业标准如何保护公众的利益？

6.2.3 社团建设

实现职业自治，除了建立行为规范和技术规范外，还可以通过社团建设。工程社团，是工程职业的组织形态，也是工程职业的组织管理方式。例如我国的中国科学技术协会就属于工程社团。从组织地位上看，中国的工程社团是一类比较特殊的社会组织。它的前身是政府的职能部门，大多挂靠在政府职能部门之下，甚至直接成为了政府的办事机构。近些年来，它们开始逐渐地与政府部门脱钩，努力地成为行业的自治组织。

工程社团和工程共同体有一定的关系。工程社团是以职业共同体为组织形式。我国一般简称行业协会，例如材料与化工领域行业协会有：中国石油和化学工业联合会、中国橡胶工业协会、中国塑料加工工业协会、中国涂料工业协会等等。工程社团在工程界占有特殊的位置，其主要作用是促进职业发展，通过建立和健全行业的技术规范或行业规范以及行业从业者的行为规范或伦理章程，实现对工程职业及其从业者的内部治理和社会治理。工程共同体，则是以共同的工程范式为基础形成的、以工程的设计建造和管理为目标的活动群体。工程共同体包括多类成员，例如投资者、企业家、管理者、设计师、工程师、会计师、工人等等。工程共同体的职业治理以工程社团为现实载体。加强材料与化工工程社团建设，是实现材料与化工行业自治的途径。

6.3 工程职业制度

6.3.1 工程职业制度类型

工程职业制度建设是实现职业自治的保证。目前，工程职业制度的种类一般包括职业准入制度、职业资格制度、执业资格制度。

职业准入制度，一般包括五个环节，例如高校教育及专业评估认证、职业实践、资格考试、注册执业管理、继续教育。

职业资格制度，是一种证明从事某种职业的人，具有一定的专门能力、知识和技能，并被社会承认和采纳的制度。它是以职业资格为核心，围绕职业资格考核、鉴定、证书颁发等而建立起来的一系列规章制度和组织机构的统称。一般资格证书，分从业资格证书、执业资格证书。专业技术人员职业资格证与职称有对应关系的一类人一般称为“白领”；技能人员职业资格证与职称没有关系，主要是技能工人，俗称“蓝领”，一般单纯技能型的资格认定，不具有强制性，可通过学历认定取得。

执业资格制度，是职业资格制度的重要组成部分，包括考试制度、注册制度、继续教育制度、教育评估制度、社会信用制度。执业资格制度指政府对某些责任较大（关系人民生命财产安全）、社会通用性较强、关系公共利益的专业或工种实行准入控制，是专业技术人员依法独立开业或独立从事某种专业技术工作所需学识、技术和能力的必备标准。有严格的法律规定和完善的管理措施，如统一考试、注册和颁发执照管理等。执业资格制度是具有强制性的。

由于执业资格证书是国家对特殊行业规定资格准入的凭证，要求工程师通过统一考试并经过注册方能执业，因此管理更为严格，要求也更高。下面以注册化工工程师为例，了解工程师的执业资格制度。

6.3.2 注册工程师

注册工程师，一般负责维护和管理现有的和开发中的技术，负责进行工程设计、开发、制造、施工和运营。注册工程师要能够证明：①具备相应的理论知识，能使用成熟的分析技巧，解决技术开发方面的问题；②能够成功应用其知识，利用已有技术和方法，提供工程项目或服务；③能够负责项目和财务规划与管理，并负责领导和培养其他职业人员；④在沟通技术问题方面，具备有效的人际交往技巧；⑤具备对职业工程价值观的承诺。

在材料与化工领域，注册化工工程师就是一种典型的工程职业，要执行严格的执业资格制度。注册化工工程师，是指通过全国统一考试，取得中华人民共和国注册化工工程师执业资格证书，经注册登记后，在经济建设中从事化工工程（包括化工、石化、化纤、医药和轻化）设计及相关业务活动的专业技术人员。目前我国对于注册化工工程师执业资格制度暂行规定，执行的还是原人事部和建设部 2003 年颁发的人发〔2003〕26 号文件。原人事部现为人力资源和社会保障部，原建设部现为住房和城乡建设部。在人发〔2003〕26 号文件中，对从业人员要求、资格考试、注册、执业以及权利和义务等进行了明确的规定。

对于注册化工工程师的执业资格考试，一般全国统考，每年一次，分基础考试和专业考试，考试资格有专业和工作年限要求。考试合格颁发中华人民共和国注册化工工程师执业资格证书后，需要经过注册才能执业。申请注册后，化工专业委员会核发中华人民共和国注册化工工程师执业资格注册证书和执业印章，并完成备案。注册证书有效期为两年，有效期满需继续执业的，应在期满前30日内办理再次注册手续。申请人经注册后，方可在规定的业务范围内执业。执业范围包括：化工工程设计；化工工程技术咨询；化工工程设备招标、采购咨询；化工工程的项目管理业务；对本专业设计项目的施工进行指导和监督；国务院有关部门规定的其他业务。此外，注册化工工程师有明确的执业要求，即只能受聘于一个具有工程设计资质的单位。因化工工程设计质量事故及相关业务造成的经济损失，接受委托单位应承担赔偿责任，并有权根据合约向签章的注册化工工程师追偿。

除了材料与化工类专业人员（例如化学工程与工艺、高分子材料与工程、无机非金属材料工程、制药工程、轻化工程、食品工程、生物工程等）可以申请注册化工工程师外，很多相近专业，例如设备相关专业、环境相关专业、安全相关专业或其他相关专业，也都可以申请注册化工工程师。

材料与化工现代工程链包括：研发、规划、设计、建设、生产、管理、应用、回收、持续改进等多个阶段，因此在整个工程链中，需要各种专业、各种类型的工程师共同参与。除了注册化工工程师外，其他和材料与化工相关的执业工程师，还有注册环保工程师、注册安全工程师、注册结构工程师、注册公用设备工程师、注册监理工程师、注册设备监理师、注册建筑师、注册计量师、执业药师、造价工程师、环境影响评价工程师等等。

注册工程师职业制度，是一种对工程专业人员进行管理的制度，目前在英国、美国等发达国家和地区，已经试行多年。我国从2010年起全面实行注册工程师制度。它在国家范围内对多个工程专业领域内的工程师建立统一标准，对符合标准的人员给予认证和注册，并颁发证书，使其具有执业资格，准许其在从事本领域工程师工作时拥有规定的权限，同时也承担相应的责任。相信，随着社会的不断发展，注册工程师职业制度会越来越普及和完善。

6.4 职业伦理章程

当一个行业，把自身组织成为一种职业的时候，伦理章程一般就会出现。工程社团的职业伦理章程，以规范和准则的形式，为工程师从事职业活动、开展职业行为设立“确保服务公共善”的职业标准。对作为职业的工程而言，公共善由工程社团的职业伦理章程表达出来。工程职业，包含了知识的高度专业化以及关乎公众的福祉两个层面。因此，工程师与社会之间就存在一种信托关系。政府和公众相信，只有加强职业的自我管理、并完善职业的行为标准，才能更有效地保护公众的健康、安全与福祉。要满足这一要求，就必须加强工程的职业化进程。工程社团，以职业共同体为组织形式，为工程职业化提供了自我管理和科学治理的现实路径。工程共同体通过制定职业的技术规范与从业者的行为规范方式，实现对工程职业及其从业者的内部治理和社会治理。以下是《美国化工工程师的职业伦理章程》。

《美国化工工程师的职业伦理章程》

美国化学工程师学会成员，应通过以下方式，坚持和促进工程专业的正直、荣誉和尊严：

① 诚实、公平、忠诚地为雇主、客户和公众服务；

② 努力增强工程职业的竞争力和荣誉；

③ 运用他们的知识和技能增进人类福利。

为了实现上述目标，成员应：

① 在履行职业责任的过程中，将公众的安全、健康和福祉放在首要位置，并且要保护环境。

② 在履行其职业责任的过程中，如果意识到其行为后果会危害同事或公众当前的或未来的健康或安全，那么他们就应该向雇主或客户，正式地提出建议（并且如果有正当理由，可以考虑进一步披露）。

③ 对他们的行为负责，寻求和关注对他们工作的批评性评价，并对其他人的工作，提出客观的、批评性的评价。

④ 仅以客观和诚实的方式，发表声明或陈述信息。

⑤ 在职业事务中，作为忠诚的代理人或受托人，为每一名雇主或客户服务，避免利益冲突，并且永不违反保密性原则。

⑥ 公平、谦恭地对待所有同事和合作者，承认他们独特的贡献和能力。

⑦ 仅在他们能胜任的领域内从事职业工作。

⑧ 将他们的职业声誉，建立在他们职业服务的价值之上。

⑨ 在整个职业生涯中不断进取，并为他们指导之下的工程师提供职业发展的机会。

⑩ 绝对不能容忍骚扰。

⑪ 以公平、诚实和谦恭的方式行事。

6.4.1 我国现有的职业伦理章程

职业伦理是工程职业人员从业范围内所采纳的一套行为标准，主要指工程活动中的伦理关系及其调节原则，而职业伦理章程，则是用于表述其成员的权利、责任和义务的正式文件，以规范条款的叙述方式，表达工程职业伦理的内容和价值指向。伦理章程是由职业社团编制的一份公开的行为准则，为职业人员如何从事职业活动提供伦理指导。

中国现有多个与材料和化工相关的伦理章程/职业道德行为准则，例如：①中国工程咨询协会，1999 年制定、2010 年修订《中国工程咨询业职业道德行为准则》；②中国机械工程学会，2002 年制定《机械工程师职业道德规范》；③中国建设工程造价管理协会，2002 年制定《造价工程师职业道德行为准则》；④中国设备监理协会，2009 年制定《设备监理工程师职业道德行为准则》；⑤中国化学纤维工业协会，2011 年制定《中国化学纤维行业职业道德准则》；⑥中国勘察设计协会，2014 年制定《工程勘察与岩土工程行业从业人员职业道德准则》；⑦中国建设监理协会，2015 年制定《建设监理人员职业道德行为准则》；⑧中国化工学会，2021 年制定《中国化工学会工程伦理守则》。

《中国化工学会工程伦理守则》

中国化工学会会员要发扬爱国、敬业、诚信、友善的精神，不仅应具备合格的专业能力，而且应具有高尚的职业道德情操和工程伦理素养，在享受会员荣誉的同时承担社会责任，维护职业声誉，不断完善自我，用专业知识和技能造福人民、造福社会。中国化工学会特制定本守则，用以规范全体会员在从事工程、技术、科研、教育、管理和社会服务等工作中的行为。同时倡导广大化工行业从业者共同遵守本守则。

① 在履行职业职责时，把人的生命安全与健康以及生态环境保护放在首位，秉持对当下以及未来人类健康、生态环境和社会高度负责的精神，积极推进绿色化工，推进生态环境和社会可持续发展。

② 如发现工作单位、客户等任何组织或个人要求其从事的工作可能对公众等任何人群的安全、健康或对生态环境造成不利影响，则应向上述组织或个人提出合理化改进建议；如发现重大安全或生态环境隐患，应及时向应急管理部门或其他有关部门报告；拒绝违章指挥和强令冒险作业。

③ 仅从事自己合法获得的专业资质或具有的能力范围之内的专业性工作；保持专业严谨性，对自己的职业行为高度负责；严格审视自己的专业工作，客观评价他人的专业工作，并以专业能力和水平为唯一依据，不受其他因素干扰。

④ 在职业工作中对所服务的工作单位以及客户秉持真诚、正直和契约精神，主动避免利益冲突，恪守有关保密条例或约定；在需要披露信息时，或在网络等公开场合发表与专业相关的言论时，应以高度负责的精神做到诚实、客观。

⑤ 尊重和保护知识产权，杜绝一切损害工作单位以及其他任何组织、个人知识产权的行为；遵守学术道德规范，尊重他人科技成果，拒绝抄袭、造假等一切学术失德行为。

⑥ 在从事鉴定、评审、评估等专业咨询时应以诚实、客观、公正为行事准则，拒绝虚假鉴定、虚假评审、虚假评估；廉洁自律，拒绝贿赂、利益交换等一切腐败行为。

⑦ 在整个职业生涯中应注重不断学习，追求卓越，注重发挥个人专长，以良好的职业操守和工作业绩建立并提升个人职业声誉。

⑧ 在职业工作中保持客观、公正、公平和相互尊重，积极营造包容、合作的工作环境，促进团队合作，尊重他人专长，为下属提供职业发展机会，杜绝歧视和骚扰。

⑨ 在涉及境外或域外的职业活动中，应充分尊重当地文化和法律；应了解相关国家或地区的工程技术规范及其与我国相关规范的不同，针对涉及重大安全、生态环境保护问题的事项，应遵从要求等级较高的工程技术规范。

职业伦理在工程师之间以及在工程师和公众之间，表达了一种内在的一致，即工程师向公众承诺，他们将坚守章程的规范要求：一是当涉及专家意见的职业领域时，促进公众的安全、健康和福祉；二是确保工程师在他们专业领域中的能力和持续的能力。现在几乎所有的工程职业伦理章程，都把“将公众的安全、健康和福祉放在首位”视为工程师的首要义务，而不是工程师对客户和雇主所承担的义务。在材料与化工领域，安全和环保始终是重中之重，也是材料与化工工程师的最高义务。

从各职业伦理章程中可看到，恪尽职守、服务公众，是职业伦理的核心。伦理章程中明确了工程师必须履行角色责任，要接受自己的工作职责和社会责任，并且自觉地为实现这些义务努力。通过伦理章程，可以指导职业活动价值理念的合理性，职业利益与公共利益关系，职业活动中的职业精神、职业良心与职业态度，职业活动中的社会分工与社会平等，职业关系的伦理调节，等等。

6.4.2 职业伦理性质

职业伦理，是指工程职业人员从业范围内所采纳的一套行为标准，主要指工程活动中的伦理关系及其调节原则。职业伦理的性质，决定了工程职业伦理是一种预防性伦理，也是一种规范性伦理，同时还是一种实践性伦理。

（1）职业伦理是预防性伦理

职业伦理是一种预防性伦理。它指导工程师对行为的可能后果进行预测，以此来避免将来可能发生的更严重的问题。首先要防止不道德行为；其次工程师必须能够有效地分析这些后果，并判定在伦理上什么是正当的。

（2）职业伦理是规范性伦理

伦理章程以规范和准则的形式，为工程师从事职业活动、开展职业行为，设立"确保服务公共善"的职业标准。显然，工程职业伦理又是一种规范性伦理，就是促进负责任的职业行为。责任是工程职业伦理的中心问题。

（3）职业伦理是实践性伦理

职业伦理倡导工程师的职业精神，涵育工程师良好的工程伦理意识和职业道德素养，主动将道德价值植入工程当中；帮助工程师树立职业良心，主动履行职业伦理章程；同时外显为工程师的职业责任感——确保公众的安全、健康与福祉，并以他律的形式，表达职业对伦理的集体承诺。因此工程职业伦理，也是一种实践性的伦理，具有很强的实践导向。工程师必须处理好个体工程师、雇主或客户以及社会公众之间的关系。

工程伦理章程，从制度或规范的角度，规约了工程师"应当"如何行动，并明确了工程师在工程行为的各环节所应承担的各种道德义务。面对当今世界在技术推陈出新和社会快速发展问题上的物质主义和消费主义倾向，伦理章程从职业伦理角度，表达了对工程师"把工程做好"的实践要求，更寄予工程师"做好的工程"的伦理期望，着力培养并形塑工程师的职业精神。

伦理章程要求工程师，以一种强烈的内心信念与执着精神，主动承担起职业角色带给自己的不可推卸的使命——"运用自己的知识和技能促进人类的福祉"，并在履行职业责任时，"将公众的安全、健康和福祉放在首位"，并把这种自愿向善的道德，努力升华为良心，勉励工程师在工作中，"对良心负责，率性而为"。伦理章程表达了一种工程-社会秩序以及"应当"的工程实践制度状况，并以规范的话语形式，力促"工程-人-自然-社会"整体存在的和谐与完整；它作为"应当"的工程-社会秩序和"应当"的工程实践的制度正义，表达出工程共同体共同的社会意识。从职业伦理的角度，主动防范工程风险、自觉践履职业责任，增进可持续发展工程与人、自然、社会的和谐关系，洞识工程师认同和诉求的工程伦理意识，是人给自己立法。基于这种共识，伦理章程要求工程师在具体的工作中，把施行负责任的工程实践这一道德要求，变为自己内在的、自觉的伦理行为模式，主动履行职业承诺并承担相应的责任。

（4）材料与化工职业伦理

现代材料与化工工程的工程链，包括了研发阶段、规划阶段、设计阶段、建设阶段、生产阶段、管理阶段、材料回收处理阶段以及持续改进等阶段。在这些阶段中，材料化工工程师不仅是工程师，同时还可能是决策者、设计者、实施者、管理者或评估者。无论是何种角色，工程师都要主动承担起职业责任。

在研发阶段，工程师要主动考虑安全的工艺和绿色的工艺。

在规划阶段，工程项目进行选址时，要注意环境和安全距离。

在设计阶段，要进行安全的设计，控制风险。

在建设阶段，要环保施工，保证安全。

在生产阶段，生产过程治理要实现“零排放”与环境友好工艺生产过程的优化集成；要运行 HSE 管理体系，要进行过程安全管理，监控生产过程中影响环境的污染物的排放。

[燕山石化HSE管理体系]

燕山石化HSE方针：以人为本，安全第一，预防为主，综合治理。

燕山石化HSE愿景目标：零伤害，零污染，零事故。

燕山石化HSE奋斗目标：控制一切风险，杜绝一切违章，排除一切隐患，避免一切事故。

燕山石化HSE职责总则：党政同责，一岗双责，齐抓共管，失职追责；管行业必须管安全，管业务必须管安全，管生产经营必须管安全；谁的业务谁负责，谁的属地谁负责，谁的岗位谁负责。

在管理阶段，要有应急预案、应急准备，保证快速的应急响应。

在材料回收处理阶段，要有可持续发展意识，坚持化学反应技术的可持续发展；同时还要有循环意识，推进化工生产实现资源再利用。

在持续改进阶段，面对发生的事故，要进行详尽的事故调查，向公众公开事故原因，并及时纠错或进行技术改进。

6.5 工程师权利和责任

职业伦理章程，以规范条款的叙述方式，为工程师提供进行伦理判断的框架。具体到“工程师应该对什么负责？工程师应该向谁负责？工程师如何负责？”这类问题时，伦理章程也对工程师的职业伦理规范进行了详细的解释。工程师具有哪些权利，同时需要承担哪些责任，这也是工程师的职业伦理规范。

职业伦理规范，实际上表达了职业人员之间以及职业人员与公众之间的一种内在的一致，或职业人员向公众的承诺，即确保他们在专业领域内的能力，在职业活动范围内促进全体公众的福利。因而，工程师的职业伦理规定了工程师职业活动的方向。它还着重培养工程师在面临义务冲突、利益冲突时做出判断和解决问题的能力，前瞻性地思考问题、预测自己行为的可能后果并做出判断的能力。

6.5.1 工程师权利

在具体的工程实践活动中，工程师需要履行职业伦理章程所要求的各种责任，这也意味着工程师的权利必须得到尊重。材料与化工工程师和其他工程师一样，同样具有基本的个人权利，包括人的权利、雇员权利和工程职业人员的权利。

材料与化工工程师作为一个人，拥有生活和自由追求正当利益的基本权利。例如雇佣时不受性别、种族、年龄等不公正歧视的权利。

材料与化工工程师作为企业雇员，拥有雇员的权利，即有作为履行其职责回报的接受合同中规定的工资的权利；有从事自己选择的非工作的政治活动、不受雇主的报复或胁迫的权利；平等就业权利；保护隐私权利和反性骚扰权利等。

材料与化工工程师作为工程职业人员，一般享有下列八项权利。

① 使用注册职业名称的权利；

② 在规定范围内从事执业活动的权利；

③ 在本人职业活动中形成的文件上签字并加盖职业印章的权利；

④ 保管和使用本人注册证书、职业印章的权利；

⑤ 对本人职业活动进行解释和辩护的权利；

⑥ 接受继续教育的权利；

⑦ 获得相应的劳动报酬的权利；

⑧ 对侵犯本人权利的行为进行申诉的权利。

下面以中国注册化工工程师为例，了解其具有的权利和义务。其他工程师，例如注册安全工程师、注册环保工程师等，也都具有类似的权利和义务。中国注册化工工程师的权利和义务，目前执行的还是原人事部和建设部2003年的人发〔2003〕26号文件，其中第五章“权利和义务”中，对注册化工工程师的权利和义务进行了详细的规定。

【原人事部和建设部2003年的人发〔2003〕26号文件中部分内容】

第二十五条 注册化工工程师有权以注册化工工程师的名义从事规定的专业活动。

第二十六条 在化工工程设计、咨询及相关业务工作中形成的主要技术文件，应当由注册化工工程师签字盖章后生效。

第二十七条 任何单位和个人修改注册化工工程师签字盖章的技术文件，须征得该注册化工工程师同意；因特殊情况不能征得其同意的，可由其他注册化工工程师签字盖章并承担责任。

第二十八条 注册化工工程师应履行下列义务：

（一）遵守法律、法规和职业道德，维护社会公众利益；

（二）保证执业工作的质量，并在其负责的技术文件上签字盖章；

（三）保守在执业中知悉的商业技术秘密；

（四）不得同时受聘于两个及以上单位执业；

（五）不得准许他人以本人名义执业。

第二十九条 注册化工工程师应按规定接受继续教育，并作为再次注册的依据条件之一。

6.5.2 工程师责任

职业伦理章程的主要关注点是促进负责任的职业行为。工程师职业伦理章程的内容也表达了工程师要求践履职业责任。

（1）责任的伦理层次

责任是有伦理层次的。责任的最低层次是底线责任，要求工程师必须遵循职业的操作程序标准和工程伦理章程。责任的第二层次是合理关照。工程师应该认识到，一般公众的生命、安全、健康和福祉取决于融入建筑、机器、产品、工艺及设备中的工程判断、决策和实践。责任的第三层次是善举。要求工程师实践“超出义务的要求”，鼓励“工程师应寻求机会，在民事事务及增进社区安全、健康和福祉的工作中，发挥建设性作用”，“在反思社会的未来中，担负更多的责任”，因为他们处在技术革新的前线。

（2）工程师的首要责任原则

现代工程师伦理章程的核心是工程师应当将“公众的安全、健康与福祉”放在首位，确保工程师个人遵守职业标准并尽职尽责。因此工程师的首要责任原则是将公众的安全、健康和福祉放在首位。

（3）工程师责任类型

践履工程师责任的同时，要以他律的方式检视、评估工程师是否在工程生活中尽职尽责。

义务责任，要求工程师遵守甚至超越职业标准的积极责任，避免不正当行为。

过失责任，指工程师可能因工作疏忽造成的伤害行为的责任。伦理章程严厉禁止工程师随意的、鲁莽的不负责任的行为，不因个人的私利、害怕、无知、微观视野、对权威的崇拜等因素，干扰自己的洞察力和判断力，要对自己的判断、行为，切实负起责任。

角色责任，指工程师处于某个职位或管理者角色时而承担的责任。例如“对不符合适当工程标准的计划或说明书，工程师不应当完成、签字或盖章”。

对于责任教育，中国工程院院士、华东理工大学涂善东教授认为：大学教育应强化职业伦理的“底线教育”。职业伦理对从业者至少有三点基本要求：①在发生利益冲突时，应将公众利益与安全放到首位；②要求具有专业精神，不在自己不熟悉的领域从事工作，以免出现严重错误；③要以客观态度发表言论，以诚信精神提供服务，不欺骗，不行贿。

在河北盛华化工有限公司重大爆燃事故中，存在的职业伦理责任，包括：①对于公司相关负责人，隐瞒事故发生真实原因，未及时公布事故发生的真正原因及存在的隐患。②对于公司相关负责人，在事故发生后不是想办法补救或弥补，而是通过隐瞒自己的失职来掩盖事情的真相。事实是在 2018 年 1 月氯乙烯气柜的排查工作中，未彻底排查严格把关，未认真负责地尽到自己的责任和义务。③对于管理人员及操作人员，纪律涣散，不能对生产装置实施有效监控；操作规程过于简单；设备未按规定进行检修。④对于工程师，对风险危害掌握不够，未能及时地向有关部门检举和揭发，使危害最小化。此次事故的所有相关人员，全都没有承担起自己的职业伦理责任，没有尊重自己的职业，也没有承担自己职责应承担的责任以及应尽的义务，最终导致了事故的发生。事故的教训极其深刻，工程师（或未来工程师）要吸取经验教训，在未来的工程活动中，尽量避免类似事故的发生，要将公众的安全、健康与福祉放在首位。

【案例：2018 年河北盛华化工有限公司重大爆燃事故】

工程师对于公众和社会的责任和义务，在“工程师之戒”上得到了很好的诠释。工程师之戒（iron ring，又译作铁戒，耻辱之戒）是一枚仅仅授予北美顶尖几所大学工程系毕业生的戒指，用以警示以及提醒他们，谨记工程师对于公众和社会的责任与义务。这枚戒指起源于 100 多年前的加拿大魁北克大桥悲剧。

为了铭记这次事故，也为了纪念事故中的死难者，加拿大七大工程学院买下所有残骸，并将它打造成戒指（注：由于当时技术限制，那些钢条并未能打造成戒指，而是用新的钢材代替），戒指被设计成如残骸般的扭曲形状。一般在每年3月的加拿大工程师之月，加拿大七大工程学院分别举行工程师使命宣誓仪式。工程学院教授或者资深工程师为工程学专业本科毕业生佩戴工程师之戒，然后学生进行工程师宣誓，表明愿意承担工程师的无上责任，心怀对工程师职业的谦逊之心。按照传统，戒指一定要戴在用于绘图或者计算的优势手的小指。年轻的工程师刚刚佩戴工程师之戒时，会觉得无论画图还是计算，优势手都会有“受硌”的感觉，这是一种对年轻工程师无时无刻的提醒，提醒他要铭记工程师誓词，铭记工程师之于社会公众的责任。

【案例：加拿大魁北克大桥悲剧】

目前美国的工程学专业本科毕业生，也有工程师之戒授予仪式。1970年建立的美国工程师职责协会，开始在工程学专业的本科毕业生中授予工程师之戒。1970年6月4日，在美国克里夫兰州立大学，举行了美国第一次工程师之戒授予仪式。美国各州的工程师协会也都举行精英工程师职责领受仪式，表明学生以成为工程师为荣，以领受并执行工程师职责为傲。后来，这样的传统就一直延续了下来，而那一枚枚的工程师之戒，也就成为了世界上最昂贵的戒指。它们不是金，不是银，却无比珍贵。它们是几十名死难者的血肉，是工程师心里的警钟。它们虽不及钻石珍贵与永恒，可是它们却随时提醒着工程师所背负的责任。工程师之戒除了佩戴之外，在工程学院的建筑物外面，往往也会立着一枚硕大的戒指，用以提醒工程系的教师和学生，要时刻谨记工程师对于公众和社会的责任与义务。

【加拿大工程师使命宣誓仪式的誓词】

作为一名工程师，我对自己的专业深感骄傲。为此，我起誓如下：

作为一名工程师，我保证执业公正、公平、宽容、尊重；坚持奉献于标准和执业尊严，铭记我的技能，是有义务最好地使用地球珍贵的资源，来为全人类服务。

作为一名工程师，我只会加入诚实的企业。如果需要，我的技能和知识，会为了公众利益毫无保留地奉献出来。职责表现和职业忠诚，我应尽我所能。

6.6 工程师的职业美德

6.6.1 工程师需具备的优良品质

工程师同时具有权利和责任。做一个好的工程师，去做好的工程，需要具备如下优良品质，即职业美德。

（1）诚实可靠

工程师的职业活动事关公众的安全、健康和福祉，人们要求和期望工程师自觉地寻求和坚持真理，避免有所欺骗的行为。工程师禁止撒谎、禁止有意歪曲和夸大、禁止压制相关信息（保密信息除外）、禁止误传、无客观过失。

（2）尽职尽责

工程师最综合的美德是负责任的职业精神。在职业伦理章程中，对工程师的责任要求具体表现在公众福利、职业胜任、合作实践及保持人格的完整。

（3）忠实服务

“诚实、公平、忠实地为公众、雇主和客户服务”是当代工程职业伦理规范的基本准则。

（4）可持续发展

可持续发展是全社会和各工程主体的首要责任。着眼于人类发展的整体利益和长远利益，对工程实施有约束的发展模式，实现代内和代际发展的可持续性。职业伦理章程要求工程师主动承担起节约资源、保护环境的责任，站在为人类的安全、健康和福祉的基础上，着眼于全面发展、生态良好、生活富裕、社会和谐的未来。

6.6.2 中国优秀工程师典范——侯德榜先生

侯德榜先生是中国优秀工程师的典范，作为中国重化学工业的开拓者、近代化学工业的奠基人之一，一生在化工技术上有三大贡献。

侯德榜的第一大贡献，是揭开了索尔维制碱法的秘密。在制碱技术和市场被外国公司严密垄断下，侯德榜埋头钻研，带领广大职工长期艰苦努力，解决了一系列技术难题。1926 年，永利碱厂生产的红三角牌纯碱，在美国费城举办的万国博览会上荣获了金质奖章。这一袋袋的纯碱是中华民族的骄傲，它象征着中国人民的志气和智慧。索尔维制碱法的奥秘，本可以高价出售其专利而大发其财，但是侯德榜把这一奥秘公布于众，让世界各国人民共享了这一科技成果。

【案例：中国优秀工程师的典范——侯德榜先生】

侯德榜的第二大贡献，是创立了中国人自己的制碱工艺——侯氏制碱法。1937 年日本帝国主义发动了侵华战争，他们想收买侯德榜，但是遭到侯德榜的严正拒绝。侯德榜将工厂迁到四川，新建永利川西化工厂。制碱的主要原料是食盐，也就是氯化钠，而四川的盐都是井盐，要用竹筒从很深很深的井底一桶桶吊出来。由于它浓度稀，还要经过浓缩才能成为原料，这样制食盐的成本就高了。另外，索尔维制碱法的致命缺点是食盐利用率不高，也就是说，将近 30%的食盐会被白白地浪费掉，侯德榜决定不用索尔维制碱法，而另辟新路。为了探索新的制碱方法，他首先分析了索尔维制碱法的缺点，发现主要在于原料中各有一半的成分没有利用上，只用了食盐中的钠和石灰中的碳酸根，二者结合才生成了纯碱。食盐中另一半的氯和石灰中的钙结合生成的氯化钙，却都没有利用上。那么怎样才能使另一半成分变废为宝呢？他设计了好多方案，但是都被一一推翻了。后来他想到，能否把索尔维制碱法和合成氨法结合起来。这样氯化铵既可作为化工原料，又可以作为化肥，还可以大大提高食盐的利用率，同时又省去许多设备，如石灰窑、化灰桶、蒸氨塔等。设想有了，能否成功还要靠实践。于是他又带领技术人员，做起了实验。1 次、2 次、10 次、100 次……一直进行了 500 多次实验，分析了 2000 多个样品，才把实验搞成功，使设想成为了现实。这是氨碱法的重大改革，利用合成氨系统排出的二氧化碳，可以省去庞大、耗能的石灰窑，也可以取消氨碱法中所用的蒸馏设备，同时获得两种工农业需要的产品——纯碱和氯化铵。这个制碱新方法被命名为“联合制碱法”，它使盐的利用率从原来的 70%一下子提高到 96%。此外，污染环境的废物——氯化钙，成为了对农作物有用的化肥——氯化铵，同时还可以减少 1/3 的设备，所以这个方法的优越性大大超过了索尔维制碱法，从而开创了世界制碱工业的新纪元。1943 年，中国化学工程师学会一致同意将这一新的联合制碱法，命名为“侯氏联合制碱法”，又称侯氏制碱法、循环制碱法或双产品法。

侯德榜的第三大贡献，是他为发展小化肥工业所做出的贡献。众所周知，“三酸二碱”（硫酸、盐酸、硝酸、纯碱、烧碱）是化学工业的基本原料，仅能生产纯碱显然是不行的。侯德榜开始设计一个可以同时生产氨、硫酸、硝酸和硫酸铵的硫酸铵厂。硫酸铵厂的设备，来自英国、美国、德国、瑞士等国的许多厂家，还有些是本国造的，最后竟能全部成龙配套，是很不容易的。它充分显示了侯德榜的学识才干和细心经营，正如他自己说的：“要当一员称职的化学工程师，至少对机电、建筑要内行。”这也是他的座右铭，他在给友人的一封信中曾写道：这些事，“无一不令人烦闷，设非隐忍顺应，将一切办好，万一功亏一篑，使国人从此不敢再谈化学工程，则吾等成为中国之罪人。吾人今日只有前进，赴汤蹈火，亦所弗顾，其实目前一切困难，在事前早已见及，故向来未抱丝毫乐观，只知责任所在，拼命为之而已”。这就是侯德榜事业心的生动写照。1957 年，为发展中国的小化肥工业，侯德榜倡议用碳化法制取碳酸氢铵，他亲自带队到上海化工研究院，与技术人员一道，使碳化法氮肥生产新流程获得成功，侯德榜是这个方法的首席发明人。当时的这种小氮肥厂，对我国农业生产曾做出过不可磨灭的贡献。

侯德榜为世界化学工业事业所作的杰出贡献，受到各国人民的尊敬和爱戴，英国皇家学会聘他为名誉会员，美国化学工程师学会和美国机械工程师学会，也先后聘他为荣誉会员。

侯德榜是一位杰出的科学家。他打破了索尔维集团 70 多年对制碱技术的垄断，发明了世界制碱领域最先进的技术，并为祖国的化工事业奋斗终生。他犹如一块坚硬的基石，与范旭东、陈调甫等实业家、化学家一起，托起了中国现代化学工业的大厦。

6.7　职业伦理冲突的应对

工程师职业伦理章程，为工程师提供了被公认的价值观和职业责任选择，但是工程活动是一项复杂的社会实践，工程职业伦理章程并未充分考虑生活的复杂性，因此在实际的工程实践情境中，工程师面临的问题不仅仅局限于伦理准则，而是会遇到各种职业伦理冲突。因此要求工程师在实际的工程实践情境中，能正确应对各种伦理冲突，时刻把“公众的安全、健康和福祉放在首位”。

6.7.1　职业伦理冲突类型

职业伦理冲突的类型包括：角色冲突、责任冲突、利益冲突等。

（1）角色冲突

在具体工作场所，工程师扮演着不同的角色：企业雇员、管理者、普通公众。不同的角色有不同的责任与义务，也代表着不同的利益，工程师无法同时履行所有的责任和义务，也无法实现代表不同身份的所有利益，从而产生角色的矛盾与冲突。

工程师的角色冲突，包括工程师和管理者之间的角色冲突、工程师和公司雇员之间的角色冲突、工程师和社会公众之间的角色冲突。由于工程师有自己的职业理想，要把公众的健康、安全和福祉放在首位，当公司的决策危害到社会公众的健康福祉时，或工程师预测到这种危害时，是忠于职业还是企业，这个时候就会面临角色冲突。

角色冲突其实就是一种价值冲突，反映的是不同“善良动机”之间的冲突，也是不同的“应当”行为之间的冲突。因此角色冲突的关键，是价值排序问题。当你同时扮演多种角色的时候，不同的价值排序就会影响你的行为选择，从而陷入一个道德选择困境。

美国“挑战者”号航天飞机失事案例，是一个典型的工程师和管理者的角色冲突案例。美国莫顿聚硫橡胶公司工程部的副总裁罗伯特·伦德，同时具有工程师的身份和管理者的身份。作为一名管理人员，因考虑到公司需要与美国国家航空航天局签订一份新的合同，使其在关键工程决策时刻，推翻了他当初站在工程师角度要做的工程决策（在恶劣天气不能发射航天飞机），而是站在了管理者角度做出管理决策（在恶劣天气发射航天飞机，否则可能失去新合同），最终造成了“挑战者”号航天飞机的爆炸，机上7名宇航员全部遇难。

工程师需要做工程决策。工程师的主要职责是使用技术知识和所受过的训练，来创建对组织和客户有价值的结构、产品和流程。但是工程师也是职业人员，必须坚持职业标准，以指导对技术知识的应用。因此，工程师具有双重的忠诚，即对组织的忠诚和对职业的忠诚。工程师必须要关注工程的安全和质量，而且对组织的忠诚应超越对当前雇主的忠诚。

管理者需要做管理决策。管理者在组织中的主要职责是指导组织活动。管理者是组织利益的守护者，主要关心组织当前和未来的福祉。在思考问题时，要遵守组织标准，并倾向于考虑所有相关的因素，经过相互权衡后得出结论。管理者主要关注的是企业的经济效益。

由于工程师要做工程决策，而管理者要做管理决策，因此，恰当的工程决策和恰当的管理决策之间的区别，是在决策中占主导地位的标准和实践不同而产生的。当恰当的工程决策与恰当的管理决策发生实质性冲突时，尤其是涉及安全（甚至质量）问题的时候，管理标准不可能、也不应该凌驾于工程标准之上。一般，工程决策通常是有益于管理决策的，或者说，管理决策通常能够从工程师的建议中受益。

（2）责任冲突

工程师除了遇到角色冲突的伦理困境之外，还经常会遇到责任冲突。

责任冲突，是指工程师在工程行为及活动中进行职责选择或伦理抉择时的矛盾状态，即工程师在特定情况下表现出的左右为难而又必须做出某种非此即彼选择的境况。在具体的工程实践场景中，责任冲突主要表现为：个人利益是否正当；群体利益是否正当；原则是否正当。

（3）利益冲突

工程中的利益冲突问题，是工程伦理和工程职业化中的一个重要话题。工程师做出职业判断的权利，是否受到了不正当的利益玷污？不正当的利益因素，是否影响到了工程师做出正当的职业判断？事实上，利益冲突造成的职业判断失准，不仅影响雇主、客户和社会公众的利益，更是对工程职业的损害。此外，工程师很容易忽视利益冲突的影响，一是可能存在自我欺骗的可能，二是存在高估自己处理利益冲突的能力。

工程中利益冲突的种类，既包括了工程师个体利益和公司群体利益之间的冲突，也包括工程师个体利益和社会公众整体利益之间的冲突，同时还包括公司利益与社会公众整体利益之间的冲突。

6.7.2 职业伦理冲突的应对方法

工程师在实际的工程实践情境中，会遇到各种职业伦理冲突，例如角色冲突、责任冲突、利益冲突等。这就要求工程师合理应对，时刻把“公众的安全、健康和福祉放在首位”。

（1）角色冲突的应对方法

工程师遇到角色冲突时，可以参考以下方法进行应对：

一是职业建设。职业建设为解决冲突提供了宏观制度背景。工程职业需要不断完善自己的职业建设。工程职业的技术标准和伦理标准，是工程职业建设的两个最主要的方面，技术标准是职业在工程质量方面的承诺，而伦理标准是对职业人员职业行为的承诺。

二是增强工程师个体道德自主性的实践。工程师并不是只会遵守规范的机器，而是具有自己的独立意志、会思考和有情感的个体。道德规范没有给出必须遵守的理由，因此当制度规范缺乏道德心理根基时，就在实践中难以保证工程师道德选择的合理性。只有当工程师把规范条文内化为自己的道德原则，从内心认同接受的时候，才能自觉地产生道德行为，做出合理的道德选择。

三是回归工程实践。工程师角色冲突伴随着工程实践的整个过程，工程实践本身就是解决角色冲突的唯一途径，角色冲突产生于实践，于实践中得以解决。角色冲突的出现和解决，构成了工程实践的一部分，伴随着工程实践的始终，而工程实践也就是角色冲突的不断产生和不断解决。

（2）责任冲突的应对方法

在具体的工程实践场景中，工程师遇到责任冲突时一般可以作四类提问：①该行动对“我”有益吗？②该行动对社会是有益的还是有害的？③该行动公平或正义吗？④“我”有没有承诺？通过上述几个问题的反思，工程师至少可以寻找到一个满意的方案。工程师通过践履责任，权益变通，是可以将公众的安全、健康和福祉放在首位的。

（3）利益冲突的应对方法

在工程师的日常工作中，经常会发生利益冲突的情形。工程师不仅要保持雇主、客户与公众的信任，同时还得保持工程师职业判断的客观性。在具体工程实践情境中，要求工程师尽可能地回避利益冲突，放弃产生冲突的利益，例如拒绝礼物、放弃股份、离职、不参与其中，但是这些方法是有代价的，会有个人损失的发生。此外，还可以通过向所有当事方披露可能存在的利益冲突，给那些依赖于工程师的当事方知情同意的机会，让他们有机会重新选择：是找其他工程师来代替还是选择调整其他利益关系。举报，正是披露冲突的一种结果。

6.7.3　举报

西安地铁问题电缆事件，是一个典型的网络举报案例。

【案例：西安地铁问题电缆事件】

地铁电缆的主要作用是传递通信信号，实施数据监控。如果电缆出问题，监控不到位，中央控制就看不到现场；一旦电流超负荷，就可能引发火灾等事故。所以许多网友都感谢那位勇敢的举报者，认为他救了每天乘坐“西安最美地铁”的34万名乘客。如果没有这次网络举报，西安地铁三号线电缆将存在严重的安全隐患，危及到广大民众的生命安全。

然而谁能想到，这位网民的举报并不是一帆风顺的。据说那篇题为《西安地铁你们还敢坐吗》的举报帖文，最初是在国内一知名网站发表，但遭遇了网站删帖。然后举报帖在其他网站又被发表，并迅速蔓延，这才引起了西安方面的注意。可以想象，举报人在决定挺身而出之前，一定承受过精神上的煎熬与各种无形压力。从网络举报信可以看出，这位员工对内幕应该十分清楚，但直至地铁运行后他才决定站出来，这中间想必有过一段时间的反复思考。

在个人利益和公众利益两者之间，他最终听从良心的召唤，选择站在了公众利益这边。

（1）举报种类

举报是一个法纪名词，它是指公民或者单位依法行使其民主权利，向司法机关或者其他有关国家机关和组织，检举、控告违纪、违法或犯罪的行为。举报，分内部举报和外部举报，或者是实名举报和匿名举报。

内部举报，是企业内部合规体系的关键组成部分。任何会引起或可能会引起公司经营、声誉、行为方面的潜在风险，或潜在系统性风险的问题或疑虑，或者怀疑某些人的行为可能违反了法律法规、公司的准则或政策，或者发现不安全、不道德或可能有害的事情，都应当进行举报。企业内部举报，并不要求举报者拥有确实的证据。举报只要满足“善意”标准就可以。

外部举报，指的是工程师所在的公司目标、政策、标准和行为，并不总是与工程师个人的职业理想、标准和个人道德准则相一致。当两者发生冲突时，工程师会发现自己不得不反对他的领导或公司。举报，揭示组织不希望向公众或某些权威披露的信息；揭示未经批准的渠道做的事情。举报可认为是为了避免共犯，举报行为也是对个人道德完整性的保护。

（2）对举报者的保护

在美国“挑战者”号航天飞机灾难调查中，工程师罗杰·博伊斯乔利在听证会上被问到是否对自己的举报行为感到后悔时，他说他为他的工程师身份感到自豪，作为一名工程师，他认为他有义务提出最好的技术判断，去保护包括宇航员在内的公众的安全。西安地铁问题电缆举报人，正是考虑到公众的安全而选择举报，但是他采取在网上匿名发帖的方式举报，或许也说明他对相关举报能否得到彻查并没有完全的信心。举报人为真相和正义挺身而出，结果反而遭受打击报复的现象在现实生活中经常看到。这表明，当下在保护举报人方面，还需要进一步健全与落实相关机制，让举报人敢于举报、放心举报。此外，有些举报人所揭发的问题，虽然最终得到了调查处置，但举报人事后还是可能遭遇排挤和打压，并被认为是告密者、惹麻烦的人。而这，往往是举报者不敢迈出关键一步的顾虑所在。

企业大多规定，严禁对举报违规行为的员工进行打击报复。任何参与打击报复的人员，都将面临纪律处分，甚至解雇。内部举报管理领导小组，负有为举报人保密的制度。2016年4月，最高人民检察院、公安部、财政部，联合下发《关于保护、奖励职务犯罪举报人的若干规定》（下称《规定》），进一步完善保护、奖励职务犯罪举报人工作。按照《规定》，违反规定解聘、辞退或者开除举报人及其近亲属的属打击报复行为。但仍只是鼓励实名举报，这或难以消除举报人的担忧。

（3）举报常识

举报行为，对组织和举报者而言都是有伤害的。举报者之所以甘愿冒失业风险毅然选择举报，正是由于他意识到了自己所肩负的社会责任。站在公众的立场，举报体现了工程师对社会的忠诚。选择举报是无奈之举，举报者在举报前，穷尽了组织内的渠道，但是没有得到满意的答案。由于举报可能会给举报者带来打击报复，因此在采取揭发行动之前，应当注意一些实际问题。以下是几个建议和常识性规则：

① 除了特别少见的紧急情况外，首先应当努力通过正常的组织渠道反映情况和意见；

② 发现问题迅速表达反对意见；

③ 以通达的、体贴的方式反映情况；

④ 既可以通过正式的备忘录，也可以通过非正式的讨论，尽可能使上级知道自己的行动；
⑤ 观察和陈述要准确，保存好记录相关事件的正式文件；
⑥ 向同事征询建议以避免孤立；
⑦ 在把事情扩大到机构外部之前，征求所在职业学会伦理委员会的意见；
⑧ 就潜在的法律责任问题咨询律师的意见。

如果以后大家在遇到需要举报的情况时，一定注意举报对事不对人，而且最好保留举报过程的书面记录。

本章小结

工程是一门职业。材料与化工职业是个人在材料与化工领域所从事的服务于社会并作为主要生活来源的工作，涉及高深的材料与化工专业知识、自我管理和对公共善协调服务的工作形式，具有目的性、社会性、稳定性、规范性和群体性特征。职业不同于工作岗位，职业更具团体性、组织性和道德性。职业也不同于行业或产业，职业主要关注“人”。

职业需要自治。职业需要具体化为行为规范的伦理标准，即职业伦理。行为规范和技术规范是实现职业自治的两大核心。社团建设是实现职业自治的途径。工程职业制度建设是实现职业自治的保证。

工程伦理是预防性伦理。它旨在预防道德伤害和可避免的伦理困境，帮助职业工程师进行伦理反思，作出正确的行动。诚实可靠、尽职尽责、忠实服务、可持续发展是工程师的职业美德。

工程伦理是规范性伦理。工程师有明确的职业伦理规范。工程社团的职业伦理章程确定了工程师的具体职业伦理规范。“将公众的安全、健康和福祉放在首位”构成工程职业伦理规范的首要原则。

工程伦理是实践性伦理。工程师要按照伦理章程的规范要求遵循职责义务，根据当下的工程实际反思、认识、实践规范提出的道德要求，变通、调整践履责任的行为方式，不断探索和总结“正确行动”的手段、途径。材料与化工工程师要运用自己的知识和技能，促进人类的福祉，在研发阶段、规划阶段、设计阶段、建设阶段、生产阶段、管理阶段、材料回收处理阶段以及持续改进等阶段，践行绿色化工。

工程活动是一项复杂的社会实践，工程职业伦理章程并未充分考虑生活的复杂性，因此工程师在实际的工程实践情境中会遇到各种职业伦理冲突。工程师在面对角色冲突、责任冲突和利益冲突时，需要从多方面考虑进行应对，通过践履责任，权益变通，始终保证将公众的安全、健康和福祉放在首位。

思考讨论题

（1）行为规范和技术规范有何不同？

（2）标准到底应该由谁来制定？

（3）跨文化背景下的标准该如何执行？

（4）举报是工程师对雇主忠诚的背叛吗？

（5）你在学校或工作单位遇到过哪些职业伦理冲突？是如何应对的？

（6）受疫情和国内外经济形势的影响，一家生产材料与化工产品的公司经营不景气，亏损严重。为了节约成本，公司领导要求在深夜把环保设施停掉，把化工生产的废气从烟囱直接排入大气、把化工生产的废水直接排入公司附近河道。请问：如果你是生产工程师，你将如何应对？如果你是化工生产车间主任，你将如何应对？如果你是环保监察职能部门干部，你将如何应对？如果你是市政府工作人员，你将如何应对？如果你是公司附近居民，知道了这个情况，你将如何应对？

参考文献

[1] 闫亮亮. 石油工程伦理学[M]. 北京：中国石化出版社，2022.

[2] 杨帆，田晓娟，郭春梅，等. 化学工程与环境伦理[M]. 北京：科学出版社，2022.

[3] 王晓敏，王浩程. 工程伦理[M]. 北京：中国纺织出版社，2022.

[4] 赵莉，姚立根. 工程伦理学[M]. 2 版. 北京：高等教育出版社，2021.

[5] 徐海涛，王辉，何世权，等. 工程伦理：概念与案例[M]. 北京：电子工业出版社，2021.

[6] 衡孝庆. 工程、伦理与社会[M]. 杭州：浙江大学出版社，2021.

[7] 王玉岚. 工程伦理与案例分析[M]. 北京：知识产权出版社，2021.

[8] 张晓平，王建国. 工程伦理[M]. 成都：四川大学出版社，2020.

[9] 肖平，夏嵩，刘丽娜. 工程伦理：像工程师那样工作[M]. 成都：西南交通大学出版社，2020.

[10] 倪家明，罗秀，肖秀婵，等. 工程伦理[M]. 杭州：浙江大学出版社，2020.

[11] 徐海涛，王辉，张雪英，等. 工程伦理[M]. 北京：电子工业出版社，2020.

[12] 理查德·伯恩. 工程伦理：挑战与机遇[M]. 丛杭青，沈琪，周恩泽，等译. 杭州：浙江大学出版社，2020.

[13] 徐泉，李叶青. 工程伦理导论[M]. 北京：石油工业出版社，2019.

[14] 李正风，丛杭青，王前，等. 工程伦理[M]. 2 版. 北京：清华大学出版社，2019.

[15] 哈里斯，普里查德，雷宾斯，等. 工程伦理：概念与案例[M]. 丛杭青，沈琪，魏丽娜，等译. 5 版. 杭州：浙江大学出版社，2018.

[16] 王志新. 工程伦理学教程[M]. 北京：经济科学出版社，2018.

[17] 闫坤如，龙翔. 工程伦理学[M]. 广州：华南理工大学出版社，2016.

[18] 张嵩，项英辉，武青艳，等. 工程伦理学[M]. 大连：大连理工大学出版社，2015.

[19] 顾剑，顾祥林. 工程伦理学[M]. 上海：同济大学出版社，2015.

[20] 刘莉. 工程伦理学[M]. 北京：高等教育出版社，2015.

[21] 王前，朱勤. 工程伦理的实践有效性研究[M]. 北京：科学出版社，2015.

[22] 肖平. 工程伦理导论[M]. 北京：北京大学出版社，2009.

第7章 高校化学类实验室安全伦理

学习目标

通过本章的学习，了解高校化学类实验室特点，理解化学类实验室安全伦理观的重要性；掌握化学类实验室“责任关怀”准则；了解实验室安全事故分析原理，掌握安全管理制度和风险管理原则，能够进行实验室事故伦理分析。

引导案例

北京交通大学“12 · 26”事故

7.1 高校化学类实验室安全伦理观

20 世纪 90 年代以来，我国开始实施科教兴国和可持续发展战略，先后启动实施了“211 工程”“985 工程”“2011 协同创新计划”，并从 2016 年开始部署高等教育一流大学和一流学科建设（简称双一流建设）。通过这一系列推动高等教育规模和质量发展的重要举措，中国的高等教育实现了量和质的双重飞跃。随着高等教育进入世界公认的普及化阶段，在学人数和科研经费不断增加，为保障教学和科研工作正常有序进行，高校实验室的建设，特别是化学类实验室的建设，也呈现出了几何级别的增长。

尽管高校实验室安全备受重视，针对安全的投入逐年增加，但我国高校实验室安全事故依然存在，给国家财产和师生的生命财产安全带来威胁。

【案例：2015 年清华大学何添楼爆炸事件】

【案例：2022 年中南大学爆燃事故】

据统计，从 2006 年至今，仅高校化学实验室爆炸事件不下 20 起，多起事故涉及人员伤亡。造成事故的人为原因，包括违反操作规程、操作不当、操作不慎或使用不当，合计达到事故总数的一半。高校化学类实验室事故的多次发生，引发了大量公众的质疑。主要可归纳为如下几方面：

① 化学类实验室为何让人“谈之色变”？

② 有毒有害、易燃易爆、污染环境一定是化学类实验室的共有标签吗？

③ 安全事故是不是化学类实验室独有的？

④ “生、化、环、材”等涉及化学实验的专业真的是天坑吗？

而这些质疑恰恰反映了当前高校化学类实验室的安全管理的确存在问题，必须予以重视。

7.1.1 化学类实验室特点

作为高校教学实验和科研的主要基地，化学类实验室是不同于生产企业和科研院所的实验室，存在着自身特殊性：

① 承担着教学和科研的双重任务。除科研实验任务外，高校化学类实验室还承担了大量的教学实验任务，而教学实验面对的学生往往都是没有实验经验的新人，必须对其进行培训，确保消除安全隐患。

② 人员密集且流动性高。研究生、本科生的扩招，造成现有实验室人员密集，且学生均不是长期工作人员，流动性高，安全风险相对较大。

③ 研究型大学科研任务繁重，实验室面积往往不足。高校实验室面积不足的问题长期存在，甚至会挤压办公区域面积。

④ 实验区域和办公区域往往不能做到有效隔离。这种情况存在会造成实验活动风险性增加。

⑤ 危险化学品总量虽然不多，但种类繁多。高校科研方向和科研项目的更新速度远高于企业，因此造成危险化学品种类繁多，安全管理难度大。

⑥ 各类仪器设备、压力容器大多复杂精密。存在多种精密仪器和压力容器，保护点多且复杂。

总结起来，高校化学类实验室一方面科研活跃，创新活动不确定性较强；另一方面是师生人数众多，安全管理能力不足，两者叠加造成了实验室安全管理工作面临严峻的挑战。若在主观意识上不能正确认识实验室安全管理困局，思想上产生麻痹，最后往往会出现更大的实验室安全问题和隐患。

当前高校化学类实验室主要存在的问题包括：

① 实验室安全管理制度没有完整的体系，缺乏对学生价值观、安全观的教育。

② 学生往往无法判断实验过程中的风险，“无知者无畏”地进行高风险实验。

③ 实验过程中产生的废液、废气等废物处置不恰当，甚至不处理直接排放。

④ 缺乏有效的安全管理制度和应急预案。

⑤ 没有形成自上而下的安全监管机制，安全管理常常碎片化。

那么，高校化学类实验室出现的安全问题，究竟是化学化工的问题？还是安全伦理观的问题呢？

众所周知，化学化工是国民经济的支柱，与人们衣食住行都密切相关，化学工业的发展经历了从粗放式到精细化的发展，也曾经付出了环境甚至生命的代价，但随着科技的发展，政府越来越重视化学工业与环境的关系，各类标准与法规不断制定完善并得到实施，大型化工企业普遍执行了HSE管理体系或“责任关怀”管理体系，安全和环保已经成为化工类企业自发自觉的行动。

相反，高校近年来则多以科研为重，然而随着招生规模的扩大，化学类实验室面积捉襟见肘，各种安全管理制度没有形成规范体系，形同虚设，已经大幅落后于化工企业。此外，忽视了对学生的安全观和伦理观的培养，学生对实验活动中的风险辨识能力严重不足。因此，建设高校化学类实验室的安全管理体系，特别是培养学生树立正确安全伦理观已成当务之急。

7.1.2　化学类实验室安全伦理观

什么是安全伦理观？如何建立正确的安全伦理观？我们可以通过如下几个问题来认识和理解。

① 实验方案拟定过程中，有没有将自己和他人的健康、安全和环境考虑进去？

② 实验活动过程中，产生的废弃物如何处理？是否对环境和安全产生影响？

③ 有无完备的实验安全应急方案和安全管理制度？

④ 设计化学实验存在道德和伦理方面的问题吗？

这些问题都与实验科学与技术途径无关，却是实验室安全不可忽视的考虑因素，反映了个人和团队的伦理观、价值观。因此，开设工程伦理类相关课程，对于现阶段的研究生和大学生而言是非常必要的。

（1）伦理、道德与价值观

2018 年 5 月，国务院学位委员会印发《关于制订工程类硕士专业学位研究生培养方案的指导意见》，将工程伦理纳入工程硕士专业学位研究生公共必修课程，表明了国家加强伦理教育的决心。材料与化工作为交叉融合的新工科方向专业，培养价值观、知识、能力和职业素养兼备的“四位一体”人才是其核心教育目标。

谈到职业素养，我国从春秋战国时就已有萌芽，法家学派代表人物管仲提出的“非诚贾不得食于贾，非诚工不得食于工，非诚农不得食于农，非信士不得立于朝”，其中的论点就是对职业素养的要求。安全伦理观的培养属于职业素养的重要组成部分。

为更好理解伦理观，下面将伦理、道德与价值观几个相似概念进行对比。

① 伦理与道德。两者的共同点是强调值得倡导和遵循的行为方式，都以善为追求的目标。但道德更具个体性和主观性，突出个人因遵守规则而具有“德性”；伦理则更具社会性与客观性，突出依照原则处理人与人、人与社会、人与自然的关系。

② 伦理与价值观。价值观是个人对事物的偏好或判断，关注如何确定标准；伦理则是关注个人行为是否恰当，在现实中如何实践价值的标准。两者之间的关系是通过伦理观的建立，确定标准，进而塑造价值观。

为在实验室活动的学生塑造社会主义核心价值观，是建立高校化学类实验室伦理观的基础。而实验室安全伦理观的建设，是杜绝违规或不当实验操作，防止事故发生，避免人员伤亡的关键所在。

理论上而言，一个完整的化学实验可以认为是微小型的工程活动，因此，为建立健全实验室安全伦理观，首先也需要对高校化学类实验室各类活动进行多维度思考和认识。

① 从技术维度看：实验室活动包括了多种应用技术，是各种先进技术的集成。

② 从科研维度看：实验室活动的主要目的就是创新。

③ 从管理维度看：实验是理论、方法、实践和安全的高度协同。

④ 从环境维度看：避免实验活动对环境造成污染和破坏。

⑤ 从经济维度看：实验活动具有经济价值和实验经济性。

⑥ 从安全维度看：确保实验活动的正常平稳进行，不发生事故。

⑦ 从伦理维度看：师生在实验室都需遵守职业伦理和安全伦理，根据情况判断个人行为，力求“正当行事”。

只有通过多维度思考，对实验活动进行独立的价值判断，并依据自己的判断执行，才是真正对实验室安全负责。

（2）实验室安全

什么是安全？安全实际是一种状态。从不同角度出发，对安全有不同层面的认知。

① 实验室角度：保证实验室安全就是从源头上杜绝实验室的安全漏洞和风险。

按客观条件而言，实验室的建设必须充分考虑楼宇选址、功能布局、配套条件和安全设施。实验室楼宇建设要综合考虑周边环境、基础条件等因素。对于特殊的实验功能和内容，如放射性实验等，应专门分区，特别防护。设计合理的配套设施，如试剂库房（包括剧毒品库）、实验室废弃物预处理或暂存设施、消防设施等。在楼宇设计、建设和整体改造时充分考虑、超前设计、提前预留，如监控设备、烟雾报警、洗眼器、逃生路线导引等安全设施的设计。

② 科研人员角度：必须从思想上重视实验室安全，从意识上敬畏实验室安全。

非营利组织“实验室安全机构”的 James Kaufman 曾经进行过统计，学校实验室出事故的概率是工厂实验室的 100 倍，而且学校实验室不是专业实验室，事故不会被记录在案，因此到底有多少事故难以进行确切统计。这就要求科研人员必须高度重视实验室安全，了解实验室各项安全要素，管控好水、电、化学药剂、高压设备、高频带辐射源仪器等。

③ 管理人员角度：必须明晰实验室安全管理职责，掌握安全管理工作重点。

海恩法则是在航空界关于飞行安全的法则，由德国飞机涡轮机的发明者德国人帕布斯・海恩提出，如图 7-1 所示。法则指出：每一起严重事故的背后，必然有 29 起轻微事故和 300 起未遂先兆以及 1000 个安全隐患。海恩法则在化学类实验室也依然有效，严重事故往往不是即刻发生的，背后的事故隐患是管理人员必须能够评估并修正的。

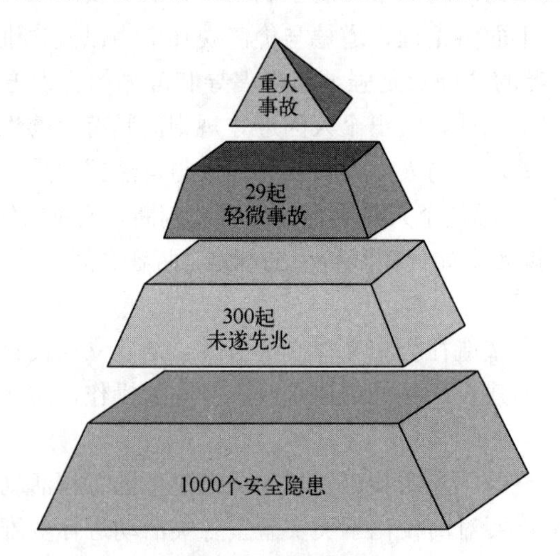

图 7-1 海恩法则

基于此，在理解实验室安全状态的基础上，对化学类实验室安全管理共性问题进行梳理和总结。一方面，科研人员往往只关注结果，缺乏安全观，表现为不会主动进行实验过程安全分析，不主动进行风险评估，不主动进行风险控制的实施，“无知者无畏”或“明知无畏”

进行危险实验的现象时有发生。另一方面，管理人员缺乏安全知识和能力，往往没有经过专业培训，不知道如何设计和建设实验室工程安全设施，不主动学习自己管辖范围之外的安全知识，不会分析安全事故的根本原因，不专业，无标准。再有，安监消防人员则往往对类型众多的高校实验室特点不熟悉，缺乏换位思考能力，致使隐患检查碎片化，无法从根本上解决问题。

这些问题的存在，最终必然导致安全隐患出现，造成事故。因此，在确保实验室硬件条件达标基础上，安全管理的重点在于人的管理。

（3）安全管理典范——杜邦公司“安全认知四阶段”

如何在高校科研和管理人员中建立安全观，落实安全管理制度和规范呢？核心点是对实验室安全有正确的认识，强化自我管理和团队管理。杜邦公司作为国际知名的化学品公司，其安全管理规范非常完备，已成为全世界所公认的优秀模板。

图7-2是杜邦公司的“安全认知四阶段”。

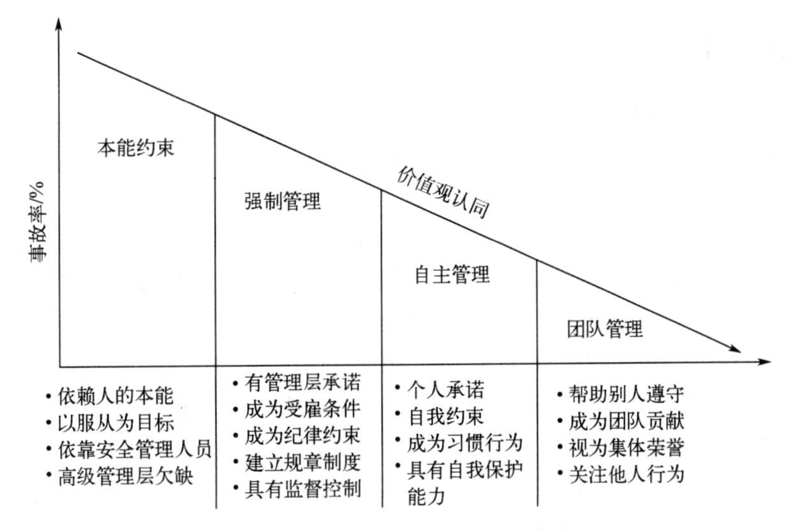

图7-2 杜邦公司“安全认知四阶段”

第一阶段：本能约束。这一阶段实验室没有安全管理制度，安全完全依赖于人的本能和安全管理人员，强调以服从为目标，安全管理人员很难进入高级管理层。如果安全管理停留在这个阶段，科研人员没有专门的培训，势必会造成安全隐患，事故率居高不下。

第二阶段：强制管理。这一阶段实验室建立了安全规章制度，强制要求各级管理层对安全进行承诺，具有监督控制机制，较第一阶段而言安全管理提升到了必要强制措施。安全制度成为了受雇条件，成为了纪律约束。

第三阶段：自主管理。这一阶段要求实验室所有人员必须承诺安全，能够自我约束，具有自我保护能力，将安全意识形成习惯行为，强调所有实验室人员的共同参与。较前两阶段而言强调了全员共同参与安全管理，注重自身安全规范行为。

第四阶段：团队管理。这一阶段安全已不仅仅是个人行为，还是集体荣誉，在保护好个人安全前提下，必须帮助他人遵守安全制度。

从本能约束、强制管理、自主管理到团队管理，安全认知四阶段的发展过程，就是人员的安全价值观不断趋同的过程，事故率也随之不断下降。

通过前述对高校化学类实验室特点和安全管理的介绍，可以了解到要保障高校化学类实验室的安全，必须建立科研和管理人员的安全伦理观，落实安全管理制度和规范。伦理教育势在必行。

伦理教育在安全管理中的作用可以总结为：趋于一致的安全价值观是保证安全的灵魂；职业伦理教育能够推动安全认知的提升，便于科研人员开展自主管理和团队管理；正确的伦理观和安全观教育是培养安全意识和防护能力的基础；实验室安全文化建设可以有效提升全员的安全素养。

那么，如何在化学类实验室进行伦理教育？现有化工企业的安全管理体系能否作为参考呢？这些都是目前亟待解决的问题。本书尝试将当前化工企业“责任关怀”管理体系复刻到化学类实验室中，并在团队中进行了培训推广，取得了一定的成果。

7.2 化学类实验室“责任关怀”

7.2.1 责任关怀

责任关怀（responsible care）是化工行业针对自身的发展情况，提出的一整套自律性的，持续改进环保、健康及安全绩效的管理体系。这套管理体系专门针对化工企业，关心产品从实验室研制到生产、分销以及最终再利用、回收、处置销毁；关心承包商、用户和附近社区及公众健康与安全；强调化工企业有责任保护公共环境，不因自身的行为使员工、公众和环境受到损害，确保企业达到最低风险水平。这是全球化学工业自愿发起的关于健康、安全及环境等方面不断改善绩效的行为，是化工行业专有的自愿性行动。该行动旨在改善各化工企业生产经营活动中的健康、安全及环境表现，提高当地社区对化工行业的认识和参与水平。

“责任关怀”管理体系最先是由加拿大化学品制造协会在1984年提出的，1988年美国化学品制造协会正式在美国推行，到1992年，由国际化工协会理事会接纳并形成全球推广计划。多年来“责任关怀”在全球五六十个国家和地区得到推广，几乎所有跻身世界500强的化工企业都践行了这一体系。

我国在2002年由中国石油和化学工业协会正式在全国推广。2006年，责任关怀全球宪章发布，我国在2011年由工业和信息化部发布《责任关怀实施准则》。目前我国大型石油化工企业都践行了这一安全管理体系。

“责任关怀”的英文单词为“responsible care”，其正确理解应该是“负责的关照”，只是引入时被翻译为“责任关怀”，我国就约定俗成地一直沿用了。“负责的关照”应该包括如下内容：

① 对化学品有可能涉及的安全、环保和健康问题的关照。

② 对化学品研发、生产、储运、使用、废弃等全部产品生命周期的关照。

③ 对从直接接触人员到周边社区乃至与产品有关各方人员的关照。

④ 有规范行为和要求的关照。

⑤ 成为全员共同意识的关照。

图7-3展示了与责任关怀相关概念的词语类比。

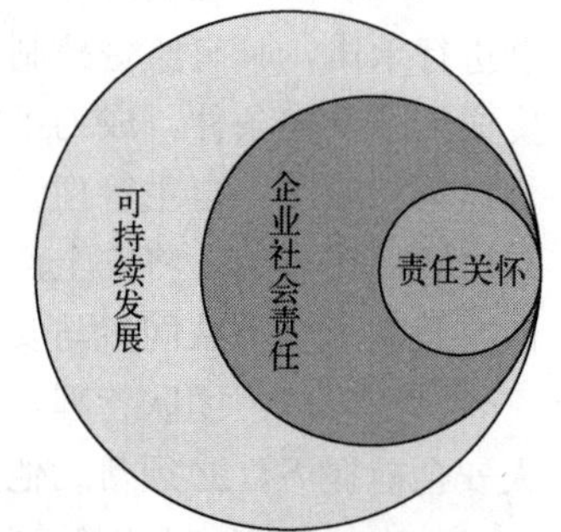

图7-3 相似概念类比

责任关怀是专门针对化工企业的一套管理规则，属于企业的社会责任范畴，终极目的是为企业的可持续发展服务。但责任关怀并不等同于企业社会责任，责任关怀仅仅是一套规则，而企业的社会责任包含内容更多，是对企业的道德要求。此外，责任关怀仅针对化工企业，而社会责任是对所有企业的要求。由此可见，责任关怀的目的是通过遵守规则，确保化工企业达到最低风险水平。

美国的兰德公司用了20年追踪了500家世界级大企业，发现超过百年的大企业都遵从了与“责任关怀”类似的规则（价值观），即人的价值高于物的价值；共同价值高于个人价值；社会价值高于利润价值；用户价值高于生产价值。以杜邦公司为例，其规则可表达为“以人为本是企业安全生产的灵魂，是企业安全发展的DNA”。可见，若能以责任关怀为范本，化工企业建立适合自己的安全管理体系，对于企业的发展、安全等均具有重要的作用。

7.2.2　责任关怀实施准则

责任关怀的基本含义在于确保化工企业达到最低风险水平，而达成的重点在于通过建立相关实施准则，持续改善并提高工艺安全、健康与环境的整体绩效，进而降低风险。我国从2011年开始执行《责任关怀实施准则》(标准号：HG/T 4184—2011)，适用于从事化学品的生产、经营、使用、储存、运输、废弃物处置等业务并承诺实施责任关怀的企业。责任关怀六项基本准则可表述为：①社区认知和应急响应准则；②储运安全准则；③污染防治准则；④工艺安全准则；⑤职业健康安全准则；⑥产品安全监管准则。如果把高校化学类实验室视为一个微型企业，能不能在实验室范围内推行责任关怀呢？即建设化学类实验室的“责任关怀”实施准则，以此保证健康、安全和环境。

（1）社区认知和应急响应准则

对于化工企业，此条准则意义在于通过信息交流和沟通，提高社区认知水平，让化工企业的应急响应计划与当地社区或其他企业的应急响应计划相呼应，进而达到相互支持与帮助的功能，以确保员工及社区公众的安全。

化学类实验室认知和应急响应准则可定义为通过信息交流和沟通，对楼宇内所有实验室的危险源有所认知，各个实验室的应急预案应相互呼应，进而达到相互支持与帮助的功能，以确保科研人员及管理人员的安全。

这一准则实施的目的在于加强实验室之间的相互沟通，彼此了解各自的研究方向、科研技术和安全环保措施，认知实验室危险源，建立的应急预案可与周边实验室相互呼应，能够在危险发生时相互支持与帮助，可以守望相助，彼此协助，真正达成实验室的安全管理。

目前很多高校都已执行化学类实验室挂牌制度，以笔者所在的北京化工大学化学类实验室挂牌为例（图7-4），实验室所有的危险化学品和危险源都明确列于表中，并对其消防措施进行了提示。这种标识向安监消防及其他相关人员准确地提示了实验室风险，可认为符合实验室责任关怀的第一条准则。

（2）储运安全准则

对于化工企业而言，这一准则是规范化学品储运安全管理，包括化学品的转移、再包装和库存保管，经由公路、铁路、水路、航空及管输等各种形式的运输安全管理，并确保应急预案得以实施，从而将其对人和环境可能造成的危害降至最低。

高校化学类实验室不会大批量生产产品，故可将“责任关怀”的储运安全准则和产品安全监管准则合并为实验室化学品安全监管准则，保障各类化学品和配制试剂的储存，特别是危险化学品的安全监管和储存。可将此准则定义为对实验室各类化学品进行全生命周期监管，包括了购买、储存、使用到废弃物处理全过程管理。

实验楼：有机楼　　　　　　房间号：206

实验室主要危险化学品及危险源
主要危险化学品：HCl，HNO_3
气瓶：氮气、氩气
高温设备：马弗炉、管式炉、烘箱
高压设备：无

灭火要点：
☑水　☑干粉　☑二氧化碳　☑灭火砂　☑灭火毯
其他：________________

图 7-4　北京化工大学化学类实验室挂牌示例

这意味着高校化学类实验室必须对存放的各类化学品（包括自行配置的试剂）进行从源头到废弃处置的全生命周期管理，通过正规渠道采购进行源头把控，建立采购、使用和废弃台账。

图 7-5 所示的化学品保存方法确保了化学品的分类存放。此外，易制毒、易制爆化学品要单独存放，双人监管。

图 7-5　化学品分类存放

（3）污染防治准则

对于化工企业而言，此准则要求能对污染物的产生、处理和排放进行综合控制和管理，持续地减少废弃物的排放总量，使企业在生产经营中对环境造成的影响降至最低。

从实验室角度来看，该准则的目标主要是各类废弃物的处置管理。可定义为实验室做好固体废物、液体废物和气体废物的处置管理，减少废弃物的排放总量，对环境造成的影响降至最低。

高校化学类实验室的废弃物主要包括固体废物和液体废物，必须进行分类存放，由专业回收公司定期进行处置。因实验产生的气体废物量很小且通常无法回收，一般是在楼宇内安装通风系统，并统一进入楼宇顶部的气体净化系统进行处理。废液是实验室废弃物中最大量的组成部分，一般用废液桶进行收集。废液桶应满足如下要求：

① 装载危险废物的容器及材质应当满足相应的强度要求；

② 装载危险废物的容器应当完好无损；

③ 装载危险废物容器的材质和衬里不能与危险废物反应；

④ 废液桶要分类储存废液，一般分为如下六大类：有机废液、碱性废液、酸性废液、无机盐废液、强氧化性废液和其他废液。

（4）工艺安全准则

此准则要求化工企业规范化学品的工艺安全管理，防止化学品泄漏、火灾、爆炸，避免发生伤害及对环境产生负面影响。

高校化学类实验室要进行各类化学实验，因此该准则可定义为规范实验过程安全准则，防止实验过程发生泄漏、火灾、爆炸，避免发生伤害及对环境产生负面影响。这一准则的实施目的是确保各级各类实验的安全进行，也是实验室安全管理的关键。

为了能实现这条准则，实验室进行科学实验之前，必须进行实验过程风险分析，主要包括：对危险源、实验步骤、泄漏处理、防护措施的分析；对火灾爆炸风险和生物辐射风险的分析；对产生的废弃物的处置。这部分内容将在下节进行详细介绍。

（5）职业健康安全准则

化工企业要不断改善对雇员、合同工作人员的保护，内容包括加强人员的训练并分享相关健康及安全的信息报道、研究调查潜在危害因子并降低其危害及定期追踪员工的健康情况并加以改善。

此准则是化学类实验室内科研人员和管理人员的安全准则。可定义为履行实验室准入制度，定期进行人员的安全教育，明确安全隐患，做好安全防护，确保无职业病发生风险。这一准则要求进入实验室人员必须具备足够的安全知识，掌握事故应急处置的技能，也是培养实验室人员“以人为本”安全观的具体体现。

（6）产品安全监管准则

本准则适用于化工企业产品的所有方面，涵盖了所有产品从最初的研究、制造、储运与配送、销售到废弃物处理整个过程的管理。

对于实验室而言，此准则可定义为对实验室各类化学品，包括自制溶液及中间产物，进行全生命周期监管，包括了购买、储存、使用到废弃物处理整个过程的管理。各类化学品和自制试剂等，必须有明确的采购和使用台账，做好源头把控。

利用化工企业“责任关怀”准则，适配于高校化学类实验室，建立实验室“责任关怀”管理体系，为实验室的安全管理提供了有依据的管理方法。

7.3 化学类实验室安全管理

高校如何以实验室“责任关怀”实施准则为基础，建立和实现实验室“责任关怀”管理体系呢？必须建立以风险控制为核心、安全教育和应急处置培训为重点的实验室安全管理体系，强调安全管理的自律性和持续改善性。本节为大家具体介绍高校化学类实验室安全管理制度和规范的建设。

7.3.1 化学类实验室安全事故分析

在事故的种种定义中，比较著名的是伯克霍夫（Birkhoff）定义。认为事故是人（个人或集体）在为实现某种意图而进行的活动过程中，突然发生的、违反人的意志的、迫使活动暂时或永久停止的事件。

据统计，高校化学类实验室因化学品使用造成的事故是最多的，而这些事故中，因人为因素造成的比例高达98%。人为因素包括人的不安全行为（人的内在、外在行为）和不安全环境（环境、设备等），两者往往交织在一起，共同造成安全事故。

图7-6展示了五骨牌事故链原理。由于前期的管理控制不足，引发安全隐患，这是事故发生的起源或基本原因。当安全隐患存在的情况，若有如火花、静电等直接原因出现，就会造成事故发生，最后产生损失甚至灾难。事故直接原因是人的不安全行为及不安全环境，但两者均由不良管理所引起，根本上说是管理不善、不重视安全、缺乏安全制度。

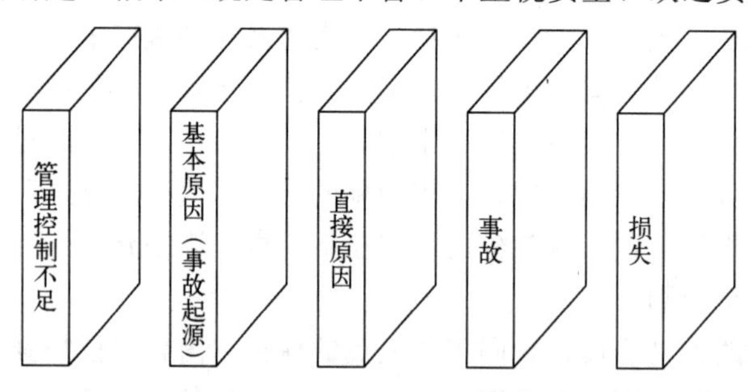

图7-6 五骨牌事故链原理

（1）管理控制不足

通过完善安全管理工作，经过较大的努力，才能防止事故的发生。必须认识到，只要没有实现本质安全化，就有发生事故及伤害的可能性，因此，安全管理是实验室管理的重要环节。安全管理系统要随着生产的发展变化而不断调整完善，十全十美的管理系统不可能存在。由于安全管理上的缺陷或控制不足，致使能够造成事故的其他原因出现。

（2）基本原因（事故起源）

事故的基本原因包括个人和工作条件因素。个人因素包括缺乏安全知识或技能、行为动机不正确、生理或心理有问题等。工作条件因素包括安全操作规程不健全，设备、材料不合适，以及存在温度、湿度、粉尘、气体、噪声、照明、工作场地状况（如打滑的地面、障碍物、不可靠支撑物）等有害作业环境因素。只有找出并控制这些因素，才能有效地防止事故的发生。

（3）直接原因

人的不安全行为或物的不安全状态是事故的直接原因。这种原因是安全管理中必须重点加以追究的原因。但是，直接原因只是一种表面现象，是深层次原因的表征。在实际工作中，不能停留在这种表面现象上，而要追究其背后隐藏的管理上的缺陷因素，并采取有效的控制措施，从根本上杜绝事故的发生。

（4）事故

这里的事故被看作是人体或物体与超过其承受阈值的能量接触，或人体与妨碍正常生理活动的物质的接触。因此，防止事故就是防止接触。可以通过对装置、材料、工艺等的改进来防止能量的释放，或者操作者提高识别和回避危险的能力，佩戴个人防护用具等来防止接触。

（5）损失

人员伤害及财物损坏统称为损失。人员伤害包括工伤、职业病、精神创伤等。在许多情况下，可以采取恰当的措施使事故造成的损失最大限度地减小。例如，对受伤人员迅速进行正确的抢救，对设备进行抢修以及平时对有关人员进行应急训练等。

“事故链”理论的研究目的，并不是追究谁应当对事故负责。虽然这种事故链被标识为“理论”，但更正确地说这是一个有关事故发生的一种方式的抽象。实际上，对事故链的描述包括了所有可预防的事故原因。“事故链理论”并不局限于确定在这一事故链中任何导致事故发生的特殊联系，但是它对于深入研究事故并且设计出适当的事故预防的方法是非常有用的。

7.3.2　化学类实验室安全管理制度

（1）实验室安全

所谓实验室安全，就是避免危险因子造成实验室人员暴露、向实验室外扩散并导致危害的综合措施。这里的安全，是人们可以接受的危险水平，这一定是相对的，因为危险是永远存在的。但危险并不意味着事故的发生，或者说在风险是可控的情况下，尽管危险始终存在，但实验室是安全的。

总之，实验室安全就是对内要保证实验人员的健康，对外不能对周边环境产生不利影响，必须做到保护自己不受伤害，也不让他人受到伤害。

（2）实验室安全组织与安全责任

高校各职能部门和实验室均应明确各自承担的安全管理工作和安全责任。

① 安全组织。高校需成立实验室安全领导小组，由党政领导作为负责人，分管实验室的领导主管实验室安全，各研究所、中心、教研室、实验室等负责人参加；院系需有专（兼）职实验室安全管理人员；实体二级机构需建立健全的安全管理负责人系统；设立实验室安全检查（督导）工作小组。

② 安全责任。高校必须明确各个层面的安全管理责任；应建立学校、学院、系所直至实验室的安全责任体系，签订各级管理责任书；实验室门口需要按7.2节要求进行挂牌，明确责任人、联系电话和安全信息；明确安全管理员及其职责；明确导师的安全职责；明确实验人的安全责任。

（3）实验室安全管理规章

一般来说，高校化学类实验室应在建立安全组织基础上，设计和建立如下安全管理规章制度。

① 高校、院系和实验室均需根据情况制定实验室安全管理制度。

② 规章制度应上墙或造册。

③ 高校、院系应召开全体会议宣讲安全管理制度。

④ 院系应编写安全实验手册。

⑤ 高校梳理各实验室的主要危险源，并据此对实验室进行分级管理。

⑥ 各实验室应编写实验室重点设备的安全操作规程。

⑦ 各实验室应编写事故应急预案。

⑧ 定期进行包括校级、院级和实验室各个层级的安全综合培训。

⑨ 高校应在学校主页开展实验室安全宣传，实验室在易见的合适位置张贴安全警示标示，如高温、高压、高转速、电磁、辐射等。

7.3.3 化学类实验室风险管理

高校化学类实验室作为培养人才和科研创新的平台，承担着科学研究、实验教学、社会服务等功能。随着实验室规模扩大和功能加强，提高实验室安全管理水平，避免安全问题发生成为亟待解决的问题。

作为安全管理方面具有品牌价值的企业，美国杜邦公司的第一条安全理念就是“所有的安全事故都是可以预防的”。高校化学类实验室可参考杜邦公司的安全解决方案，即进行实验室风险管理。对于高校化学类实验室来说，安全是相对的，风险是永远存在的，但当安全保护足够时，风险一定是可控的。

图 7-7 是化学类实验室风险管理示意图。从风险到事故之间，可以通过各种安全管理建立起保护层，尽管保护层中可能存在漏洞和隐患，然而多层保护层的存在，能够大概率抵御事故的发生。

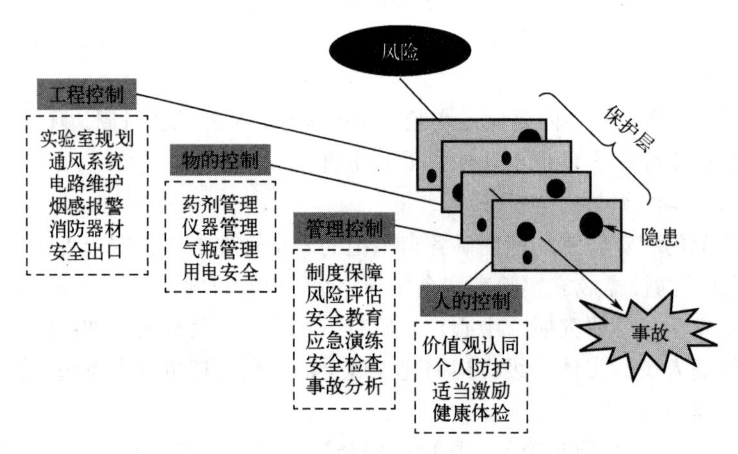

图 7-7 化学类实验室风险管理

根据化学类实验室的特点设计四个保护层：工程控制、物的控制、管理控制、人的控制。通过这四个保护层，达到事故可有效预防的目的。四层防护的设计里，每层防护都还可以继续设计不同的保护层，保护层越多越完善，则事故发生的可能性越小，保护层有效运行，就是实验室安全的保障。

7.3.3.1 工程控制

工程控制实质为实验室规划和条件，如通风系统、电路维护、消防、烟感、安全出口等硬件设施的建设，其目的就是要通过实现闭环管理，有效守护实验室安全。工程控制包括：楼宇选址考虑周边环境，确保水路、电路等基础条件符合要求；配套条件需包含试剂库房（或专用药品柜）、废弃物处理区等；安全设施包括视频监控、烟感报警、安全出口、消防设施、喷淋器等（图 7-8）；功能布局考虑特殊试验内容。而这些设计和建设，通常由专人负责，学校、学院和实验室三级共同管理。实验室科研人员和管理人员一定要了解环境风险，掌握如何进行防控。

7.3.3.2 物的控制

物的控制包括试剂、仪器、气瓶等管理。高校化学类实验室中常见危险源，包括危险化学品、仪器设备等。其中危险化学品（简称危化品）的管理是重中之重。

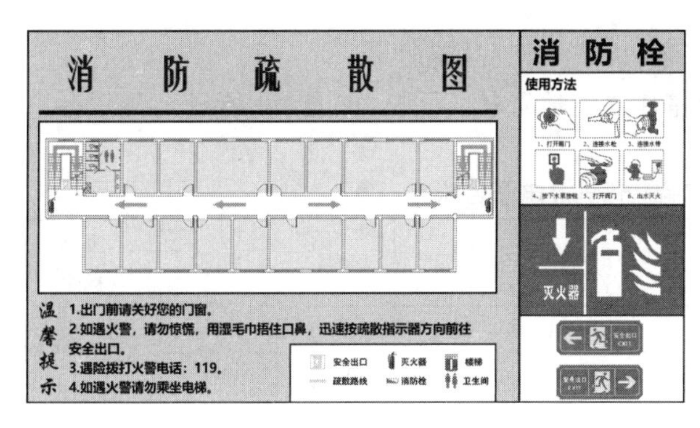

图 7-8　实验室基本安全设施

（1）危险化学品安全管理

危险化学品是指具有毒害、腐蚀、爆炸、燃烧、助燃等性质，对人体、设施、环境具有危害的化学品。高校化学类实验室要开展教学、科研实验，需要使用各类化学品，包括大量的危险化学品。

高校化学类实验室危化品管理的难点，包括：化学危险品种类多、数量大；采购渠道杂乱，供应商资质良莠不齐；使用过程监管困难，台账不清、采购量不清、使用量不清、存量不清；安全管理责任意识、防护意识和事故处置能力不到位；社会服务与管理尚存在缺位，部分工作瓶颈现象突出，如危化品废弃物处置。

这些难点问题随着高校对实验室安全管理工作的逐渐重视，目前已经按照风险管理原则，规范了危险化学品的采购与储存。对于危险化学品的采购，要求如下：购买危险化学品之前，应参考化学品安全技术说明书（material safety data sheet，MSDS），获取适合的操作、储存和处理的信息；购买危险化学品需要通过试剂采购平台，从指定供应商家购买方可进行报销；购买易制毒、易致爆化学品，需要经实验室管理部门、保卫处审核并备案后，才能从有资质的商家购买。

危险化学品的储存则必须遵循如下规则：

A. 分类存放。可以按照性质用途、等级规格和危险性进行分类存放。

B. 危险化学品储存必须要防氧化、防挥发、防光热分解、防吸潮和风化、防与容器反应。

C. 化学品和配制试剂应贴有标签。配制试剂标签应包含试剂名称、浓度、责任人、日期等。

D. 存放化学品的场所必须整洁、通风、隔热、安全、远离热源和火源，如带有通风设施的药品存储柜（图 7-9）。

图 7-9　带有通风设施的药品存储柜

E. 易制毒药品需按双人双锁管理，不得与其他管制品混放。

为保证更好地管理化学品，建议实验室建立化学品电子台账（如表 7-1 所示），确保存量。

表 7-1 实验室化学品电子台账

药品名称	试剂类型	规格	入库时间	使用人	使用日期	用量	余量	核对	废弃标注
氯化钠	一般	500g	20210601	××	20220211	10 g	490 g	×××	20220415 空瓶回收
				×××	20221205	100 g	390 g	×××	
				…	…	…	…	…	
盐酸	易制毒	500mL	20210902	×××	20220915	100 mL	400 mL	×××	
……									

通常来说，从安全管理角度，实验室试剂存量一般不应超过每周试剂消耗总量。

（2）压力容器的管理

根据《特种设备安全监察条例》的定义，压力容器是指盛装气体或者液体，承载一定压力的密闭设备，其范围规定为最高工作压力大于或者等于 0.1MPa（表压），且压力与容积的乘积大于或者等于 2.5MPa・L 的气体、液化气体和最高工作温度高于或者等于标准沸点的液体的固定式容器和移动式容器；盛装公称工作压力大于或者等于 0.2MPa（表压），且压力与容积的乘积大于或者等于 1.0MPa・L 的气体、液化气体和标准沸点等于或者低于 60℃液体的气瓶；氧舱等。高校化学类实验室常见气体钢瓶、高压反应釜、反应罐、反应器、高压灭菌仪等压力容器。

气瓶作为化学类实验室最多见的压力容器，其使用必须遵循用气规范，包括：确定气瓶有正确的标记；确认气体种类、检验周期等；进行必要的检漏；固定瓶身存放使用；气瓶使用前应先安装减压阀和压力表，各种压力表不可混用；定期检查减压阀；橡胶管路要定期检查，防止橡胶老化；搬运时要旋上钢帽，使用专用的手推车；气瓶应远离热源、火源和电气设备。特别注意：易燃易爆气体和助燃气体要分开远距离放置。

表 7-2 展示了常用气瓶的颜色和标志，相关人员务必了解气体特性并掌握使用规范。

表 7-2 常用气瓶颜色和标志

序号	充装气体	化学式	瓶身颜色	字色	色环
1	空气		黑	白	P=20，白色单环 P≥30，白色双环
2	氮气	N_2	黑	白	
3	氧气	O_2	淡（酞）蓝	黑	
4	氢气	H_2	淡绿	大红	P=20，大红单环 P≥30，大红双环
5	二氧化碳	CO_2	铝白	黑	P=20，黑色单环
6	乙炔	C_2H_2	白	大红	
7	氨	NH_3	淡黄	黑	
8	氯	Cl_2	深绿	白	
9	氟	F_2	白	黑	

（3）仪器设备

高校化学类实验室内还常见各种高低温设备、高转速设备等，这类危险设备必须贴有警示标识（图 7-10），必须有专人负责管理，按照安全操作规程进行使用和维护，且必须有应急备案。开机使用期间，操作者不得离开实验岗位，并按要求做好使用记录。

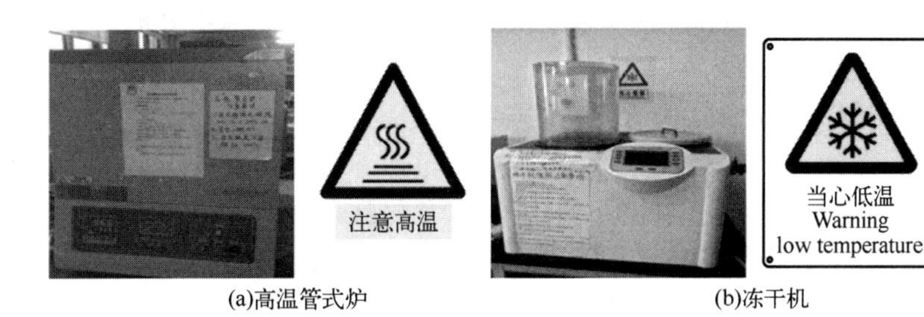

图 7-10　危险设备警示标识

（4）用电安全

高校化学类实验室要确保用电安全。

A. 严禁私自拆改和随意搭建用电线路；

B. 掌握实验室配电总容量，合理配置电器规模；

C. 试剂库、有机和高分子等实验室配备防爆灯和防爆开关；

D. 安装必要的漏电保护装置；

E. 特定实验环境中防止静电的产生；

F. 接线板不得串接、不得直接放在地面上；

G. 不得使用花线、木质配电板或接线板。

7.3.3.3　管理控制

管理控制包括制度保障、风险评估、安全教育、应急演练、安全检查、事故分析等。虽然安全事故多由人的不安全行为和仪器设备的不安全状态引发，但是这两者都是由于管理不到位所产生，因此管理因素是风险控制最重要的一环。管理的重点在于安全教育培训，难点在于实验过程的风险分析和安全检查。

（1）安全教育培训

安全教育培训包括：实验室安全知识、化学品使用规范、仪器设备使用规范、应急处理措施等，这是所有进入实验室人员的第一课，也是了解实验室具体风险的有效途径。当前，大多数高校采用了实验室准入制度（图 7-11），新入职的员工、新入学的研究生和本科毕设学生必须在学习了化学类实验室安全知识基础上，参加学校组织的安全考试，成绩合格后方可进入实验室，再由实验室进行安全培训，填写安全承诺书，才能进行实验。

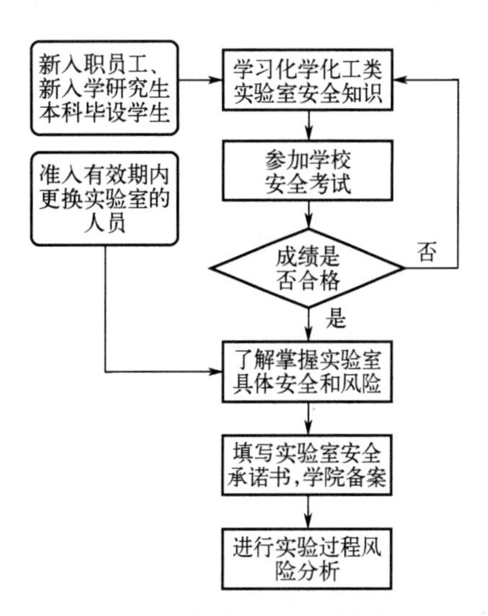

图 7-11　实验室准入制度流程

实验室准入制度是化学类实验室管理控制的核心，这一制度的实施，是实验室各类人员权利和义务的具体体现：一方面是以人为本，对实验室风险尽到告知义务；另一方面是对实验室人员自觉防护，尊重生命和健康的要求。可见这一制度是以安全伦理为支撑、全员参与为保障的，确保了实验室安全管理制度和规范的顺利推行。

（2）风险分析

在进行探索性创新科研实验之前，必须进行实验风险分析。风险分析是实验过程的安全屏障，可按如下步骤进行：

第一，根据文献资料设计实验方案，这一步往往是探索性的，后续会不断根据实验结果发生变化。

第二，进行风险辨识，列出实验所需化学品（危化品、辐射、腐蚀性等）、危险设备（高温、高压、高转速等）、特种设备（高压容器、钢瓶等）、工艺条件（反应温度、压力、加料方式、废弃物处置）等，对可能产生的风险进行标识。

第三，提出风险控制措施，包括通风条件、报警装置、操作方法、值守、个人防护、仪器管理、废弃物处置方法等。

第四，建立应急措施和三废处理机制。在实验过程中若发生停水、停电、遗撒、泄漏等问题，必须有应急处置措施。此外，实验过程中产生的废气、废水、废渣需要有处理方法。

四步风险分析完成之后，还要经由小组讨论、导师指导，甚至要经过开题专家分析探讨方案的可行性，才能进行实验。实验过程仍需安全员把关，监督实施。这样才能确保风险评估的准确性，并最终形成带有安全注意事项的详细操作步骤——实验标准操作规程。

（3）安全检查

安全检查作为重要的安全隐患发现途径，高校应形成由实验室安全员、安全巡查员和安全专家的三级检查制度。

安全员自查实验室，设备和化学品的巡查保持至少一周一次。

安全巡查员进行不定期巡查和抽查，重点进行基于7S（整理、整顿、清扫、清洁、素养、安全、节约）的实验室物、事和人管理情况检查。

安全专家每年进行2次以上的全面检查，包括安全教育培训监督、风险分析评估和薄弱环节汇总等。

最终构建起“点（安全员）-线（巡查员）-面（安全专家）”的多层次、全覆盖的安全检查模式。

（4）事故应急处理预案

应急预案又称应急计划，是针对可能出现的重大事故或灾害，为保证迅速、有序、有效地开展应急与救援行动、降低事故损失而预先制定的有关计划或方案。它是在辨识和评估潜在的重大危险、事故类型、发生的可能性及发生过程、事故后果及影响严重程度的基础上，对应急机构职责、人员、技术、装备、设施设备、物资、救援行动及其指挥与协调等方面预先做出的具体安排。应急预案明确了在突发事故发生之前、发生过程中以及刚刚结束之后，谁负责做什么、何时做以及相应的策略和资源准备等，是及时、有序、有效地开展应急救援工作的重要保障。

化学类实验室必须有针对性地建立事故应急处理预案，遵循以保护人身安全为第一原则，以安全为前提尽量减少事故损失为第二原则。在应急预案中，需要包含如下三个要素：

① 判断。如果事故涉及化学品，需要判断是否产生毒害、腐蚀和燃烧，掌握防护措施，

了解风险程度。

② 通知。及时通知相关人员，包括负责教师、安保人员，必要时报警处理。

③ 疏散。组织有效的围挡措施，协助人员离开危险区域。

如果参与处置事故，必须做好个人防护。无论化学品毒性、风险性如何，不得随意排放或丢弃。

7.3.3.4　人的控制

人的控制包括了价值观培养、个人防护、适当激励和健康检查。

高校化学类实验室中人员包括教师、管理人员和学生，其中学生是进行实验的主体。因此，必须要求学生从思想上重视实验室安全，从意识上敬畏实验室安全，建立“安全是第一位的”普适安全观。安全观是一种对待生命、健康和环境的态度，是一种优秀的职业素养，能够终生受益，远离风险。它也是理工科学生“价值观-知识-能力-职业素养”四位一体培养模式的要求。

7.3.4　实验室事故伦理分析

本节以 2010 年美国得克萨斯理工大学（下称得州理工大学）的爆炸事故作为案例进行事故伦理分析。案例内容出自美国化学品安全与危险调查局（Chemical Safety and Hazard Investigation Board，CSB）的事故调查报告。

（1）爆炸事故经过

2010 年 1 月 7 日，美国得州理工大学化学与生物化学系发生了爆炸，导致 1 名研究生失去了三根手指，手和脸部被烧伤，一只眼睛被化学物质烧伤。

事发当日，1 名五年级学生与 1 名一年级学生进行合成高氯酸肼镍衍生物（NPH）课题实验，每次合成实验得到的产物一般在 50~300mg，为了避免多次合成，两名学生在没有咨询首席研究员的情况下，擅自放大合成实验规模，一次性得到了 10 g 的 NPH。实验过程中，两名学生发现少量的 NPH 与水和乙烷作用下，不会发生燃烧和爆炸反应。因此基于经验判断，认为更大量的 NPH 的危害性也不大。放大实验制得的 NPH 产品呈块状，为了得到颗粒状 NPH，五年级学生将约 5g 产品转移至研钵中，加入乙烷，并使用搅拌棒轻轻搅拌分离块状产品。在最初分离过程中，这名研究生佩戴有护目镜，但在中途脱下护目镜走开，再次回来后没有佩戴护目镜就再一次进行搅拌，此时爆炸发生，数厘米厚的实验台面被炸断，学生受伤。

爆炸现场如图 7-12 所示。

图 7-12　爆炸现场照片

（2）爆炸原因分析

CSB进行事故调查时，不仅调查了事故的直接原因，而且对事故背后的组织、公司等层面可能存在的问题进行了分析。

根据物证、现场情况、证人证言得出实验室爆炸原因，包括：

① 美国得州理工大学在从事科学研究工作中，对物质本身危害性没有进行有效评估和控制；

② 实验室安全管理程序沿用OSHA（美国职业安全与卫生署）《实验室危害化学品工作场所暴露标准》，此标准旨在处理危害化学品暴露环境中对身体健康危害，而没有关注化学品物质的危害；

③ 没有现行针对实验室研究环境的综合危害评估指南；

④ 以前实验室发生过未遂事故，本可以从中得到预防事故再次发生的经验，但没有书面记录、追踪，也没有在校内正式交流过；

⑤ 截至本次爆炸事件发生时，研究资助机构、美国国土安全局（DHS）对研究工作没有提供任何具体安全要求，以致失去了对安全进行影响的机会；

⑥ 研究工作首席研究员、院系以及大学在安全职责和安全监督方面存在不足。

（3）事故伦理分析

美国得州理工大学实验室爆炸事件，暴露了高校实验室安全管理方面的诸多问题。事故调查完成后，CSB发布了对整个事件的系统调查报告，从管理、法律法规等方面进行了详细的分析。这份调查报告直接导致得州理工大学对学校的组织结构进行了调整，由主管科研的副校长直接负责健康、安全和环境（HSE）管理，从上至下层层落实安全管理，完善各级保护层，从而将风险降至可控程度。

通过对爆炸事故的原因分析，可以清晰地认识到安全不是监管出来的，安全制度再完备，也必须逐级落实，提升研究人员、管理人员的安全意识和安全素养，建立安全价值观，运用伦理思维（安全伦理、职业伦理等）管理实验室安全，将安全融入实验室所有的管理制度、操作规范，才能最大程度保障实验室安全。正如清华大学赵劲松教授所说：在科技创新生命周期各个阶段思考科技创新对人、对社会和对生态环境的影响，提高工程伦理素养，提升人文情怀，用实际行动切实关爱生命，做好实验室事故预防与应急准备工作。

高校化学类实验室的安全目标是杜绝事故的发生。然而，墨菲定律指出：任何事都没有表面看起来那么简单；所有的事都会比你预计的时间长；会出错的事总会出错；如果你担心某种情况发生，那么它就更有可能发生。也就是说，只要存在事故发生的原因，不管其可能性多么小，总会发生，并带来最大可能的损失。认识墨菲定律，就能够正确认识实验室化学安全事故的发生概率。隐患越多，概率越大。当然，墨菲定律绝不是让我们在安全事故面前听之任之，而是告诫我们：

第一，不能忽视小概率事件；

第二，安全意识时刻不能放松，安全管理要警钟长鸣；

第三，安全管理要主动出击，采取积极主动的预防方法和措施；

第四，安全管理不能只依靠安全员，而是要全员参与。

2019年6月，教育部印发的《关于加强高校实验室安全工作的意见》指出：各高校要按照“全员、全面、全程”的要求，创新宣传教育形式，宣讲普及安全常识，强化师生安全意识，提高师生安全技能，做到安全教育的“入脑入心”，达到“教育一个学生、带动一个家庭、影响整个社会”的目的。

本章小结

通过总结近年来高校化学类实验室安全事故频发的现状，揭示了当前高校师生安全意愿不足、安全意识淡薄、教育培训不到位、制度浮于表面、责任体系未落地等问题。尽管科研人员在各自专业领域造诣颇深，但可能在安全科学方面基础薄弱，安全意识、应急处置能力存在明显短板。而这些短板又加剧了实验安全教育培训不足、相关制度规范落实不到位。

从高校化学类实验室特点、实验室活动的多维度认识、实验室安全观和伦理观几个角度，分析了高校化学类实验室在安全管理方面存在问题的原因。为破解安全管理困局，本章系统介绍了根据化工企业“责任关怀”模板构建化学类实验室“责任关怀”六条准则，为实验室的安全管理提供了有规可依的制度和规范。并结合杜邦公司安全认知阶段理论，培养学生树立正确的实验室安全伦理观。

通过化学类实验室安全事故的分析，提出了以风险管理为核心，安全教育和应急处置培训为重点的实验室安全管理制度和规范。从工程控制、物的控制、管理控制和人的控制出发的风险管理，强调了安全管理的自律性和持续改进，符合“价值观-知识-能力-职业素养”四位一体培养模式的要求。

本章在引导案例和参考案例中都给出了实验室安全管理的伦理分析与思考。

思考讨论题

（1）高校化学类实验室一再发生安全事故，其中的主要原因是什么？存在哪些伦理问题？

（2）如何正确认识实验室危险源？实验室应如何进行安全管理？你作为实验室其中一员，发现实验室存在哪些安全隐患？

（3）通过实验室安全培训后，你掌握了哪些安全措施和逃生措施？

（4）根据本章引导案例（北京交通大学“12·26”事故），如果你是学生，在事前该如何做好风险管理工作？如果你是导师，应该如何进行实验室安全管理？

（5）你的实验室承担了一项重要的项目，时间非常紧急，需要同学加班加点进行实验，你作为实验室安全员，应该怎么协调“赶数据”和实验室安全之间的关系？

（6）杜邦公司的安全管理四阶段对于高校化学类实验室有何借鉴意义？

（7）化学类实验室责任关怀如何应用于实验室安全管理？

参考文献

[1] 黄开胜. 清华大学实验室安全手册[M]. 北京：清华大学出版社，2018.

[2] 胡红超，蒋旭红，舒绪刚. 实验室安全教程[M]. 北京：化学工业出版社，2019.

[3] 冯建跃，赵建新，史天贵，等. 高校实验室安全工作参考手册[M]. 北京：中国轻工业出版社，2020.

[4] 陈卫华. 实验室安全风险控制与管理[M]. 北京：化学工业出版社，2017.

[5] 姜周曙，樊冰，林海旦，等. 实验室安全通识[M]. 北京：科学出版社，2023.

[6] 姜文凤，刘志广. 化学实验室安全基础[M]. 北京：高等教育出版社，2019.

[7] 黎海红，袁磊，林洁. 实验室安全与管理[M]. 北京：化学工业出版社，2022.

[8] 中国石油和化学工业联合会. 责任关怀实施指南[M]. 北京：化学工业出版社，2012.

[9] 崔政斌，张美元，周礼庆. 杜邦安全管理[M]. 北京：化学工业出版社，2019.

[10] 崔政斌，冯永发. 杜邦十大安全理念透视[M]. 北京：化学工业出版社，2013.

[11] 杜奕，陈定江，杨睿，等. 化学实验室准入制度的建立与实施[J]. 实验技术与管理，2015，35（10）：221-223，231.

[12] 杜奕，陈定江，林章凛，等. 化工安全教育体系的建设与实践[J]. 实验技术与管理，2015，35（11）：231-233，236.

第8章

科研诚信和科研规范

学习目标

通过本章节的学习，了解科研诚信的概念、科研诚信的重要性和必要性；掌握科研规范、科研伦理、科研不端的内涵和界限；能对科研不端行为进行辨认和鉴别；能对科研诚信案例进行剖析和反思，避免科研失范现象的发生，构建正确的学术道德理念。

引导案例

韩国黄禹锡克隆神话的破灭

8.1 诚信

8.1.1 诚信是中华民族传统美德

诚信，即诚实守信，是中华民族的传统美德，也是为人处世的一种美德。诚实，就是忠诚老实，不讲假话。守信，就是坚守诺言，说话算数，讲信誉、重信用。诚实和守信是相互联系在一起的，诚实是守信的基础，守信是诚实的具体表现，不诚实很难做到守信，不守信也不是真正的诚实。

以“守诚信”为例，中国的语言中，有大量诸如“言必信，行必果”“一言既出，驷马难追”“一诺千金”“一言九鼎”等褒扬诚信的成语。中华民族有关诚信的记载，还有“宋濂抄书”的典故，以及“商鞅城门立木”和“尾生抱柱”的故事等。历史上有许多名人名言，《周易》有“君子进德修业。忠信所以进德也。修辞立其诚，所以居业也”，孔子讲“自古皆有死，民无信不立”。

诚信，是中华民族的传统美德。这些观点都是古人关于“诚信”的代表性观点，在今天仍然成立，可以为我们所借鉴。中华民族自古就有以诚为本、以信为先的文化传统，在中国传统的道德体系中诚信之德与封建道德的其他规范相互贯通并居于核心地位，成为维系社会秩序必不可少的道德规范，而这一切都是以我国传统文化中深厚的诚信文化底蕴为支撑的。

【案例：宋濂抄书】

8.1.2 诚信是社会主义核心价值观的重要组成部分

党的十八大提出，倡导富强、民主、文明、和谐，倡导自由、平等、公正、法治，倡导爱国、敬业、诚信、友善，积极培育和践行社会主义核心价值观。社会主义核心价值观中的“诚信”，即诚实守信，是人类社会千百年传承下来的道德传统，也是社会主义道德建设的重点内容，它强调诚实劳动、信守承诺、诚恳待人。

诚信，是个人、社会和国家得以存续发展的基础。古今中外，诚信一直都是社会和谐的纽带，在人际交往、社会发展、治国理政等方面都发挥着十分重要的作用。首先，诚信是个人安身立命的根本。诚信具有本体论和道德论的意义。其次，诚信是社会存续发展的基础。诚信是一种社会道德资源，在社会生活中扮演着极其重要的角色。再次，诚信是治国理政的基本原则。为政者要想长治久安，必须率先垂范，为政以德，讲求诚信，取信于民。

诚信不仅是我国古代道德体系的基础和根本价值取向，也是我国当代道德体系的基础和根本价值取向，更成为社会主义核心价值观的道德基石。首先，诚信是社会主义核心价值观的基本要素。诚信价值观属于个人层面的基本价值准则。其次，诚信是社会主义核心价值观的道德基础。诚信是人类社会的基本道德规范，是市场经济运行的基本道德原则，也是人的自由发展应有的品质。再次，诚信是社会主义核心价值观的基本价值取向。

诚信，是现代社会普遍适用的基本伦理原则。古往今来，诚信都是社会不可或缺的运行规则，是社会进步无比珍贵的精神财富。当代中国，正处在全面深化改革的关键期，处在完善社会主义市场经济体制的攻坚期。市场经济在推动经济社会发展的同时，也带来了拜金主义、一切向钱看的错误思想观念。诚信缺失、道德失范问题已成为社会公害，严重损害经济健康发展，影响社会正常秩序，扰乱人们心灵世界。可以说，无论对个人、企业，还是对社会、国家，诚信都是无价之宝。

8.1.3 诚信是新时代公民道德建设的重要体现

中共中央下发的《公民道德建设实施纲要》提出的基本道德规范中，“明礼诚信”占有重要的地位。“诚”主要是讲诚实、诚恳；“信”主要是讲信用、信任。“诚信”的含义，主要是讲忠诚老实、诚恳待人，以信用取信于人，对他人给予信任。

“诚信”首先是处理个人与社会、个人与个人之间相互关系的基础性道德规范。孔子讲“民无信不立”，是指国家的统治者应取信于民，否则就得不到老百姓的支持。孔子讲的是国家与民众的关系。把孔子的话引申开来，在个人与社会、个人与个人之间，也可以说是“无信不立”。国“无信不立”，统治者“无信不立”，领导者“无信不立”，家庭“无信不立”，个人当然也是“无信不立”。在公民道德建设中，要大力倡导做老实人、说老实话、办老实事，以信待人、以信取人、以信立人的美德。

诚信是社会和谐的基石和重要特征。要继承发扬中华民族重信守诺的传统美德，弘扬与社会主义市场经济相适应的诚信理念、诚信文化、契约精神，推动各行业、各领域制定诚信公约，加快个人诚信、政务诚信、商务诚信、社会诚信和司法公信建设，构建覆盖全社会的征信体系，健全守信联合激励和失信联合惩戒机制，开展诚信缺失突出问题专项治理，提高全社会诚信水平。重视学术、科研诚信建设，严肃查处违背学术科研诚信要求的行为。

诚信还是市场经济领域中基础性的行为规范。在公民道德建设中，突出强调诚信规范，无疑具有明确的建立社会主义市场经济体制的现实针对性。

8.1.4　诚信是世界文化的重要组成部分

诚信是市场经济与生俱来的准则。由于西方市场经济开始较早，发展得比较完善，相应的在法律制度方面对失信行为的约束和惩罚都较为成熟。在代表西方文明发源地的古希腊和古罗马，诚信很早就由单纯的道德理念转而成为法律规范，并在西方世界广泛传播，因此关于诚信方面的论著以经济和法律领域最为多见。诚信的内涵非常丰富，可以从以下几方面理解。

诚信视为个体的个性特质，包括诚实性、可信赖性和责任意识等。诚信是一种道德行为，涉及对规则的认可和承诺，与道德维度关联。诚信要求个人不要背叛个人在活动中的道德信念，遵循合乎道德判断的规则。诚信体现在与他人的关系中，有历史和文化的差异，任何个体的诚信行为后果，都表现为组织的结果和问题。国外也不乏关于诚信的名言警句，例如：瑞士哲学家阿米尔的“信用就像一面镜子，只要有了裂缝就不能像原来那样连成一片”；法国作家巴尔扎克的“遵守诺言就像保卫你的荣誉一样”；美国物理学家富兰克林的“诚实和勤勉应该成为你永久的伴侣”；德国作家歌德的“始终不渝地忠实于自己和别人，就能具备最伟大才华的最高贵品质”；苏联无产阶级作家高尔基的“人类最不道德处，是不诚实与怯懦”；美国作家德莱塞的“诚实是人生的命脉，是一切价值的根基”。诚实是一切有道德的人都必须具备的重要品质。

在社会生活中，诚信具有教育功能、激励功能和评价功能，同时也具有约束功能、规范功能和调节功能。诚信是一种社会的道德原则和规范，它要求人们以求真务实的原则指导自己的行动，以知行合一的态度对待各项工作。对个人而言，诚信是高尚的人格力量，是立身之本，处世之宝，诚信精神就是培养人的高尚道德情操、指引人们正确处理各种关系的重要道德准则。个人以诚立身，就会做到公正无私、不偏不倚，讲究信用，就能守法、守约、取信于人，就能妥善处理好人与人、个人与社会的关系。对社会而言，诚信保障了正常的生产生活秩序，对社会起整合作用，社会的个体和群体都有诚信意识，都严守诚信道德底线，讲求立诚守信，即形成诚信社会，则社会关系必然是和谐的，是一个有凝聚力的社会，即诚信在社会关系中起到了润滑作用、整合作用。对国家而言，诚信是国家的立国之本。取信于民，国家应以诚心诚意的态度，让人民能够安居乐业，进而达到国泰民安，实现繁荣昌盛。讲诚信可以保障社会经济秩序顺利运行，促进市场经济的健康发展，可以增强我国的综合国力。讲诚信有利于建立良好的国际形象，提高我国的国际地位，有利于我国在国际竞争中立于不败之地。

8.2　科研诚信

8.2.1　学术/科研诚信概念

学术，指理论上的总结和创新，人文社会科学领域习惯使用学术的概念，而工科领域更侧重于使用科研的概念。科研，指科学研究，一般是指利用科研手段和装备，为了认识客观事物的内在本质和运动规律而进行的调查研究、实验、试制等活动，为创造发明新产品和新技术提供理论依据。科学研究的基本任务就是探索、认识未知。学术和科研都是知识的产生过程，两者没有实质的区别。本书主要介绍材料与化工领域的相关伦理内容，故主要沿用“科研诚信”的说法。

科研诚信，是指从事学术研究的主体在进行学术创作、学术评审、学术奖励等活动的整个过程中，处理个人与社会、个人与他人、个人自身等关系时所要遵循的行为准则和规范的综合。科研诚信就是借助于社会舆论、传统习俗以及大众内心的信仰，科研工作者在进行科学研究活动过程中必须遵循的诚信原则和是非善恶的评价标准。它是一种在专业研究领域中的特殊意识形态，是协调社会、学校、个人三者之间学术关系的纽带，简单来说就是研究主体在学术或科研上诚实、信用、不弄虚作假。

8.2.2 影响科研诚信的行为

科研主体的科研诚信知识、科研诚信技能和科研诚信态度，将对科研诚信行为产生显著的正向影响。科研诚信制度建设和科研评价机制等，都对科研诚信的行为有一定的影响。主要体现在以下 3 个方面。

（1）科研主体能力和行为

科研主体的科研能力，是科研失信行为是否产生的重要因素。如果科研主体的科研能力不足以支持科学研究工作进行，在其他因素的诱导下容易造成科研失信行为的产生。科研主体对科研诚信相关政策法规了解得不够充分及科研诚信与道德意识的缺失，也是科研失信行为频出的重要因素。

（2）客观环境因素

科研诚信制度建设，是维持科学研究健康发展的关键。国家各部委从预防、管理、惩治、保障等多个环节，对进一步推进科研诚信制度化建设、明确科研诚信主体责任等方面的工作做出了具体部署和要求，使我国的科研诚信制度建设日益完善。科研评价机制是科学研究的指挥棒。有什么样的成果产出评价导向，就会有什么样的科学研究倾向。评价制度的不完善或不科学，一定程度上诱发了科学研究的急功近利现象，为产生科研失信行为埋下隐患，更不利于科研创新能力和整体素质提升。我国科技资源的配置方式，主要是以竞争性科研计划项目为主，大部分的科研资源投入来源于政府，存在竞争性项目经费所占比重过大、科技资源配置过程公开透明度不足等问题。

（3）其他因素

例如，科学研究活动商业化。公益性科研项目和领域存在商业化现象，容易诱发科研失信行为。过度商业化服务为科研失信行为的产生起到了推波助澜的作用。失信成本低也是诱导产生科研失信行为的一个影响因素。不同领域科研受制于自然、环境和社会因素，造成科研失信行为有一定隐蔽性。同时，所在单位对科研失信行为调查处理态度和尺度不一，致使部分人员产生侥幸心理。此外，随着信息化时代的到来，获取信息数据的技术愈发成熟，技术环境一定程度上助长了科研失信行为的产生。

8.2.3 科研诚信的发展趋势

科研诚信已从经验问题上升到学术问题，从学术界内部问题扩大到公众视野问题，从区域讨论问题扩展到国际论坛问题。特别是全球性科研诚信研究会议的召开，对科研诚信问题的研究不断扩大与深入。世界科研诚信大会（World Congress of Research Integrity）旨在促进科研人员、教学人员、教育科研机构、科研资助机构、政府相关管理部门、科学出版和审稿人等相关各方的交流和经验分享，建立协同推进负责任的研究的国际沟通平台。

2007 年 9 月，第一届“世界科研诚信大会”在葡萄牙召开，大会提出了科学研究和科研诚信概念。科学研究是包含自然科学、数学、生命和医学科学以及社会科学和人文科学领域的研究；并讨论了处理科研不端行为的程序和做法，讨论了杂志和编辑在促进科研诚信和防止科研不端行为中的作用，以及影响科研诚信的环境因素等。

2010 年 7 月，第二届“世界科研诚信大会”在新加坡举行，对国家和国际科研诚信建设、科研行为规范及其培训等进行了讨论，形成了《科研诚信新加坡声明》，对建立学术共同体、营造公正公平、和谐有序的科研环境有很大的推动作用。

2013 年 5 月，第三届“世界科研诚信大会”在加拿大举行。在科研诚信方面的许多问题达成了共识：一是应当协调科研诚信行为准则与规范，强调了不同国家、机构以及跨领域、跨行业科研合作中各方应承担的责任和注意的问题。二是需要改进和加强负责任研究行为教育，包括在核心课程中增加科研诚信内容，同时对研究负责人和导师进行培训并要求他们以身作则。三是应当增加研究过程的透明性与研究结果的共享，妥善修正错误记录，促进科学研究事业的可持续发展和增进人们对科学的信任。四是应当进一步推动改善科技评价和奖励制度，避免对科研人员造成过大的压力。

2015 年 6 月，第四届“世界科研诚信大会”在巴西举行，大会的主题是“改革体制，促进负责任的科学研究”。大会围绕科研诚信体系建设、科研诚信教育、调查处理科研不端行为举报、维护科学研究的可靠性和科学记录的准确性、科技工作者的伦理与社会责任、如何营造良好的科研环境与文化等问题进行了交流。

2017 年 5 月，第五届“世界科研诚信大会”在荷兰召开，论坛围绕透明度和问责制及其相互关联的主题，会议还制定了《促进透明度和问责制阿姆斯特丹议程》。

2019 年 6 月，第六届“世界科研诚信大会”在香港召开，讨论了研究创新及影响力涉及的诚信问题、科研人员评价体系、科研诚信有效实施方案、资助方在推动负责任的研究实践方面的作用。

2022 年 5 月，第七届“世界科研诚信大会”在南非开普敦召开，来自世界各地的 700 多名代表以线上和线下混合形式参会。大会的主题是“在不平等的世界中促进科研诚信”，会议的焦点是国际科研合作，会议起草了《关于在不平等的世界中促进科研诚信的开普敦声明》，旨在推动国际科研伙伴关系中的公平、公正和多样性，包括经费资助、在研究项目中的角色、研究背景以及最终的发表和享有名誉等所有方面，其目标是最大限度地增加所有参与者的投入和价值，通过最佳的方式应对全球挑战。

8.2.4　国外关于科研诚信规制和管理的发展趋势

美国政府通过完善现行法律条款和制定专门的政策法规，为规范学术研究、净化学术环境，提供完善的法律支持和制度保障。2000 年白宫科技政策办公室制定并颁布了《关于科研不端行为的联邦政策》，为各级政府部门、学术团体及科研机构制定具体的规章制度提供法律依据和指导原则。比如划清了科研不端行为的界限，明确各管理主体的权利义务关系，规定对科研不端行为调查处理的程序，规定对科研不端行为的处罚措施，等等。另外，美国高校重视新生入学时的学术道德规范教育。美国高校在新生入学时，对其进行学术道德规范的内容教育或签订学术道德保证书。让学生学习学术道德教育的文件，让学生了解哪些行为是学术不端行为，从而有效避免学术失范现象的发生，构建学生正确的学术道德理念。

英国科技办公室在 2004 年发布了《科学家通用伦理准则》，这是国家层面的科研行为的道德准则。英国在2006年由高等教育基金会、科研委员会、政府部门及英国制药工业协会等成立组建了“英国科研诚信小组”，对大学的学术科研诚信进行指导。

德国强调法治和学术自治，对学术不端行为的处理主要由法律部门和学术机构负责，通过完备的法律体系，加强了对学术不端行为的惩处。

丹麦科技和创新部成立了《丹麦学术不端委员会执行准则》，涵盖了科技、卫生、经济和社会学术领域。以国家法律的形式“明确赋予丹麦学术不端委员会监督和检查科研活动中涉及的科研欺骗、科学道德等问题的职责”。

澳大利亚在2006年也发布了《澳大利亚负责任的科研行为规范》。

8.2.5 中国关于科研诚信的建立及历程

科研诚信建设是世界各国都面临的一个普遍问题，中国科学家对科研诚信问题高度关注。1981年邹承鲁等4位中国科学院学部委员（1993年改称“中国科学院院士”）致函《科学报》（《中国科学报》前身），建议开展“科研工作中的精神文明”的讨论。1993年邹承鲁等4位中国科学院院士又联名撰文《科学报》，呼吁尽快制定“科学道德法规”。

1996年中国科学院和中国工程院分别设立科学道德建设委员会，在院士群体内部强化科研诚信规范管理。1998年国家自然科学基金委员会监督委员会正式成立，依据《国家自然科学基金委员会监督委员会受理投诉和举报暂行办法》独立开展科学基金监督工作。

21世纪初我国科研诚信制度建设工作全面展开，并在以下三个方面取得成效。

（1）形成科研诚信规范体系

形成了科研诚信规范体系，包括相关法律，如《中华人民共和国科技技术进步法》《中华人民共和国著作权法》等；政府法规，包括形成了一旦生效就“必须遵守”的部门法规，以及意见或决定、伦理准则、诚信规范、指南等文本形式的部门管理政策；教育和研究机构依据上级行政隶属部门要求制定的相关政策；专业学会、学术出版等的规范要求等。

（2）设立科研诚信管理制度

设立科研诚信管理制度，包括国家部委层面的科研诚信建设联席会议制度，教育和科研管理部门或机构设立的科研诚信建设专门委员会制度，以及在生物医学研究和应用机构设立的伦理审查委员会制度等。

（3）建立学术不端行为查处机制

建立学术不端行为查处机制，包括教育和科研管理部门、资助机构等依据其职责建立的学术不端行为查处机制，教育和科研机构、学术期刊等依据相关部门的要求对机构内发生的学术不端行为实施查处。

例如，2007年2月，中国科学院颁布第一个科研诚信建设文件《关于加强科研行为规范建设的意见》；2007年3月，科技部、教育部、中国科学院、中国工程院、国家自然科学基金委员会、中国科学技术协会等6部门建立了科研诚信建设联席会议制度；2009年8月，科技部等11部门发布了《关于加强我国科研诚信建设的意见》；2016年，教育部发布了《高等学校预防与处理学术不端行为办法》；2018年11月，41家单位联合印发 《关于对科研领域相关失信责任主体实施联合惩戒的合作备忘录》；2019年9月，二十部委联合发布《科研诚信案件调查处理规则（试行）》，该处理规则统一了对违背科研诚信行为概念的界定及认定方式，规范了调查程序和处理措施，是我国首个规范科研失信行为调查与处理的规范性文件，再一次从国家层面强调了科研诚信的重要地位。

8.2.6 科研诚信的必要性和重要性

2016年习近平总书记在哲学社会科学工作座谈会上指出“繁荣发展我国哲学社会科学，必须解决好学风问题”。习近平总书记强调，“要营造良好学术环境，弘扬学术道德和科研伦理”。良好的学风与学术生态的前提就是学术/科研诚信。

（1）科研诚信是基于自然法则的学术规范

在学术研究领域，无论自然科学还是社会科学，都必须以客观事实为根据、以认识客观规律为宗旨。客观地或诚实地对待自然世界和社会问题，是科学研究和学术活动中不可抗拒或超越的存在论意义上的硬规范。如果违背了这种规范，必然是远离“天道”、远离真相、远离真理。诚实地对待科研，才能守住世间正道。正如刘禹锡所说的“守法持正，嶷如秋山”。可见，客观地认识自然和社会，实事求是地对待学术研究，是基于自然法则的最基本的学术规范，也是最重要的学术道德。就此说来，学术诚信，善莫大焉。

（2）科研诚信是保障学术共同体信任的基础性规范

科学研究作为一种社会共同体的事业，还让科研诚信具有更加广泛的社会伦理意义。研究不是一个人的事情，是共同体的事业。人不能违背客观规律，如果人不按客观规律办事，就必然受到客观规律的惩罚。如果不诚实地推出虚假的“研究成果”，就会造成更加严重的伦理后果。一是错误引导他人的研究活动，使别人的探索脱离实事求是的轨道；二是妨碍人类认识自然规律和社会规律活动的深入，影响知识的发现和传播进程；三是科研不诚信必定削弱社会对学术活动的信任，让学术研究无法顺畅地发挥其社会功能。

（3）科研诚信是守望学人成长的前提性规范

人通过实践和学习而逐渐成为特定时代和特定社会的人。人的认识活动对人的成长具有根本的生成意义，人必须在持续的学习中才能持续地生成为人。当出现不诚信的认识活动时，人的学习活动实际上就停滞下来了，人就变得不成其为人。人是在社会中学以成人的。学，就要有可以学的真实知识、客观的社会现实、真诚的社会理解。这就需要真诚的学术态度、实事求是的研究活动加以保障。人在学以成人中成为历史的真实的人，成为有真实实践活动能力和创造力的人。

（4）科研诚信是保障科研研究健康发展富有成果的根本性规范

人类认识是一个积累性发展和跃升的过程。只有站在前人已经到达的学术高度基础上，才能有进一步的更深入的认识。所有的科研成就都是基于站在前辈已经获得的研究成果之上。科学知识体系是一个历史的累积过程。如果出现研究不诚信的情况，那么研究发展的大厦将建在不牢靠的基础之上，那样构成的研究成果总有一天会轰然崩塌。只有科研诚信才能保证学术成果的客观性和有效性。

（5）科研诚信是社会公序良俗的守望者

实际上，科研诚信与否，不仅是一个人与人之间相互尊重、相互信任的问题，而且还在人类行为上具有道德形而上学的意义。一是科研诚信事关精神层面和内在性的真诚。人在认识和精神层面上是诚实的，才能够真正做到“是其所是”；二是学术成就与荣誉是对人创造性价值的肯定，事关历史评价；三是承认别人的学术成就，也是一个人与人之间相互尊重的问题。

对于高校来说，科研诚信教育能有效指导师生学习必要的科研规范，既能帮助师生形成一致的思想共识，又能提高师生辨认和鉴别科研不端行为的能力，起到预防监督的作用。科研诚信教育既能引导师生科研活动中积极做出应为行为，遵守科研道德和伦理规范，又能使师生明确科研不端行为的不利后果，坚守科研诚信的底线。科研诚信教育可促进师生知行合一，逐步形成良好的科研环境，奠定高校科研体系的治理基础。

（6）科研诚信是落实新时代高校德育“立德树人”理念的需要

科研诚信是落实新时代高校德育“立德树人”理念的需要。加强大学生科研诚信道德教育，有助于培养大学生的创新意识，激发大学生在未来的科研道路上为社会和人民群众创造更多的实实在在的科研成果。科研诚信是加强新时代社会主义核心价值观教育的需要，加强当代大学生科研诚信教育就是对大学生不断强化社会主义核心价值观的教育引导。诚信作为社会主义核心价值观最基本的内容，大学生科研诚信行为正是社会主义核心价值观在当代高校的具体表现形式，自觉遵守科研诚信规范，正是践行新时代社会主义核心价值观的过程。科研诚信是实现中华民族伟大复兴中国梦的现实需要。加强当代大学生科研诚信教育，无论对于当前大学生综合素质的提高，还是对于推动和谐社会的构建、科技的不断进步，都有重要的作用，都能够推进中华民族伟大复兴中国梦的实现。

总而言之，在知识经济时代，科研诚信已经成为越来越重要的道德规范。这事关知识的创新，也事关学术科研的社会功能，更事关社会的美德和行为底线。在学术科研探索的路途中，像习近平总书记要求的那样，“耐得住寂寞，经得起诱惑，守得住底线，立志做大学问、做真学问”。

8.2.7 如何加强科研诚信建设

诚信是个人安身立命、国家兴旺发达的根本。对于科技事业发展来说，科研诚信是科技创新的重要基础。当前，我国抢抓新一轮科技革命和产业变革的机遇，深入实施创新驱动发展战略，为建设创新型国家和世界科技强国而努力。在这一科技事业发展的关键时期，尤其要加强科研诚信建设，充分调动科研人员的积极性、主动性和创造性，充分释放科技创新活力。

（1）继续推进科研诚信制度建设

完善的科研诚信制度应包括预防、惩治、管理、保障等多方面内容。科研诚信与科研管理体制密切相关，完善科研管理体制可以有效减少学术不端行为，充分激发科研活力。近年来，中共中央办公厅、国务院办公厅印发了《关于深化职称制度改革的意见》《关于进一步加强科研诚信建设的若干意见》，国务院印发了《关于优化科研管理提升科研绩效若干措施的通知》，教育部印发了《高等学校预防与处理学术不端行为办法》等文件。这些制度建设举措为解决科研诚信问题提供顶层设计和规范性支持，取得了明显成效。新形势下，进一步加强科研诚信建设，需要不断深化科研管理体制改革。应勇于打破惯性思维，创新科研管理体制，将科研诚信建设落实到课题评审、过程管理、成果结项、经费监管等方面，着力突破制约科技创新和科研人员积极性的瓶颈，努力打造有利于科技创新和科研人员发展的平台。

（2）强化监督管理，营造良好学术氛围

建立独立的科研诚信管理办公室，强化事前监督防范能力。建立科研诚信行为抽查机制，加强多部门协同监督，对科学研究全过程的学术活动进行不定期抽查或核查，要将科研诚信贯穿于科研活动的始终，保持科研诚信监督的高压态势，让科研人员始终远离“科研失信”的红线。建立便捷的网络咨询和投诉渠道，开设网络举报和咨询平台等第三方监管渠道。科研工作人员要定期接受培训，加强科研诚信工作人员的专业性，提高其政策理解水平和业务能力。

（3）实施项目绩效分类评价管理，建立合理的人才考评机制

首先，项目评审评价要突出创新质量和综合绩效，要建立科学的人才评价指标。推行代表作评价制度，注重标志性成果的质量、贡献和影响，使其以追求质量和贡献为导向，更加符合科研发展规律、符合科研人才成长规律，让科研工作者能够潜心学术研究、充分发挥聪明才智。其次，科研项目考核要建立以科技创新质量、贡献、绩效为导向的分类评价制度。要求基础研究类项目、技术攻关类项目、应用示范类项目考核标准侧重不同，建立合理的考评机制；制定更加适合本单位实情的项目分类评价管理、人才分类评价的实施细则。最后，将科研信用与绩效分配、职称评聘、岗位晋级等挂钩，作为评价的重要参考依据。合理的科研评价体系能极大地促进科研事业的发展。

（4）开展多种形式科研诚信教育，增强科研人员学术自律意识

开展多种形式的科研诚信教育，将科研诚信纳入日常管理。① 科研机构要定期开展针对学生和研究人员的以讲座、授课等形式的宣讲，尤其在职称评定、年度考核、学位毕业等关键节点要宣讲。② 引进网络教学平台，包括提供各种科研诚信相关政策法规的解读课程、以具体案例来讲解不端行为的预防惩戒等系列宣传片，引进国内外关于科研诚信教育的优秀案例。③ 研究生导师、学术委员会委员也要不断强化团队的学术诚信建设，担起科研诚信建设的责任，营造良好的科研诚信文化。④ 以项目支持的方式资助进行科研诚信教育的教师和科研人员，激励更多的科研和教育人员参与对科研诚信教学形式、内容和手段的理论研究和实践探索。

（5）积极参加国内外科研诚信建设交流

组织开展科研诚信建设交流与研讨。科技部、专业机构、项目承担单位之间定期就科研诚信建设工作进行座谈，就具体项目执行过程中出现的学术活动形式进行探讨，以此不断修正责任主体的科研诚信行为规范。参加世界科研诚信大会等活动，在出访国外进行学术交流和互访过程中，交流国外科研诚信建设的经验，促进我国科研院所的科研诚信建设，提升我国科技工作者在开展负责任的研究与创新方面的良好形象。

（6）加强导师的责任

导师是高校培养学生的第一主体责任，导师在科研诚信的传承和培育上具有独特优势。由于导师和学生接触较多，对学生学习态度、生活习惯、道德品质都会产生潜移默化的影响。因此，导师首先自身要正，要在日常生活、教学、写作、研究中做到诚信为人、诚信做事、诚信研学，成为学生的人生榜样和学术楷模。其次，导师要切实起到指导作用，对学术规范与写作要进行全面系统的教育指导，避免学生在“不知不觉”中“误入歧途”。再次，导师要扮好“第一把关人”角色，对学生科研过程保持密切关注，对是否弄虚作假，以及对待科研的态度和看法等要及时监督，及时制止科研不端行为的发生。导师是学生学术研究的引路人，是研究生培养的第一责任人。只有做到思想教育到位、能力培养到位、指导把关到位，才能提高学生的科研诚信素养，遏制学术失范。

8.3 科研不端

8.3.1 科研不端概念

科研不端，是指研究和学术领域内的各种编造、作假、剽窃和其他违背科学共同体公认

道德的行为，以及滥用和骗取科研资源等科研活动过程中违背社会道德的行为。

学术不当，是指学术界的一些弄虚作假、行为不良或失范的风气，或指某些人在学术方面剽窃他人研究成果，败坏学术风气，阻碍学术进步，违背科学精神和道德，抛弃科学实验数据的真实诚信原则，给科学和教育事业带来严重的负面影响，极大损害学术形象的丑恶现象。

学术/科研失范，是指研究人员违背学术/科研规范所犯下的技术性过失，如学术论文缺乏必要构件，不引注、过度引用或引注格式不合规范，因疏忽造成伪注，非恶意的一稿多投，歪曲他人观点，等等。

学术/科研腐败，是指一切与学术有关，且与权力、金钱、各种交易、关系或生活作风等紧密相连的严重违规、违法行为。学术腐败主要包括涉案者在成果评奖、科研项目申请、论文答辩、学位授予、项目评审、职称晋升、论文发表、著作出版等各种学术活动中的以权谋私。

通过以上的界定和认知，可以认为，科研失范是因为专业知识缺乏或学术/科研不严谨而引起失误；科研不端是明知故犯，企图不劳而获，少劳多获，使自己利益最大化，不涉及权力关系；科研腐败是权力运作的产物。以上都是科研不诚信的行为，共有 14 种具体表现方式（如剽窃、编造、篡改、重复发表、署名不当、利益冲突、关系游说、学术独裁、引用不当、伦理失范等）。

8.3.2 科研不端的社会危害和影响

科研不端造成了学术资源和学术生命的浪费，意味着社会资源配置的扭曲和低效；科研不端影响了科研机构功能的正常、健康发展；科研不端难以保持科学事业自身纯洁性和良性运转，不能建立科学研究的良性运转机制，阻碍了科学知识生产提供一种具有稳定秩序和合理预期的社会环境；科研不端破坏正常的学术秩序，劣币淘汰良币，扼杀创新活力，损害了科研自身的创新和发展，就会扼杀民族的创造性，消解社会发展的动力；科研不端加快社会腐败的蔓延；科研不端有很强的渗透性、扩散性和放大效应，会通过学术界向社会生活的领域传播和蔓延，污染社会风气，助长社会的不道德行为；科研不端也是对学者学术生命的浪费，如果科研人员放弃学术操守，任由科研不端行为蔓延，就会破坏学术界和科研界的整体形象，使社会和公众对学术界和学者产生信任危机。

【案例：国家自然科学基金委员会关于学术不端的通报】

8.3.3 科研不端具体表现形式和方式

中国科协科技工作者道德与权益工作委员会提出了我国科研不端行为的七种表现形式：抄袭剽窃他人成果、伪造篡改实验数据、随意侵占他人科研成果、重复发表论文、学术论文质量降低和育人的不负责任、学术评审和项目申报中突出个人利益、过分追求名利和助长浮躁之风。

（1）学术造假

造假是主观虚构和描述了不存在的事实，或将客观事实加以修饰，使其失去客观真实性。造假，包括伪造、篡改和虚假陈述等。这些行为严重背离科学研究的基本准则，情形严重或造成重大后果的，也可能触犯刑法，构成欺诈罪。造假主要有以下形式：

① 伪造。利用各种不实手段，编造科研结果、结论和产品。

学术造假调查有时并非易事，辨别一些实验图表的真伪往往需要专业的人员和技术手段，认定的要点是由同行专家仔细地审看科学实验的原始记录与已发表论文的一致性。一般不能简单地以相关实验不能重复为依据确定造假。

② 篡改。篡改是造假的另一种形式，是将已有的科学实验数据、图表等加以修饰、改动等，使其符合自己的预设结论，进而谋求不当利益。事实上，大多数造假都是通过篡改等来实现的。

和“伪造”相类似，判定“篡改”行为，核对研究的原始记录是判定的要点。此外，使用专业的电子工具审看电子文本，特别是审看图表数据的修饰过程等可以成为辅助的手段。

③ 买卖和代写论文。是指使用委托撰写或购买论文以牟取不当利益的行为。一般来说，这些论文均为伪造，属于造假论文，也不会有任何学术价值。一段时期以来，媒体披露科研人员（包括学生）为获得学位和其他学术荣誉，购买“枪手”代写论文的现象猖獗；一些医务人员也因为升职的压力，购买了“论文工厂”生产的“论文”投稿发表。

判定这样的案件相对容易，其要点是由专业人员对买论文者进行问询、要求其提供并核对原始实验记录等。

④ 代投稿论文。是指中介机构以盈利为目的，以润色加工论文文稿为幌子，以保证发表为诱饵，接受科研人员委托代投稿发表论文的行为。该行为的本质是伪造同行评议意见，故归于“造假”一类。论文写作是科研人员的基本责任，委托中介进行“润色”不能确保所发表论文的准确性和科学性。代投稿机构通过网络欺诈等手段，向期刊编辑部提交虚假的同行评议意见。如果是“吸金”的不良黑期刊，则编辑部的审核就更加形同虚设了。

在实践中应对那些不使用作者单位公务电子邮件地址的科学论文保持警惕。代投稿论文的认定通常以编辑部发现了伪造的同行评议意见对论文进行撤稿而败露。

⑤ 虚假陈述。通常指提供虚假的个人履历、学术经历等信息，以获取不当的学术利益。表现为：科研人员不真实地公开描述了个人的履历、学术经历等，包括学历、学位、学术荣誉、学术成就等；科研人员为满足特定需要，如申请科研项目等，而提供自己或他人的虚假身份信息，如身份证号、年龄等；科研人员为申报各类奖励荣誉，授意并使用了其合作方提供虚假、夸大的学术成果证明，如科技成果转化经济效益证明等。

此类不端行为的认定要点，是核实举报来源信息后，再有针对性核实其档案、信息等即可判定。

（2）学术剽窃

将他人的学术成果，包括学术出版物、学术思想、学术观点等进行使用并公开表述为自己的成果（如发表、发言等）；或者虽未表述为自己的成果，但却不明确标注这些成果的真正所属。抄袭是最主要的学术剽窃行为。

① 文字抄袭。一般指在公开发表的文章中使用他人的学术成果，并声称或暗示这些成果为己所有。判定的要点有：有充分证据证明他人拥有这些科研成果；行为人未以任何方式注明这些学术成果的真正来源，包括引用、标注、致谢等。

这种使用是大量而明显的，数量的多少和明显的程度可以参照领域、专业的一般标准，由委员会集体做出判断；通过“查重”软件检查重复率，可以作为判定文字抄袭的参考依据。

② 交流剽窃。是指在学术交流、研讨过程中得到了一些有价值的思想，全盘地接受和使用这些思想而不加以标注和致谢的行为。学术交流中正常的相互启发和恶意地对他人的学术思想进行剽窃是较难区分的，其间并没有一条明确的界限。在科学史上有许多著名的交流剽

窃公案，都是在多年以后才由逐渐形成的科学界主流判断的。

此类不端行为认定较难，是否有较多的第三者旁证可能是判定的要害。

③ 评议剽窃。在各种学术同行评议过程当中，包括审稿、科研项目立项评审等直接吸纳和使用送审人的学术观点以牟取个人的不当利益。如评审人将被评审者科研思想内容为己所用，采取：压制文稿发表，自己完成同样工作后抢先发表；或把其学术思想或技术路线透露给自己的学生、亲属、同学以及其他利益关联人，从而使后者取得相应的利益等；压制科研项目立项，使自己或其他利益关联方可以使用送审人的学术观点抢先申请科研项目立项等。以上行为属于利用学术权力，剽窃他人成果的科研不端行为。案件引发往往由于被评审人的举报。

此类不端行为认定的要点，是有证据表明被指控者参加过相关的学术评议，对被评议人学术思想进行了使用并使本人或第三方利益相关者受益。

④ 自我抄袭。是指重新使用本人以前已经使用或公开发表的研究成果，并将其表述为正在或新近完成的科研成果。自我抄袭有如下情形：在发表的论文中使用之前自己已发表过的研究成果而不加以说明，包括文献引用、标注说明等；将之前的研究报告改头换面，直接上报给新的科研项目的委托人，并以此完成委托任务；一稿多投也是一种自我抄袭的形式，包括将一份研究论文直接拷贝一稿多投或只做形式上的修饰后一稿多投。

此类不端行为的判定要点，是被指控人在提交科研成果时，大量使用复制性工作而未以任何方式如实申明。

（3）隐匿学术事实

有取舍地使用和发布各类本应充分使用和发布的信息，人为地隐匿一些重要事实，以牟取个人的不当利益。

① 主观取舍科学数据。通常是指科研人员在记录和处理、报告实验数据时，将他们认为“不好”的数据隐匿、舍弃，以免这些数据可能生成他们所不希望的实验结果。科学史上也曾发生过在实验对照设置时故意将必要的样本排斥在外，以得到自己想要的实验结果的事情。

此类不端行为认定的要点，是确认科学实验所有的数据和信息未被完整使用，且这种不完整使用影响了研究的结果并使特定人员受益。

② 故意忽视他人的重要学术贡献。在学术出版物或其他学术活动当中故意地、明显地不引用本领域代表性重要事实和重要文献。科研人员可能会因为科学态度不公正客观、不尊重同行学术贡献，或有门派歧视等原因而受到学术不端指控。

被指控人是否具有主观故意以及该行为是否造成不良后果，是认定学术不端的要点。

③ 隐匿利益冲突。在学术活动中故意不披露应该披露的利益冲突关系。例如在学术评议（包括机构评议、个人科研评议、项目申报评审、个人晋升评审、学位论文评审、科研论文审稿、各类学术荣誉和科技奖励评审等）过程中，科研人员必须主动申明或回避特定的利益关系，如亲属、同学、同事、曾经或未来的科研合作方等等。不主动申明或回避这些潜在或现实的利益关系，造成不良后果的，可认定为学术不端。例如在发表科研论文时，不使用标注等方法说明科学实验资金资助来源和委托人信息。由于科学研究的结果可能与资助人的利益密切相关，如实披露相关信息对公众全面准确理解相关科研成果至关重要。

此类不端行为的认定要点，是被指控人未按要求披露利益关联方信息，并造成了不良后果。

（4）虚假学术宣传

科研人员为牟取个人利益和荣誉，对于自身或其他利益关联方的学术水平、科研成果的学术价值、商业价值等，以特定方式包装、剪裁、夸大，从而误导评审人员、公众和投资人，并产生不良社会影响。近些年，发生过在单位召开科研成果的新闻发布会上，科研人员提供了一些虚假和人为夸大的科研成果，造成不良社会影响。

此类不端行为判定的要点，是揭示其所发布的内容和其固有成果客观表述之间的差距。

（5）学术侵权

学术侵权是一类在科研活动中故意侵犯他人权益的行为。严重的侵权行为也构成违反著作权法相关条款。

① 侵犯署名权。一般包括：侵犯他人署名权、署名排序侵权、侵犯科研人员所属单位的论文署名权、在没有实质性贡献的文章中要求署名或同意署名、没有实质性贡献且在并不知情的情况下被挂名等。

侵犯他人署名权。在文章发表或奖项申报等学术活动中，将本应该署名人员排斥在署名之外；为获得发表或资助等的便利，挂名领域内资深专家或其他人员。

署名排序侵权。在文章发表或奖项申报等活动中，未按照真实的学术贡献，正确地排序相关作者。

侵犯科研人员所属单位的论文署名权。经常表现为科研人员把在原单位完成的工作整理发表，署上工作调动后现单位的名称；还可表现为盗用其他无关单位名称投稿，以获得不应获得的利益。

在没有实质性贡献的文章中要求署名或同意署名。没有实质性贡献且在并不知情的情况下被挂名，挂名作者知情后不以适当的方式否定该署名，且使用该挂名署名牟取了个人的利益。

此类不端行为判定的要点，是科研成果署名是否按照成果各相关方的实际贡献如实署名。

② 侵犯知情权。在生物医学等涉及人类的研究中，科研人员未履行相应义务，确保受试者享有应有的知情权。

此类不端行为判定的要点，是被指控人未明确而充分地履行告知义务并产生不良后果。

③ 侵犯隐私权。从事生物医学研究的科研人员未建立严格的信息安全制度，未将研究中涉及个人的各类信息及数据妥善保管，未能切实尊重和保障受试者个人隐私。

此类不端行为判定的要点，是确认被指控人在受试者个人隐私泄露过程中存在明显过失。

④ 侵犯科研合约。表现为：不按合同约定使用科研经费，将预算中明确规定用途的科研经费挪作他用；变更科研主体，违反合同约定，私下将科研工作委托他人代为完成；更改研究内容，不按合同约定开展既定目标的科学研究转而去研究其他问题；虚报结题报告，使用其他成果冲抵本项研究的结题要求；违反保密约定，不履行合同中资助方所要求的保密条款，或未按要求保守国家秘密等。

以上不端行为认定要点，是对照合同约定，审查相关的科研过程。

⑤ 滥用学术权力。在学术评议过程，利用个人的学术权力，违背学术民主基本要求，操纵或引导学术评议结果；在学术评议过程中接受请托、游说和打招呼等手段牟取个人或特定学术团体的利益。

滥用学术权力行为往往呈现隐蔽和间接作用的特征，认定困难。建议严格核对相关评议既定程序的执行情况，评议过程程序性的瑕疵往往与学术权力人不端行为有关。

（6）不守科研伦理规范

科研伦理是指科学研究过程中需要遵守的社会伦理规范和行为准则。对于应当进行伦理审查的科研活动来说，伦理审查是进行科学研究的前置性程序，其目的是审定科学研究内容和过程是否符合伦理要求。不履行伦理审查义务或不执行伦理审查意见的行为，均可界定为科研不端行为。这些行为也可能会涉嫌违法。

① 不履行伦理审查义务。按照规定需进行伦理审查的科学研究，科研人员应主动在科学实施前提交伦理审查申请，并通过伦理审查，获得相应许可。需要更改实验方案、扩大研究内容、超出原有伦理审查范围的，应重新进行伦理审查。违背上述要求，未通过伦理审查而开展科学研究的，均属于科研不端行为。

此类不端行为认定的要点，是检查其是否拥有合规的伦理审查意见书。

② 不执行伦理审查意见。需要进行伦理审查的科学研究，必须按照伦理审查通过的实验方案、知情同意内容、重要信息管理措施、重要样本管理措施等严格执行。一些科学研究虽然通过了合规的伦理审查，但科研人员在研究过程中不遵照伦理审查意见执行，可判定为科研不端。

此类不端行为认定的要点，是对照伦理审查档案资料检查其执行情况。

8.4 科研伦理

8.4.1 科研伦理的认识和理解

2019 年政府工作报告中提出要“加强科研伦理和学风建设，惩戒学术不端，力戒浮躁之风”。研究人员应该严格遵守人类和实验动物在医学研究过程中应该遵守的伦理原则。科研伦理，是指科技创新活动中人与社会、人与自然和人与人关系的思想与行为准则，它规定了科技工作者及其共同体应恪守的价值观念、社会责任和行为规范。科技伦理的讨论，主要集中在以下几个方面。

（1）纳米材料

纳米材料已经应用于生活的各个方面，显示出巨大的发展潜力，但纳米技术对人类健康和自然环境有可能产生负面影响，如美国航空航天局研究发现，向小鼠的肺部喷含有碳纳米管的溶液，碳纳米管会进入小鼠肺泡，并形成肉芽瘤，而用聚四氟乙烯制作的纳米颗粒毒性更强。

（2）反对生殖性克隆（克隆人）研究的伦理论证

克隆研究分“治疗性克隆”和“生殖性克隆”两种。前者是要克隆并培育人体所需要的器官，因而受到的伦理质疑较少；后者就是俗称的克隆人，得不到伦理保护。

（3）生态环境伦理

生态环境伦理，强调人类平等观、人与自然的平等观，主张人与人、人与自然的生存平等、利益平等和发展平等，既要求代内平等，也要求代际平等。资源短缺、环境污染、生态失衡，已严重威胁后代人的生存发展权。解决代际不平等现象，必须建构生态环境伦理，用理性约束人类的行为，树立可持续发展的生态环境观念。

8.4.2 临床试验研究中涉及伦理学内容的要求

临床试验研究中涉及伦理学内容的要求，主要有以下几个方面：

（1）伦理审查

以科学研究为目的涉及人体受试者的研究，均需要经过伦理审查。需提供批准此次临床研究的伦理委员会名称及其批准号；如研究涉及多中心临床试验，先由组长单位获得伦理审批号，然后各个分中心需重新经过伦理审查。如涉及我国人类遗传资源开展的国际合作科学研究，应由合作双方共同提出申请，并经过国务院科学技术行政部门的批准，才能开展国际合作。

（2）患者隐私权的保护

文章中可识别出患者的有关信息不应以照片或者书面相关文字描述、影像图片、CT 扫描以及基因谱系等形式出版，除非这些信息对于科学研究不可或缺，并且得到患者（或父母或监护人）给予知情同意书。作者应在提供的图片中删除患者姓名和其他隐私。

（3）免知情同意

文章中应交代研究过程中是否签署患者知情同意书。

（4）签署知情同意

在通过伦理审查之后留存的剩余标本，在伦理批件之后的日期留取的标本，在留取标本前必须获得受试者的知情同意；如果需要进行基因检测等方面的研究，即使对于既往留存的样本，也需要重新取得捐赠者的知情同意。

（5）研究注册

所有在人体中进行或涉及人体标本试验的前瞻性研究，均需在招募受试者前，在国际认可的临床试验注册平台，并把临床试验注册平台的名称、注册号及注册时间标记于文章摘要中。

（6）研究注册时间要求

前瞻性、干预性临床试验研究，若是评估该干预（例如药物、外科手术、器械、行为治疗）对健康结局的影响，需要提供临床试验注册平台进行的前瞻性注册号；回顾性的干预性临床研究建议补注册；纯粹的观察性研究可不注册。

（7）临床研究一律应该有机构伦理审批

回顾性研究的伦理审批内容，可以是“本项临床研究为回顾性研究，仅采集患者临床资料，不干预患者治疗方案，不会对患者生理带来风险，研究者会尽全力保护患者提供的信息不泄露，特申请免除知情同意”。

（8）应用患者在临床诊断治疗过程中弃用的血样、影像学资料

应用患者在临床诊断治疗过程中弃用的血样、影像学资料，也同样需要经过机构伦理委员会审查，并由伦理委员会决定是否需要签署知情同意书。

8.4.3　动物实验研究中涉及伦理学内容的要求

（1）伦理要求

文章中需提供批准动物实验的动物伦理委员会机构名称和其批准号，实验动物在麻醉下进行所有手术（如有必要应提供安乐死方法），并尽一切努力最大限度减少其疼痛、痛苦和死亡。

（2）写作要求

医学科研人员在动物实验中，需遵循国际实验动物护理和使用指南的建议，即 Weatherall（2006）报告和 NC3Rs 指南。涉及动物实验研究的文章应遵循 ARRIVE 写作指南，并建议在投稿时提交文章自查清单。

（3）数据共享要求

对动物实验研究，文章中数据表述要求数据共享原则，以便他人重复验证研究结果。①在投稿时建议提供原始实验数据或将数据在国际数据库注册获 DOI 标识码，以便为审稿人审

稿和其他读者阅读时提供参考；② 原始数据中如涉及基因、蛋白质、突变体和疾病内容，需在建议的国际公共数据库注册，并在投稿时提供注册号；③ 原始数据中如有少量的或特殊的数据，可以作为论文附件在投稿时和论文一起上传，论文发表时将以辅文形式在线出版；④ 如果是从其他渠道获取的开放获取的数据，作者必须明确说明数据来源。

8.4.4 如何加强科研伦理治理

加强科研伦理治理，可以通过监管、注册、监测、提供信息、教育、杜绝歧视等方面进行。

（1）监管

例如，对基因编辑、干细胞、合成生物学等生物技术，在进行创新、研发和应用前，应由政府有关部门在科学家和生命伦理学家协助下，制定伦理规范和暂行管理办法。考虑到科学家在市场压力下潜在的利益冲突，自上而下的监管至关重要。

（2）注册

建立专门用于涉及此类技术临床试验的国家登记注册机构。在试验开始之前，科学家可在专业许可的机构登记伦理审查和批准的记录等。政府可建立准入制度，规定只有经过培训的人才有资格担任伦理审查委员会委员。

（3）监测

例如，由国家卫生健康委员会对中国所有基因编辑中心和体外受精诊所进行监测，以确定临床试验的情况，以及伦理审查和审批情况、获得知情同意的情况等多方面内容。

（4）提供信息

畅通相关研究信息渠道。中国科学院或中国医学科学院等机构可以发布每一种新兴技术的相关规则和规定。

（5）教育

政府应支持加强生命伦理学以及科学/医学专业精神的教育和培训。

（6）杜绝歧视

政府采取有效措施反对和防止对残障人士的歧视，尤其是要警惕一小部分学者有关“劣生”的观念。

8.5 科研规范

科研规范，是指科研共同体内形成的进行科研活动的基本规范，或者根据科研发展规律制定的有关科研活动的基本准则。设计科学研究的全过程，包括科学研究引文规范、科研成果规范和科研评审规范等。科学研究具有传承性，任何领域、任何学者的学术研究，都不是孤立行为，学术研究成果都是在前人或者他人已有的成果之上经过不断提高获得的。正如牛顿所说：“如果说我看得比别人更远些，那是因为我站在巨人的肩膀上。”因此，参考文献是学术论著中不可或缺的重要组成部分。在学术论著中，适当且正确地引用相关参考文献，对于著作的理论水平和学术价值具有重要的提升作用。

（1）正确地引用参考文献

正确地引用参考文献，是学术研究工作传承并创新的基本要求，不仅能为论著提供有力的理论支撑，还可以减少写作篇幅，提高学术论著的理论水平和学术价值，同时也可检验作者所做工作的原创性。

（2）严谨地引用参考文献

严谨地引用参考文献，是求真务实的科研态度和敬畏学术规范的基本要求，体现了作者对他人科研成果的尊重，既有利于知识产权的保护，也方便读者及相关科研人员查阅和检索相应的信息，提高学术论著的信息价值。正因为参考文献不可或缺，在学术论著中，包括学术论文和学术专著，不可能没有参考文献。如何才能做到既旁征博引，又恰如其分，这是很多学者在撰写学术论著时面临的问题。

8.5.1　引文规范

学术论著应合理使用引文。引文应以原始文献和第一手资料为原则。凡引用他人观点、方案、资料、数据等，无论曾否发表，无论是纸质或电子版，均应详加注释。

引用他人成果的目的，应该是介绍、评论或说明某一问题；所引用的部分不能构成引用人作品的主要部分或者实质部分。

对已有学术成果的介绍、评论、引用和注释，应力求全面、客观、公允、准确。不得伪注、伪造、篡改文献和数据等。

8.5.2　成果规范

科研和学术成果规范，包括：

① 不得以任何方式抄袭、剽窃或侵吞他人学术成果。

② 应注重学术质量，反对粗制滥造和低水平重复，避免片面追求数量的倾向。

③ 应充分尊重和借鉴已有的学术成果，注重调查研究，在全面掌握相关研究资料和学术信息的基础上，精心设计研究方案，讲究科学方法，力求论证缜密，表达准确。

④ 学术成果文本应规范使用国际语言文字、标点符号、数字。

⑤ 学术成果不应重复发表。另有约定再次发表时，应注明出处。

⑥ 学术成果的署名应实事求是。署名者应对该项成果承担相应的学术责任、道义责任和法律责任。

⑦ 凡接受合法资助的研究项目，其最终成果应与资助申请和立项通知相一致；若需修改，应事先与资助方协商，并征得其同意。

⑧ 研究成果发表时，应以适当方式向提供过指导、建议、帮助或资助的个人或机构致谢。

8.5.3　评价规范

科研和学术评价规范，包括：

① 科研和学术评价应坚持客观、公正、公开的原则。

② 科研和学术应以学术价值或社会效益为基本标准。对基础研究成果的评价，应以学术积累和学术创新为主要尺度；对应用研究成果的评价，应注重其社会效益或经济效益。

③ 科研和学术机构应坚持程序公正、标准合理，采用同行专家评审制，实行回避制度、民主表决制度，建立结果公示和意见反馈机制。评审意见应措辞严谨、准确，慎用“原创”“首创”“首次”“国内领先”“国际领先”“世界水平”“填补重大空白”“重大突破”等词语。

④ 被评价者不得以任何理由和公职干扰评价过程。

8.6 期刊学术不端行为界定

学术期刊论文作者、审稿专家、编辑者所可能涉及的学术不端行为的界定，适用于学术期刊论文出版过程中各类学术不端行为的判断和处理。学术不端主要有以下行为：剽窃、伪造、篡改、不当署名、一稿多投和重复发表等。

8.6.1 论文作者学术不端行为类型

剽窃是指采用不当手段，窃取他人的观点、数据、图像、研究方法、文字表述等并以自己名义发表的行为。主要有以下几种形式和行为。

（1）观点剽窃

观点剽窃，是指不加引注或说明地使用他人的观点，并以自己的名义发表。观点剽窃的表现形式和行为包括：

① 不加引注地直接使用他人已发表文献中的论点、观点、结论等。

② 不改变其本意地转述他人的论点、观点、结论等且不加引注地使用。

③ 对他人的论点、观点、结论等删减部分内容后不加引注地使用。

④ 对他人的论点、观点、结论等进行拆分或重组后不加引注地使用。

⑤ 对他人的论点、观点、结论等增加一些内容后不加引注地使用。

（2）数据剽窃

数据剽窃，是指不加引注或说明地使用他人已发表文献中的数据，并以自己的名义发表。数据剽窃的表现形式和行为包括：

① 不加引注地直接使用他人已发表文献中的数据。

② 对他人已发表文献中的数据进行些微修改后不加引注地使用。

③ 对他人已发表文献中的数据进行一些添加后不加引注地使用。

④ 对他人已发表文献中的数据进行部分删减后不加引注地使用。

⑤ 改变他人已发表文献中数据原有的排列顺序后不加引注地使用。

⑥ 改变他人已发表文献中数据的呈现方式后不加引注地使用，如将图表转换成文字表述，或者将文字表述转换成图表。

（3）图片和音视频剽窃

图片和音视频剽窃，是指不加引注或说明地使用他人已发表文献中的图片和音视频，并以自己的名义发表。图片和音视频剽窃的表现形式和行为包括：

① 不加引注或说明地直接使用他人已发表文献中的图像、音视频等资料。

② 对他人已发表文献中的图片和音视频进行些微修改后不加引注或说明地使用。

③ 对他人已发表文献中的图片和音视频添加一些内容后不加引注或说明地使用。

④ 对他人已发表文献中的图片和音视频删减部分内容后不加引注或说明地使用。

⑤ 对他人已发表文献中的图片增强部分内容后不加引注或说明地使用。

⑥ 对他人已发表文献中的图片弱化部分内容后不加引注或说明地使用。

（4）研究（实验）方法剽窃

研究（实验）方法剽窃，是指不加引注或说明地使用他人具有独创性的研究（实验）方法，并以自己的名义发表。研究（实验）方法剽窃的表现形式和行为包括：

① 不加引注或说明地直接使用他人已发表文献中具有独创性的研究（实验）方法。

② 修改他人已发表文献中具有独创性的研究（实验）方法的一些非核心元素后不加引注或说明地使用。

（5）文字表述剽窃

文字表述剽窃，是指不加引注地使用他人已发表文献中具有完整语义的文字表述，并以自己的名义发表。文字表述剽窃的表现形式和行为包括：

① 不加引注地直接使用他人已发表文献中的文字表述。

② 成段使用他人已发表文献中的文字表述，虽然进行了引注，但对所使用文字不加引号，或者不改变字体，或者不使用特定的排列方式显示。

③ 多处使用某一已发表文献中的文字表述，却只在其中一处或几处进行引注。

④ 连续使用来源于多个文献的文字表述，却只标注其中一个或几个文献来源。

⑤ 不加引注、不改变其本意地转述他人已发表文献中的文字表述，包括概括、删减他人已发表文献中的文字，或者改变他人已发表文献中的文字表述的句式，或者用类似词语对他人已发表文献中的文字表述进行同义替换。

⑥ 对他人已发表文献中的文字表述增加一些词句后不加引注地使用。

⑦ 对他人已发表文献中的文字表述删减一些词句后不加引注地使用。

（6）整体剽窃

整体剽窃，是指论文的主体或论文某一部分的主体过度引用或大量引用他人已发表文献的内容。整体剽窃的表现形式和行为包括：

① 直接使用他人已发表文献的全部或大部分内容。

② 在他人已发表文献的基础上增加部分内容后以自己的名义发表，如补充一些数据，或者补充一些新的分析等。

③ 对他人已发表文献的全部或大部分内容进行缩减后以自己的名义发表。

④ 替换他人已发表文献中的研究对象后以自己的名义发表。

⑤ 改变他人已发表文献的结构、段落顺序后以自己的名义发表。

⑥ 将多篇他人已发表文献拼接成一篇论文后发表。

（7）他人未发表成果剽窃

他人未发表成果剽窃，是指未经许可使用他人未发表的观点，具有独创性的研究（实验）方法、数据、图片等，或获得许可但不加以说明。他人未发表成果剽窃的表现形式和行为包括：

① 未经许可使用他人已经公开但未正式发表的观点，具有独创性的研究（实验）方法、数据、图片等。

② 获得许可使用他人已经公开但未正式发表的观点，具有独创性的研究（实验）方法、数据、图片等，却不加引注，或者不以致谢等方式说明。

（8）伪造

伪造的表现形式和行为包括：

① 编造不以实际调查或实验取得的数据、图片等。

② 伪造无法通过重复实验而再次取得的样品等。

③ 编造不符合实际或无法重复验证的研究方法、结论等。

④ 编造能为论文提供支撑的资料、注释、参考文献。

⑤ 编造论文中相关研究的资助来源。

⑥ 编造审稿人信息、审稿意见。

（9）篡改

篡改的表现形式和行为包括：

① 使用经过擅自修改、挑选、删减、增加的原始调查记录、实验数据等，使原始调查记录、实验数据等的本意发生改变。

② 拼接不同图片从而构造不真实的图片。

③ 从图片整体中去除一部分或添加一些虚构的部分，使对图片的解释发生改变。

④ 增强、模糊、移动图片的特定部分，使对图片的解释发生改变。

⑤ 改变所引用文献的本意，使其对己有利。

（10）不当署名

不当署名的表现形式和行为包括：

① 将对论文所涉及的研究有实质性贡献的人排除在作者名单外。

② 未对论文所涉及的研究有实质性贡献的人在论文中署名。

③ 未经他人同意擅自将其列入作者名单。

④ 作者排序与其对论文的实际贡献不符。

⑤ 提供虚假的作者职称、单位、学历、研究经历等信息。

（11）一稿多投

一稿多投的表现形式和行为包括：

① 将同一篇论文同时投给多个期刊。

② 在首次投稿的约定回复期内，将论文再次投给其他期刊。

③ 在未接到期刊确认撤稿的正式通知前，将稿件投给其他期刊。

④ 将只有微小差别的多篇论文同时投给多个期刊。

⑤ 在收到首次投稿期刊回复之前或在约定期内，对论文进行稍微修改后，投给其他期刊。

⑥ 在不做任何说明的情况下，将自己（或自己作为作者之一）已经发表论文，原封不动或做些微修改后再次投稿。

（12）重复发表

重复发表的表现形式和行为包括：

① 不加引注或说明，在论文中使用自己（或自己作为作者之一）已发表文献中的内容。

② 在不做任何说明的情况下，摘取多篇自己（或自己作为作者之一）已发表文献中的部分内容，拼接成一篇新论文后再次发表。

③ 被允许的二次发表不说明首次发表出处。

④ 不加引注或说明地在多篇论文中重复使用一次调查、一个实验的数据等。

⑤ 将实质上基于同一实验或研究的论文，每次补充少量数据或资料后，多次发表方法、结论等相似或雷同的论文。

⑥ 合作者就同一调查、实验、结果等，发表数据、方法、结论等明显相似或雷同的论文。

（13）违背研究伦理

违背研究伦理，是指论文涉及的研究未按规定获得伦理审批，或者超出伦理审批许可范围，或者违背研究伦理规范。违背研究伦理的表现形式和行为包括：

① 论文所涉及的研究未按规定获得相应的伦理审批，或不能提供相应的审批证明。

② 论文所涉及的研究超出伦理审批许可的范围。

③ 论文所涉及的研究中存在不当伤害研究参与者、虐待有生命的实验对象、违背知情同意原则等违背研究伦理的问题。

④ 论文泄露了被试者或被调查者的隐私。

⑤ 论文未按规定对所涉及研究中的利益冲突予以说明。

（14）其他学术不端行为

其他学术不端行为包括：

① 在参考文献中加入实际未参考过的文献。

② 将转引自其他文献的引文标注为直引，包括将引自译著的引文标注为引自原著。

③ 未以恰当的方式，对他人提供的研究经费、实验设备、材料、数据、思路、未公开的资料等，给予说明和承认（有特殊要求的除外）。

④ 不按约定向他人或社会泄露论文关键信息，侵犯投稿期刊的首发权。

⑤ 未经许可，使用需要获得许可的版权文献。

⑥ 使用多人共有版权文献时，未经所有版权者同意。

⑦ 经许可使用他人版权文献，却不加引注，或引用文献信息不完整。

⑧ 经许可使用他人版权文献，却超过了允许使用的范围或目的。

⑨ 在非匿名评审程序中干扰期刊编辑、审稿专家。

⑩ 向编辑推荐与自己有利益关系的审稿专家。

⑪ 委托第三方机构或者与论文内容无关的他人代写、代投、代修。

⑫ 违反保密规定发表论文。

8.6.2　审稿专家学术不端行为类型

审稿专家学术不端行为类型主要有以下表现形式和行为：违背学术道德的评审、干扰评审程序、违反利益冲突规定、违反保密规定、盗用稿件内容和牟取不正当利益等。

（1）违背学术道德的评审

违背学术道德的评审，是指论文评审中姑息学术不端的行为，或者依据非学术因素评审等。违背学术道德的评审的表现形式和行为包括：

① 对发现的稿件中的实际缺陷、学术不端行为视而不见。

② 依据作者的国籍、性别、民族、身份地位、地域以及所属单位性质等非学术因素等，而非论文的科学价值、原创性和撰写质量以及与期刊范围和宗旨的相关性等，提出审稿意见。

（2）干扰评审程序

干扰评审程序，是指故意拖延评审过程，或者以不正当方式影响发表决定。干扰评审程序的表现形式和行为包括：

① 无法完成评审却不及时拒绝评审或与期刊协商。

② 不合理地拖延评审过程。

③ 在非匿名评审程序中不经期刊允许，直接与作者联系。

④ 私下影响编辑者，左右发表决定。

（3）违反利益冲突规定

违反利益冲突规定，是指不公开或隐瞒与所评审论文的作者的利益关系，或者故意推荐与特定稿件存在利益关系的其他审稿专家等。违反利益冲突规定的表现形式和行为包括：

① 未按规定向编辑者说明可能会将自己排除出评审程序的利益冲突。

② 向编辑者推荐与特定稿件存在可能或潜在利益冲突的其他审稿专家。

③ 不公平地评审存在利益冲突的作者的论文。

（4）违反保密规定

违反保密规定，是指擅自与他人分享、使用所审稿件内容，或者公开未发表稿件内容。违反保密规定的表现形式和行为包括：

① 在评审程序之外与他人分享所审稿件内容。

② 擅自公布未发表稿件内容或研究成果。

③ 擅自以与评审程序无关的目的使用所审稿件内容。

（5）盗用稿件内容

盗用稿件内容，是指擅自使用自己评审的、未发表稿件中的内容，或者使用得到许可的未发表稿件中的内容却不加引注或说明。盗用稿件内容的表现形式和行为包括：

① 未经论文作者、编辑者许可，使用自己所审的、未发表稿件中的内容。

② 经论文作者、编辑者许可，却不加引注或说明地使用自己所审的、未发表稿件中的内容。

（6）牟取不正当利益

牟取不正当利益，是指利用评审中的保密信息、评审的权力为牟利。牟取不正当利益的表现形式和行为包括：

① 利用保密的信息来获得个人的或职业上的利益。

② 利用评审权力牟取不正当利益。

（7）其他学术不端行为

其他学术不端行为包括：

① 发现所审论文存在研究伦理问题但不及时告知期刊。

② 擅自请他人代自己评审。

8.6.3 编辑者学术不端行为类型

编辑者学术不端行为类型主要有：违背学术和伦理标准提出编辑意见、违反利益冲突规定、违反保密要求、盗用稿件内容、干扰评审和牟取不正当利益等。

（1）违背学术和伦理标准提出编辑意见

违背学术和伦理标准提出编辑意见，是指不遵循学术和伦理标准、期刊宗旨提出编辑意见。违背学术和伦理标准提出编辑意见表现形式和行为包括：

① 基于非学术标准、超出期刊范围和宗旨提出编辑意见。

② 无视或有意忽视期刊论文相关伦理要求提出编辑意见。

（2）违反利益冲突规定

违反利益冲突规定，是指隐瞒与投稿作者的利益关系，或者故意选择与投稿作者有利益关系的审稿专家。违反利益冲突规定的表现形式和行为包括：

① 没有向编辑者说明可能会将自己排除出特定稿件编辑程序的利益冲突。

② 有意选择存在潜在或实际利益冲突的审稿专家评审稿件。

（3）违反保密要求

违反保密要求，是指在匿名评审中故意透露论文作者、审稿专家的相关信息，或者擅自透露、公开、使用所编辑稿件的内容，或者因不遵守相关规定致使稿件信息外泄。违反保密要求的表现形式和行为包括：

① 在匿名评审中向审稿专家透露论文作者的相关信息。

② 在匿名评审中向论文作者透露审稿专家的相关信息。

③ 在编辑程序之外与他人分享所编辑稿件内容。

④ 擅自公布未发表稿件内容或研究成果。

⑤ 擅自以与编辑程序无关的目的使用稿件内容。

⑥ 违背有关安全存放或销毁稿件和电子版稿件文档及相关内容的规定，致使信息外泄。

（4）盗用稿件内容

盗用稿件内容，是指擅自使用未发表稿件的内容，或者经许可使用未发表稿件内容却不加引注或说明。盗用稿件内容的表现形式和行为包括：

① 未经论文作者许可，使用未发表稿件中的内容。

② 经论文作者许可，却不加引注或说明地使用未发表稿件中的内容。

（5）干扰评审

干扰评审，是指影响审稿专家的评审，或者无理由地否定、歪曲审稿专家的审稿意见。干扰评审的表现形式和行为包括：

① 私下影响审稿专家，左右评审意见。

② 无充分理由地无视或否定审稿专家给出的审稿意见。

③ 故意歪曲审稿专家的意见，影响稿件修改和发表决定。

（6）牟取不正当利益

牟取不正当利益，是指利用期刊版面、编辑程序中的保密信息、编辑权力等牟利。牟取不正当利益的表现形式和行为包括：

① 利用保密信息获得个人或职业利益。

② 利用编辑权力左右发表决定，牟取不当利益。

③ 买卖或与第三方机构合作买卖期刊版面。

④ 以增加刊载论文数量牟利为目的扩大征稿和用稿范围，或压缩篇幅单期刊载大量论文。

（7）其他学术不端行为

其他学术不端行为包括：

① 重大选题未按规定申报。

② 未经著作权人许可发表其论文。

③ 对需要提供相关伦理审查材料的稿件，无视相关要求，不执行相关程序。

④ 刊登虚假或过时的期刊获奖信息、数据库收录信息等。

⑤ 随意添加与发表论文内容无关的期刊自引文献，或者要求、暗示作者非必要地引用特定文献。

⑥ 以提高影响因子为目的协议和实施期刊互引。

⑦ 故意歪曲作者原意修改稿件内容。

本章小结

诚实守信，是中华民族的传统美德。诚信是社会主义核心价值观的重要组成部分，诚信是《新时代公民道德建设实施纲要》的重要体现，诚信是世界文化的重要组成部分。

科研诚信，是指从事学术研究的主体在进行科研活动的过程中，处理个人、社会和他人之间关系时所要遵循的行为准则和规范的综合。科研诚信受科研主体、客观因素的影响，已从经验问题上升到学术问题，从学术界内部问题扩大到公众视野问题，从区域讨论问题扩展到国际论坛问题。

科研不端，是指研究和学术领域内违背科学共同体公认道德的行为。学术不当，是弄虚作假、行为不良或失范的风气。科研失范，是指研究人员违背科研规范所犯下的技术性过失。科研腐败，是指一切与学术有关，且与权力、金钱、各种交易、关系或生活作风等紧密相连的严重违规、违法行为。科研不端具体表现有多种形式和方式。

科研伦理，是指科技创新活动中人与社会、人与自然和人与人关系的思想与行为准则，它规定了科技工作者及其共同体应恪守的价值观念、社会责任和行为规范。临床试验研究中涉及伦理学内容的要求有伦理审查、免知情同意等多种形式。

科研规范，是指学术共同体内形成的进行科研活动的基本规范，或者根据科研发展规律制定的有关科研活动的基本准则。适当且正确地引用相关参考文献，对于著作的理论水平和学术价值具有重要的提升作用。

学术期刊论文作者、审稿专家、编辑者所可能涉及的学术不端行为的界定，适用于学术期刊论文出版过程中各类学术不端行为的判断和处理。学术不端主要有以下行为：剽窃、伪造、篡改、不当署名、一稿多投和重复发表等。

思考讨论题

（1）诚信作为一种社会伦理文化，存在于社会的方方面面，体现于各行各业各式人等的行为之中。请问：诚信对社会发展重要吗？你作为在读学生，在学习期间或未来从业过程中，该如何做好诚信？

（2）当前，我国正处于社会转型的关键时期和科学发展的重要机遇期，建设诚信社会既是开展新时代文明实践的当务之急，也是构建和谐社会的重要任务。结合所学知识，就如何构建诚信社会提出自己的建议或者对策。

（3）根据学校开展的诚信教育、社会倡导的诚信做人以及相关案例，思考和讨论：为什么科研诚信越来越受重视？科研诚信的重要性体现在哪些方面？

（4）1986 年诺贝尔奖得主、美国分子生物学家巴尔的摩因其论文合作者被指涉嫌数据造假而接受调查，2005 年韩国爆发轰动世界的“黄禹锡事件”，2006 年初“汉芯事件”曝光。请结合上述案例，讨论分析科研/学术不端产生的影响或危害。

参考文献

[1] 李友轩，赵勇. “黄禹锡事件”后韩国科研诚信的治理特征与启示[J]. 科学与社会，2018，8（2）：10-24.

[2] 李怀祖，郭菊娥，王磊，等. 韩国黄禹锡事件处理对我国学风建设的启示[J]. 西安交通大学学报（社会科学版），2012，32（2）：82-83.

[3] 蒋安. 科研不端行为查处程序的比较分析：基于美国、韩国及中国的典型案例[D]. 长沙：中南大学，2014.

[4] 袁军鹏，淮孟姣，潘云涛，等. 我国科研诚信研究发展概述：科学计量学视角[J]. 国防科技，2017（6）：14-20.

[5] 刘兰剑，杨静. 科研诚信问题成因分析及治理[J]. 科技进步与对策，2019，36（21）：112-117.

[6] 新华网. 习近平：在哲学社会科学工作座谈会上的讲话[EB/OL]. (2016-01-06)[2023-01-31]. http://www.xinhuanet.com/politics/2016-05/18/c_1118891128_2.htm.

[7] 谷业凯. 推动科研诚信管理专业化常态化[N]. 人民日报，2018-07-17.

[8] 白才进，王婷婷. 我国科研诚信建设中存在的问题及对策[J]. 高等财经教育研究，2018，21（3）：14-18.

[9] 主要国家科研诚信制度与管理比较研究课题组. 国外科研诚信制度与管理[M]. 北京：科学技术文献出版社，2014.

[10] 周湘林，李佳惠. 高校科研诚信建设的“病”与“方”[N/OL]. 中国科学报，2020-11-17[2023-01-31]. https://news.sciencenet.cn/sbhtmlnews/2020/11/358862.shtm.

[11] 曹昆，段欣毅. 中共中央办公厅印发《关于培育和践行社会主义核心价值观的意见》[N/OL]. 人民日报，2013-12-24[2023-01-31]. http://politics.people.com.cn/n/2013/1224/c1001-23925470.html.

[12] 张永利，薛彦华，苏国安，等. 科研诚信研究国际进展与趋势：世界科研诚信大会（WCRI）视角[J]. 河北民族师范学院学报，2022，42（3）：105-111.

[13] 胡金富. 科研诚信的挑战与应对：从世界科研诚信大会看全球科研诚信建设的趋势[J]. 合肥师范学院学报，2020，38（3）：43-47.

[14] 杨舰. 科学家的不端行为：捏造·篡改·剽窃[M]. 北京：清华大学出版社，2005.

[15] 中国科学院. 科学与诚信：发人深省的科研不端行为案例[M]. 北京：科学出版社，2013.

[16] 麦克里那. 科研诚信：负责任的科研行为教程与案例[M]. 何鸣鸿，译. 3 版. 北京：高等教育出版社，2011.

[17] 周湘林. 高校科研诚信问责制度建设研究：基于“问责链”理念[M]. 武汉：华中科技大学出版社，2022.

[18] 刘瑛. 知识产权信用体系与科研诚信[M]. 北京：知识产权出版社，2021.

[19] 全国信息与文献标准化技术委员会. 信息与文献　参考文献著录规则：GB/T 7714—2015[S]. 北京：中国标准出版社.

[20] 新闻出版总署科技发展司，新闻出版总署图书出版管理司，中国标准出版社. 作者编辑常用标准及规范[M]. 3 版. 北京：中国标准出版社，2011.

[21] 全国新闻出版标准化技术委员会. 学术出版规范　期刊学术不端行为界定：CY/T 174—2019[S/OL]. [2023-01-31]. http://www.ac.sdu.edu.cn/info/1068/1236.htm.

[22] 国家自然科学基金委员会. 2021 年查处的不端行为案件处理决定（第三批次）[EB/OL]. (2021-10-22)[2023-01-31]. https://www.nsfc.gov.cn/publish/portal0/tab434/info81957.htm.

附录1

材料与化工领域相关法律法规

一、法律

1.《中华人民共和国安全生产法》中华人民共和国主席令〔2002〕第七十号公布，主席令〔2021〕第八十八号修正

2.《中华人民共和国消防法》中华人民共和国主席令〔1998〕第四号公布，主席令〔2021〕第八十一号修正

3.《中华人民共和国环境保护法》中华人民共和国主席令〔1989〕第二十二号公布，主席令〔2014〕第九号修正

4.《中华人民共和国固体废物污染环境防治法》中华人民共和国主席令〔1995〕第五十八号公布，主席令〔2020〕第四十三号修正

5.《中华人民共和国石油天然气管道保护法》中华人民共和国主席令〔2010〕第三十号发布

二、国际公约

1.《作业场所安全使用化学品公约》第170号国际公约

2.《作业场所安全使用化学品建议书》第177号建议书

三、行政法规

1.《危险化学品安全管理条例》国务院令第344号公布，第645号令修订

2.《安全生产许可证条例》国务院令第397号公布，第653号令修订

3.《易制毒化学品管理条例》国务院令第445号公布，第703号令修订

4.《中华人民共和国监控化学品管理条例》国务院令第190号发布，第588号修订

5.《农药管理条例》国务院令第216号发布，第752号修订

6.《城镇燃气管理条例》国务院令第583号公布，第666号修订

四、行政规章

（一）国家安监总局[1]、应急管理部

1.《非药品类易制毒化学品生产、经营许可办法》国家安监总局令第5号公布

2.《危险化学品重大危险源监督管理暂行规定》国家安监总局令第40号公布（第79号修正）

3.《危险化学品生产企业安全生产许可证实施办法》国家安监总局令第41号公布（第79号、89号修正）

[1] 国家安监总局全称为国家安全生产监督管理总局，现为中华人民共和国应急管理部。

4.《危险化学品输送管道安全管理规定》国家安监总局令第 43 号公布（第 79 号修正）

5.《危险化学品建设项目安全监督管理办法》国家安监总局令第 45 号公布（第 79 号修正）

6.《危险化学品登记管理办法》国家安监总局令第 53 号公布

7.《危险化学品经营许可证管理办法》国家安监总局令第 55 号公布 （第 79 号修正）

8.《危险化学品安全使用许可证实施办法》国家安监总局令第 57 号公布（第 79 号、89 号修正）

9.《化学品物理危险性鉴定与分类管理办法》国家安监总局令第 60 号公布

10.《危险化学品目录（2015 版）》国家安监总局公告 2015 年第 5 号公布（〔2022〕第 8 号调整）

11.《高层民用建筑消防安全管理规定》应急管理部令第 5 号公布

（二）国家发展和改革委员会、工业和信息化部、公安部

1.《电石行业准入条件（2014 年修订）》中华人民共和国工业和信息化部公告 2014 年第 8 号

2.《粘胶纤维行业规范条件（2017 版）》中华人民共和国工业和信息化部公告 2017 年第 34 号

3.《天然气利用政策》中华人民共和国国家发展和改革委员会令 2012 年第 15 号

4.《焦化行业规范条件》中华人民共和国工业和信息化部公告 2020 年第 28 号

5.《易制爆危险化学品名录》（2017 年版）中华人民共和国公安部 2017 年公告

附录2

材料与化工领域相关国家标准及行业标准

一、国家标准

1. GB 190—2009《危险货物包装标志》
2. GB 4839—2009《农药中文通用名称》
3. GB 4962—2008《氢气使用安全技术规程》
4. GB 6222—2005《工业企业煤气安全规程》
5. GB 6944—2012《危险货物分类和品名编号》
6. GB/T 7144—2016《气瓶颜色标志》
7. GB 8958—2006《缺氧危险作业安全规程》
8. GB 11984—2008《氯气安全规程》
9. GB 12268—2012《危险货物品名表》
10. GB/T 12331—1990《有毒作业分级》
11. GB 12463—2009《危险货物运输包装通用技术条件》
12. GB 12475—2006《农药贮运、销售和使用的防毒规程》
13. GB 12710—2008《焦化安全规程》
14. GB 13348—2009《液体石油产品静电安全规程》
15. GB/T 13591—2009《溶解乙炔气瓶充装规定》
16. GB 13690—2009《化学品分类和危险性公示 通则》
17. GB/T 14193—2009《液化气体气瓶充装规定》
18. GB/T 14194—2017《压缩气体气瓶充装规定》
19. GB 14544—2008《电石乙炔法生产氯乙烯安全技术规程》
20. GB/T 15098—2008《危险货物运输包装类别划分方法》
21. GB 15258—2009《化学品安全标签编写规定》
22. GB 15599—2009《石油与石油设施雷电安全规范》
23. GB/T 16483—2008《化学品安全技术说明书 内容和项目顺序 》
24. GB 17914—2013《易燃易爆性商品储存养护技术条件》
25. GB 17915—2013《腐蚀性商品储存养护技术条件》
26. GB 17916—2013《毒害性商品储存养护技术条件》
27. GB 17930—2016《车用汽油》
28. GB 18218—2018《危险化学品重大危险源辨识》
29. GB 18265—2019《危险化学品经营企业安全技术基本要求》

30. GB 19041—2003《光气及光气化产品生产安全规程》
31. GB/T 20368—2021《液化天然气（LNG）生产、储存和装运》
32. GB/T 27569—2011《氢氟酸生产技术规范》
33. GB/T 29729—2013《氢系统安全的基本要求》
34. GB/T 36762—2018《化工园区公共管廊管理规程》
35. GB 36894—2018《危险化学品生产装置和储存设施风险基准》
36. GB/T 37243—2019《危险化学品生产装置和储存设施外部安全防护距离确定方法》
37. GB/T 31856—2015《废氯气处理处置规范》
38. GB 50029—2014《压缩空气站设计规范》
39. GB 50030—2013《氧气站设计规范》
40. GB 50074—2014《石油库设计规范》
41. GB 50156—2021《汽车加油加气加氢站技术标准》
42. GB 50160—2008《石油化工企业设计防火标准（2018 年版）》
43. GB 50177—2005《氢气站设计规范》
44. GB 50253—2014《输油管道工程设计规范》
45. GB 50263—2007《气体灭火系统施工及验收规范》
46. GB 50453—2008《石油化工建（构）筑物抗震设防分类标准》
47. GB 50475—2008《石油化工全厂性仓库及堆场设计规范》
48. GB/T 50483—2019《化工建设项目环境保护工程设计标准 》
49. GB 50489—2009《化工企业总图运输设计规范》
50. GB/T 50493—2019《石油化工可燃气体和有毒气体检测报警设计标准》
51. GB 50516—2010《加氢站技术规范（2021 年版）》
52. GB 50650—2011《石油化工装置防雷设计规范（2022 版）》
53. GB 50737—2011《石油储备库设计规范》
54. GB/T 50812—2013《化工厂蒸汽凝结水系统设计规范》
55. GB 50813—2012《石油化工粉体料仓防静电燃爆设计规范》
56. GB 50850—2013《铝电解厂工艺设计规范》
57. GB 50873—2013《化学工业给水排水管道设计规范》
58. GB 50984—2014《石油化工工厂布置设计规范》
59. GB 50996—2014《地下水封石洞油库施工及验收规范》
60. GB/T 51026—2014《石油库设计文件编制标准》
61. GB/T 51027—2014《石油化工企业总图制图标准》
62. GB 51102—2016《压缩天然气供应站设计规范》
63. GB 51156—2015《液化天然气接收站工程设计规范》
64. GB 51283—2020《精细化工企业工程设计防火标准》
65. GB/T 51359—2019《石油化工厂际管道工程技术标准》
66. GB 51428—2021《煤化工工程设计防火标准》

二、行业标准

（一）安全行业标准

1. AQ 2012—2007《石油天然气安全规程》
2. AQ 2048—2012《煤气隔断装置安全技术规范》
3. AQ/T 3001—2021《加油（气）站油（气）储存罐体阻隔防爆技术要求》
4. AQ 3003—2005《危险化学品汽车运输安全监控系统通用规范》
5. AQ 3004—2005《危险化学品汽车运输安全监控车载终端》
6. AQ 3009—2007《危险场所电气防爆安全规范》
7. AQ 3010—2022《加油站作业安全规范》
8. AQ/T 3012—2008《石油化工企业安全管理体系实施导则》
9. AQ 3013—2008《危险化学品从业单位安全标准化通用规范》
10. AQ 3014—2008《液氯使用安全技术要求》
11. AQ 3015—2008《氯气捕消器技术要求》
12. AQ/T 3016—2008《氯碱生产企业安全标准化实施指南》
13. AQ/T 3017—2008《合成氨生产企业安全标准化实施指南》
14. AQ 3018—2008《危险化学品储罐区作业安全通则》
15. AQ 3021—2008《化学品生产单位吊装作业安全规范》
16. AQ 3022—2008《化学品生产单位动火作业安全规范》
17. AQ 3023—2008《化学品生产单位动土作业安全规范》
18. AQ 3024—2008《化学品生产单位断路作业安全规范》
19. AQ 3025—2008《化学品生产单位高处作业安全规范》
20. AQ 3026—2008《化学品生产单位设备检修作业安全规范》
21. AQ 3027—2008《化学品生产单位盲板抽堵作业安全规范》
22. AQ 3028—2008《化学品生产单位受限空间作业安全规范》
23. AQ/T 3033—2022《化工建设项目安全设计管理导则》
24. AQ/T 3034—2022《化工过程安全管理导则》
25. AQ 3035—2010《危险化学品重大危险源安全监控通用技术规范》
26. AQ 3036—2010《危险化学品重大危险源 罐区现场安全监控装备设置规范》
27. AQ 3037—2010《硫酸生产企业安全生产标准化实施指南》
28. AQ 3038—2010《电石生产企业安全生产标准化实施指南》
29. AQ 3039—2010《溶解乙炔生产企业安全生产标准化实施指南》
30. AQ 3045—2013《车用乙醇汽油储运安全规范》
31. AQ 3046—2013《化工企业定量风险评价导则》
32. AQ 3047—2013《化学品作业场所安全警示标志规范》
33. AQ/T 3048—2013《化工企业劳动防护用品选用及配备》
34. AQ/T 3049—2013《危险与可操作性分析（HAZOP 分析）应用导则》
35. AQ/T 3050—2013《加油加气站视频安防监控系统技术要求》
36. AQ/T 3055—2019《陆上油气管道建设项目安全设施设计导则》
37. AQ/T 3056—2019《陆上油气管道建设项目安全验收评价导则》

38. AQ/T 3057—2019《陆上油气管道建设项目安全评价导则》

（二）化工行业标准

1. HGJ 232—1992《化学工业大、中型装置生产准备工作规范》
2. HG/T 20203—2017《化工机器安装工程施工及验收规范（通用规定）》
3. HG 20231—2014《化学工业建设项目试车规范》
4. HG/T 20237—2014《化学工业工程建设交工技术文件规定》
5. HG/T 20229—2017《化工设备、管道防腐蚀工程施工及验收规范》
6. HG/T 20256—2016《化工高压管道通用技术规范》
7. HG/T 20504—2013《化工危险废物填埋场设计规定》
8. HG/T 20505—2014《过程测量与控制仪表的功能标志及图形符号》
9. HG/T 20507—2014《自动化仪表选型设计规范》
10. HG/T 20508—2014《控制室设计规范》
11. HG/T 20509—2014《仪表供电设计规范》
12. HG/T 20510—2014《仪表供气设计规范》
13. HG/T 20511—2014《信号报警及联锁系统设计规范（附条文说明）》
14. HG/T 20512—2014《仪表配管配线设计规范》
15. HG/T 20513—2014《仪表系统接地设计规范》
16. HG/T 20514—2014《仪表及管线伴热和绝热保温设计规范》
17. HG/T 20515—2014《仪表隔离和吹洗设计规范》
18. HG/T 20516—2014《自动分析器室设计规范》
19. HG/T 20518—2008《化工粉体工程设计通用规范》
20. HG/T 20519—2009《化工工艺设计施工图内容和深度统一规定》
21. HG/T 20524—2006《化工企业循环冷却水处理加药装置设计统一规定》
22. HG/T 20546—2009《化工装置设备布置设计规定》
23. HG/T 20549—1998《化工装置管道布置设计规定》
24. HG/T 20568—2014《化工粉体物料堆场及仓库设计规范》
25. HG 20571—2014《化工企业安全卫生设计规范》
26. HG/T 20572—2020《化工企业给水排水详细工程设计内容深度规范》
27. HG/T 20573—2012《分散型控制系统工程设计规范》
28. HG/T 20636～20637—2017《化工装置自控专业设计管理规范 化工装置自控专业工程设计文件的编制规范》
29. HG/T 20657—2013《化工采暖通风与空气调节术语》
30. HG/T 20658—2014《熔盐炉技术规范》
31. HG/T 20660—2017《压力容器中化学介质毒性危害和爆炸危险程度分类标准》
32. HG/T 20666—1999《化工企业腐蚀环境电力设计规程（附条文说明）》
33. HG/T 20679—2014《化工设备、管道外防腐设计规定》
34. HG/T 20698—2009《化工采暖通风与空气调节设计规范》
35. HG 20706—2013《化工建设项目废物焚烧处置工程设计规范》
36. HG/T 21558—2011《橡胶工厂工艺设计技术规定》
37. HG/T 30024—2018《合成盐酸安全技术规范》

38. HG/T 30025—2018《液氯生产安全技术规范》
39. HG/T 30026—2018《聚氯乙烯生产安全技术规范》
40. HG/T 30027—2018《漂白粉、漂白液生产安全技术规范》
41. HG/T 30028—2018《氯苯生产安全技术规范》
42. HG/T 30029—2018《三氯乙醛生产安全技术规范》
43. HG/T 30030—2018《硼酸（硼砂-硫酸中合法）生产安全技术规范》
44. HG/T 30031—2017《无水硫酸钠生产安全技术规范》
45. HG/T 30032—2017《硝酸生产安全技术规范》
46. HG/T 30033—2017《氟化氢生产安全技术规范》
47. HG/T 30034—2017《过氧碳酸钠生产安全技术规范》
48. HG/T 5902—2021《化学制药行业绿色工厂评价要求》

（三）石化行业标准

1. SH/T 3004—2011《石油化工采暖通风与空气调节设计规范》
2. SH/T 3005—2016《石油化工自动化仪表选型设计规范》
3. SH/T 3006—2012《石油化工控制室设计规范》
4. SH/T 3007—2014《石油化工储运系统罐区设计规范》
5. SH/T 3008—2017《石油化工厂区绿化设计规范》
6. SH 3009—2013《石油化工可燃性气体排放系统设计规范》
7. SH/T 3010—2013《石油化工设备和管道绝热工程设计规范》
8. SH 3011—2011《石油化工工艺装置布置设计规范》
9. SH 3012—2011《石油化工金属管道布置设计规范》
10. SH/T 3014—2012《石油化工储运系统泵区设计规范》
11. SH/T 3015—2019《石油化工给水排水系统设计规范》
12. SH/T 3017—2013《石油化工生产建筑设计规范》
13. SH/T 3019—2016《石油化工仪表管道线路设计规范》
14. SH/T 3020—2013《石油化工仪表供气设计规范》
15. SH/T 3021—2013《石油化工仪表及管道隔离和吹洗设计规范》
16. SH/T 3022—2019《石油化工设备和管道涂料防腐蚀设计标准》
17. SH/T 3023—2017《石油化工厂内道路设计规范》
18. SH/T 3027—2003《石油化工企业照度设计标准》
19. SH/T 3029—2014《石油化工排气筒和火炬塔架设计规范》
20. SH 3034—2012《石油化工给水排水管道设计规范》
21. SH/T 3038—2017《石油化工装置电力设计规范》
22. SH/T 3047—2021《石油化工企业职业安全卫生设计规范》
23. SH/T 3060—2013《石油化工企业供电系统设计规范》
24. SH/T 3081—2019《石油化工仪表接地设计规范》
25. SH/T 3082—2019《石油化工仪表供电设计规范》
26. SH/T 3090—2017《石油化工铁路设计规范》
27. SH/T 3092—2013《石油化工分散控制系统设计规范》
28. SH/T 3096—2012《高硫原油加工装置设备和管道设计选材导则》

29. SH/T 3097—2017《石油化工静电接地设计规范》
30. SH/T 3103—2019《石油化工中心化验室设计规范》
31. SH/T 3106—2019《石油化工氮氧系统设计规范》
32. SH/T 3107—2000《石油化工液体物料铁路装卸车设施设计规范》
33. SH/T 3129—2012《高酸原油加工装置设备和管道设计选材导则》
34. SH 3136—2003《石油化工液化烃球形储罐设计规范》
35. SH/T 3161—2021《石油化工非金属管道技术规范》
36. SH/T 3163—2011《石油化工静设备分类标准》
37. SH/T 3164—2021《石油化工仪表系统防雷设计规范》
38. SH/T 3165—2011《石油化工粉体工程设计规范》
39. SH/T 3168—2011《石油化工装置（单元）竖向设计规范》
40. SH/T 3501—2021《石油化工有毒、可燃介质钢制管道工程施工及验收规范》
41. SH/T 3169—2022《长输油气管道站场布置规范》
42. SH/T 3174—2013《石油化工在线分析仪系统设计规范》
43. SH/T 3175—2013《固体工业硫黄储存输送设计规范》
44. SH/T 3184—2017《石油化工罐区自动化系统设计规范》

（四）团体标准

1. T/CCASC 1003—2021《氯碱生产氯气安全设施通用技术要求》
2. T/CCSAS 016—2022《液化烃罐区安全管理规范》
3. T/CCSAS 012—2022《化工企业工艺报警管理实施指南》
4. T/CLIS 0001—2022《涉氨制冷企业安全规范》